大数据农业发展系列丛书

智慧农业应用系统开发与实践

李国强　臧贺藏　张　杰　主编

中国农业出版社
北　京

编 委 会

主　任　郑国清

主　编　李国强　臧贺藏　张　杰

副主编　赵　晴　赵巧丽　胡　峰　刘海礁　周国涛

参　编　王　猛　张建涛　陈丹丹　周　萌　秦一浪　卢春光

前　言

PREFACE

智慧农业是农业信息学科中一个全新的学科领域，是新一代信息科技与农业的深度融合。智慧农业的迅猛发展为我国农村和农业经济带来了新的挑战。围绕应用现代信息技术改造提升传统农业面临的农业数字化、网络化、智能化等关键技术难题，河南省农业科学院农业经济与信息研究所开展了智慧农业应用系统研发与推广工作，取得了系列创新性成果。农业信息技术研究团队总结近十年的研究成果共同编写了《智慧农业应用系统开发与实践》。

本书包括十部分内容，各部分内容简介如下：

第一部分，总论。综合论述了智慧农业的概念及应用现状，详细阐述了当前智慧农业所采用的主要信息技术，介绍了智慧农业的通用架构，总结了智慧农业当前存在的主要问题，并提出了相关建议。

第二部分，作物生长远程感知物联网平台。为实现大田作物生产精准化管理水平，采用物联网、传感器和数据融合技术，构建了作物生长远程感知物联网平台。该平台可以实时监测农田大气温湿度、太阳辐射、降水量、土壤温湿度等作物生长的相关环境信息。

第三部分，温室大棚物联网平台。为提高设施作物生产管理的智能化水平，结合设施作物监管需求，基于物联网技术，采用B/S与C/S混合架构设计，研制了温室大棚物联网平台。该系统可以全程对设施作物进行实时远程的监测、控制及管理，同时搭配专家系统为农户智能推送最适合作物生长的最优种植方案；远程自动控制温室大棚湿帘风机、喷淋滴灌、内外遮阳、加温补光等设备，实现温室大棚环境的自动调控。

第四部分，夏玉米氮肥精确管理系统。为提高夏玉米氮肥利用效率，促进夏玉米氮肥施用由传统经验向智慧化转变，利用软件工程、GIS等技术，构建了夏玉米氮肥精确管理系统。该系统实现了光谱数据的自动处理、决策分析、处方生成等功能。充分考虑地块有机质、全氮、硝态氮、速效磷、有效锌等诸多肥力信息，因地制宜地制订出不同的施肥方案，以最低的肥力投入获得最大的产出，实现氮肥的高效利用。

第五部分，农业技术推广信息服务平台。为加快我国农业信息传播速度，解决农业科技和科研成果转化率低、农民科技文化水平不高等问题，构建了农业技术推广信息服务平台。该系统收集整理了七类动植物种类的农技知识，建立了农业专家、科技成果和病虫害等数据库，为农民朋友提供了一个学习交流、知识共享的平台，为打破科学技术与农业生产之间的壁垒，以及推动农业生产技术和科研成果转化提供了渠道。

第六部分，农产品安全生产全过程溯源系统。农产品安全生产全过程溯源系统是一套适用于中小规模企业的操作简便、界面友好的通用型溯源系统，采用B/S架构，以C#和Java作为开发语言，以MySQL和SQLite为数据库进行系统开发。该系统包括账号管理、场地管理、农资管理、农事管理、加工管理与溯源档案管理等功能模块，实现了农产品种植过程中土壤基础肥力及重金属含量可查询，施肥、灌溉、喷药管理可记录，生长过程可追溯等功能。

第七部分，作物表型性状采集与管理系统。针对传统的表型性状采集手段落后、数据管理标准不规范、数据分析费时费力等问题，采用条码识别、作物模型、数据采集等技术，构建了作物表型性状采集与管理系统。该系统由表型性状采集系统（移动端）和表型性状管理系统（Web端）组成，移动端开发架构采用C/S，开发语言采用Java，以表型性状采集为核心，上传采集数据至Web端，实现移动端与Web端之间的数据交换共享；Web端开发架构采用B/S，实现了作物生产过程试验任务的分发、数据的查询与管理、报表中心生成及数据的统计分析，极大地提高了作物表型性状采集效率。

第八部分，牛场管家。针对养殖场一线员工信息化接受程度不高等特点，坚持界面简洁友好、操作简便的原则，采用智能手持终端＋安卓手机应用的架构模式，构建了牛场管家系统。该系统功能模块包括牛群管理、育种管理、繁殖管理、泌乳管理、疾病防控、育肥管理、统计分析、用户管理等模块。系统为饲养人员提供了及时、准确的数据，便于管理人员及时地采取相应的解决措施，调整饲养方案，实现精饲料的精确饲喂，提高牛只生产能力和牛场现代化管理水平。

第九部分，虫害监测预警系统。为改善害虫性诱测报的时效性差、田间调查数据电子化程度低等问题，利用视频监测、远程通信、图像识别等信息技术，研制了专用的害虫远程性诱测报终端和基于安卓智能手机的移动端，构建C/S与B/S混合架构的虫害监测预警系统。该系统实现了虫情数据采集、分析和信息发布一站式工作模式，减少植保技术人员繁重的调查工作量，大大简化了植保技术人员的工作流程，提高害虫信息采集、虫情信息发布的效率。

第十部分，畜禽疫病监测预警信息系统。为有效控制畜禽疫病的发生和流行，采用GIS、移动互联网等技术，构建了畜禽疫病监测预警系统。该系统由服务器端和移动端两部分组成。服务器端基于B/S架构，采用C#语言、VS2010工具进行开发。服务器端负责数据的汇总与分析，包括系统管理、上报管理、监测分析、疫情分析、疫情预警和疫情决策6个功能模块。移动端是采用Java语言、Eclipse平台开发，负责数据的实时采集和上传，保证了数据采集的准确性和及时性。

本书由郑国清负责制订全书关键技术的解决方案，李国强、臧贺藏、张杰、赵晴拟定全书的章节目录，并确定了各部分内容整体架构设计、撰写、统稿与定稿等工作。各部分撰写分工如下：第一部分和第二部分由李国强撰写，第三部分和第七部分由臧贺藏撰写，第四部分和第五部分由张杰撰写，第六部分由赵巧丽撰写，第八部分由刘海礁和胡峰撰写，第九部分和第十部分由赵晴撰写。河南云飞科技发展有限公司周国涛和卢春光撰写了第九部分的部分内容。由李国强、赵巧丽修改总纂定稿。王猛、张建涛、陈丹丹、周萌、秦一浪等参与了部分内容整理和校稿工作。本书适合作为普通高等院校作物栽培学与耕作学、农业信息学、智慧农业专业本科及高职高专相关专业的教学用书，亦可作为农学类专业人员和农技推广人员自学参考用书。

科学技术日新月异，探索研究永无止境。由于本书内容覆盖了智慧农业的主要研究领域，有所在研究团队近十年的研究成果，也引用借鉴了不少前人的研究成果，加上各部分由不同作者撰写，对一些科学名词采用不同的英文缩写，很难完全统一，由于水平所限，在本书撰写过程中，难免存在疏漏之处，敬请不吝赐教。

编　者

于郑州

2021年12月

目　录

CONTENT

3 温室大棚物联网平台

4 夏玉米氮肥精确管理系统

5 农业技术推广信息服务平台

6 农产品安全生产全过程溯源系统

7 作物表型性状采集与管理系统

8 牛场管家

9 虫害监测预警系统

10 畜禽疫病监测预警信息系统

PART 01

1 总　论

1.1　智慧农业概念

至今为止，学术界尚未对智慧农业做出一个确切的定义，普遍认为智慧农业是农业信息化发展从数字化到网络化再到智能化的高级阶段（殷浩栋等，2021）。赵春江院士（2019）将智慧农业定义为：根据智慧农业的实质内容或应用场景，将其描述为以信息和知识为核心要素，通过现代信息技术和智能装备等与农业深度跨界融合，实现农业生产全过程的信息感知、定量决策、智能控制、精准投入、个性化服务的全新农业生产方式。

智慧农业具有两个重要特征：

（1）先进的生产力特征。结合智慧农业技术特点与应用场景，智慧农业作为先进的生产力融合了三大生产力要素：一是农业生物技术，这是智慧农业的技术基础；二是信息技术，即主要依赖先进的信息科技增加人的智慧，提升农业装备的智能化水平，为农业赋能；三是农业智能化装备，主要是辅助或替代人来操作，减小生产经营者的劳动强度。

（2）经济特征。新发展格局下，利用信息技术大力发展智慧农业，通过构建农业新业态、发展农村新兴产业，不仅有利于缩小城乡之间数字和经济的鸿沟，同时也孕育着巨大规模的农业数字经济的发展潜力。

1.2　智慧农业关键技术

智慧农业关键技术分为信息感知、信息传输、信息处理和控制三大技术体系。第一，信息感知包括接触与非接触式感知两大类型。接触式感知主要是通过物理、化学、生物类传感器材料和信号进行感知；非接触式感知则主要是通过光、声、波、图像等过程和信号进行感知；两类信息感知都有由信号到农业参数的过程。第二，信息传输包括有线传输和无线传输两种方式，都存在由数据到信息再到数据的过程。第三，信息处理和控制主要是通过分析与处理获取的数据，再制订相应控制方案。接下来将逐一进行阐述。

1.2.1　天空地一体化信息感知技术

农情信息采集是实施变量施肥、精准灌溉、病虫害精确防治的首要任务。如何方便、快捷、准确、可靠地获取作物-环境信息，成为实施智慧农业最为基本和关键的问题。

作物信息主要包括作物生长过程中营养信息和生长发育不同阶段的生理信息、生态信息，呼吸作用、光合作用、根系发育等信息及病虫害信息等。环境信息主要包括气象信息、土壤信息等。这些信息具有数据海量、多维、空间分布差异大、时变性强等特点。传统的信息获取方法耗时费力，无法满足智慧农业信息快速获取的需要。

目前主要采用的信息快速获取方法包括农业物联网、机器视觉和多光谱与高光谱成像技术等。在对作物生长情况的监测方面，通过引入卫星、无人机、高光谱等设备获取作物生长图片、植被覆盖率、叶面积指数、冠层色素含量、叶片色素密度等，全面、立体地了解作物长势、健康情况；在生境信息监测方面，根据不同的应用场景、使用条件，选用不同类型传感器对作物生长环境进行监测，经由ZigBee、WiFi、GPRS等不同形式的通信网络，搭建不同环境下的无线感知网络，并根据实际情况制定相应的监测、控制策略，完成作物环境信息的采集、传输、汇总、管理等操作。

1.基于机器视觉的农情信息感知技术　机器视觉技术是利用计算机模拟人类视觉的一种科学技术。机器视觉原理多是采用CCD（CMOS）照相机将目标转换为图像信号，然后传送给专用的图像处理系统，根据像素分布和颜色、亮度等信息，将图像转变成数字化信号；图像处理系统对这些信号进行各种运算，然后提取颜色、大小、位置等目标特征，再根据设定条件输出所需结果。

机器视觉技术因其非破坏性、精度高、速度快等特点，在作物形态识别、作物营养组分、作物产量预测、农田病虫草害控制等方面得到广泛应用（刁智华等，2014）。

（1）作物农艺性状识别和营养组分。图像RGB值能很好地反映作物干旱和缺肥症状。而对于色彩特征不明显的作物，其纹理特征也能表达其营养状况。机器视觉在作物生长过程检测中的应用研究主要集中在叶片面积和颜色、植株高度、叶片形态和作物营养信息检测等方面（陈魏涛等，2016）。由于作物生长是较为复杂的动态过程，环境因素不稳定，对实时检测的设备要求较高。此外，基于颜色和外形特征的无损检测研究较多，但模型算法的通用性不强且精度不高（吴琼等，2011）。

作物叶片叶绿素含量与叶片含氮量密切相关，并且叶片含氮量和叶绿素变化趋势相似（刘继承，2007）。因此，通过叶片颜色变化可了解作物氮素营养状况。在不同营养状况下，作物表现出不同的茎叶颜色和形态，这是采用机器视觉技术检测作物营养状况的基础。但是在实际应用中，作物缺素状况和程度不同，外观可能极其相似，仅凭图像特征难以分辨。通常配置稳定的光照系统或光环境，机器视觉系统图像采集的精度较高，而大田环境下这一要求难以满足。目前高精度和高通量的表型采集分析系统，大多是在室内环境下完成图像采集的。通过机器视觉技术判断作物营养信息在实际应用中受到一定条件的限制（张书彦等，2017；张卫正，2016）。

（2）生物量和产量监测。通常使用冠层图像监测作物生物量。以小麦为例，从小麦拔节期开始，冠层图像视野内小麦所占比例越来越大，到抽穗期、开花期和灌浆期，冠层图像视野内小麦所占比例几乎接近100%（吴富宁，2004）。这一阶段，冠层图像的覆盖度变化不能反映群体生物量变化。在群体封行后，利用冠层图像预测作物生物量有一定的局限性。

（3）病虫草害控制。在宏观大尺度区域，多采用遥感图像分析处理，而在小尺度田块，多采用机器视觉识别方法。采用计算机图像处理和模式识别技术，提供作物植株根、茎、冠层（叶、花、果实）等形态特征（王方永，2007），诊断判读提取的特征用于识别作物病虫草害，确定发生程度和密度，实现信息的自动快速采集，为精准喷洒农药提供科学依据。

2.基于物联网的农情信息感知技术　农业物联网是指通过农业信息感知设备（传感器件等）按照约定协议，把农业系统中动植物生命体、环境要素、生产工具等物理部件和各种虚拟物件与互联网连接起来（邓梦怡等，2021），进行信息交换和通信，以实现对农业对象和过程智能化识别、定位、跟踪、监控和管理的一种网络（陈鹏飞等，2021）。

（1）农业物联网架构。农业物联网的基本结构分别展现了感知层、网络层和应用层。感知层主要由各种传感器和传感器网关组成，能够采集识别各种信息。感知层位于三层架构组织的最底层；网络层的主要作用是信息传递和处理，包括互联网、计算机平台、信息处理中心、网络管理中心等，相当于大脑中枢的角色；应用层的主要任务是信息的处理和决策。

（2）农业物联网关键技术。农业物联网技术主要包括传感器技术和传输技术。

①传感器技术。传感器技术是智慧农业概念中的一项关键技术，是现代农业信息化技术的核心。

通过传感器采集获取各种农情信息和数据，再经由信号传递模块和后台解析技术，将抽象的农情信息转换成数字信号，实现被测对象物理量、化学量和生物量等非电量测量，对促进农业生产活动的发展具有重要意义。

农业传感器种类繁多，根据应用场景大致可分为环境传感器、农业气象传感器、动植物生长状态传感器和农机参数传感器四大类。在未来农业智能感知领域，多传感器互相配合，信息共享是智慧农业的趋势，可形成综合性强、联动性好、实时性高的智慧农业传感系统（黄水清等，2012）。表1-1所示为商品化的监测设备。

表1-1 农业传感器的具体类型和功能

农业传感器	具体类型	功能
环境传感器	土壤含水量、养分、电导率、水体含氧量、酸碱度、浊度等传感器；温湿度、气体浓度等传感器	监测农产品生长环境如水域、土壤、空气中的关键要素
农业气象传感器	光照度、风速风向、辐射量、降水量等传感器	监测农业生产活动中常见的气象要素
动植物生长状态传感器	植物茎流、叶绿素等传感器；激素类传感器	监测作物生长过程中的生命数据，及时了解作物的生长状态
农机参数传感器	电机温度、机油压力、传动、红外等传感器	监测农业机械工作状态，提高生产植保效率

资料来源：岳学军，南京农业大学学报，2020。

②传输技术。近年来，随着智能农业、精准农业的发展，智能感知芯片、移动嵌入式系统等物联网技术在现代农业中的应用逐步拓宽，通过使用无线传感器网络可以有效降低人力消耗和对农田环境的影响，获取精确的作物环境和作物信息，从而大量使用各种自动化、智能化、远程控制的生产设备，足不出户就可以监测到农田信息，实现科学监测、科学种植，促进了现代农业发展方式的转变。现代主流通信技术包括ZigBee、NB-IoT、GPRS、LORA。ZigBee是一种新兴的无线传输技术。低功耗、低成本，功能可以满足农业监测的要求，未来的前景十分可观，但相关行业标准等未完善。NB-IoT技术也是物联网的一种新兴的技术，支持低功耗设备在广域网的蜂窝数据连接，具有低功耗、低成本、广覆盖等特点。GPRS技术是基于GSM系统发展起来的一种新通信技术，使数据网络和移动用户进行连接。采用分组交换的思想，用户可以同时占用多个通道，多个用户也可以占用一个通道，大大提高了通信效率。LORA技术是一种基于网关协调的通信技术，通过网关接入以太网，使设备拥有更长的传输距离，相比ZigBee具有工作频率低、传输距离更长的特点，是一种独特的传输技术。

（3）物联网技术应用。目前，农业物联网技术已应用于农业灌溉、施肥管理、农业病虫防治等方面。图1-1为安装后的环境监测设备。通过物联网技术在农田安装传感器，实时采集农田中空气温度、湿度、光照、二氧化碳浓度、土壤温湿度的信息，对作物生长环境进行实时监测（蒋普，2014）。

图1-1 环境监测设备

3.基于光谱的农情信息感知技术　对大田农业来说，智慧农业要求对田间作物长势进行定量、定位表征，从而达到后期定位、定量管理的目的。以遥感技术、地理信息技术、全球定位技术为支撑的“3S”技术在田间作物信息定位、定量表征方面发挥着巨大作用。

（1）卫星遥感。从传统的农业资源调查与动态监测、农作物估产、农业灾害监测与评估等方面的应用逐步拓展到农作物品种与品质、病虫害、耕地土壤质量等的监测（郭志明等，2021），为农户和政府管理部门提供有效的手段，促使农业走向信息化、精准化。从当前的研究状况看，国内农业遥感应用研究的重点主要集中在农业遥感技术研究领域，例如农作物面积识别技术、农作物长势、产量监测技术、主要农业灾害遥感监测技术、耕地土壤质量监测技术等。

在农作物类型遥感识别及农作物长势、产量、墒情、灾害等遥感监测方面，由低空间分辨率数据向中高空间分辨率数据应用转化是技术瓶颈（何勇等，2010）。虽然在大尺度应用能力方面与国外相比具有一定优势，但存在识别、监测费效比过高，原创性的关键技术少等不足。以农作物面积遥感监测业务为例，中国和美国是世界上为数不多的采用中高空间分辨率数据，实现国内大宗农作物面积近全覆盖遥感监测的国家。中国是以目视判读的技术辅助进行的，精度相对较高，但效率较低；美国则是采用自动化识别技术开展的，精度相对较低，但效率较高。

（2）无人机低空遥感。无人机低空遥感作为现代精准农业的重要信息的获取方式，可以同时搭载多种不同的传感载荷，其高时效、高分辨率、低成本等特性在农情信息监测中具有独一无二的优势，已成为精准农业作物表型信息感知与解析的研究热点。在遥感农情监测中通过对作物长势监测、产量估测、氮素诊断、病虫草害监测、倒伏监测、作物水分胁迫分析等可为田间管理制订精准作业方案，对于推动现代农业生产具有重要的理论支撑和技术应用价值。

1.2.2　数据存储、运算和解析技术

数据经过不断提炼和分析才能产生价值，对于农业数据的解析是农业信息化、自动化和智慧化的前提。这些技术包括大数据技术、云计算和边缘计算、区块链技术、图像处理、神经网络和机器学习等相关技术。

1.大数据技术

（1）大数据的概念。大数据本身是一个抽象的概念，大数据指的是大小超出了典型的数据库软件的采集、存储、管理和分析等能力的数据集，是需要新处理模式才能具有更强的决策力、洞察力和流程优化能力的海量、高增长率和多样化的信息资产（程学旗等，2014）。业界普遍认为大数据具有4个“V”的特征，即Volume（规模巨大性）、Variety（类型多样性）、Velocity（高速性）、Value（价值性）。

（2）大数据处理流程。大数据基本处理流程概括为数据采集、数据集成与处理、数据分析与挖掘、数据展示4个步骤（李学龙等，2015），如图1-2所示。

①数据采集。数据采集是指利用多个数据库来接收发自客户端（Web、App或传感器形式等）的各种类型的结构化、半结构化及非结构化的数据，并允许用户通过这些数据库来进行简单的查询和处理工作。常用的采集手段有条形码技术、射频识别技术（RFID）、感知技术等；常用的数据库可以是MySQL或Oracle等关系数据库，也可以是Redis或MongoDB等NoSQL数据库。

②数据集成与处理。数据的集成就是将各个分散的数据库采集来的数据集成到一个集中的大型分布式数据库，或者分布式存储集群中，以便对数据进行集中的处理。在集成的基础上，根据数据特征，利用聚类、关联分析等方法对已接收的数据进行抽取处理，将多种结构和类型的复杂数据转化为单一的或者便于处理的结构。针对大数据价值稀疏的特点，对大数据进行清洗，过滤“去噪”，提取出有效数据。

③数据分析与挖掘。数据分析与挖掘是大数据处理流程中最为关键的步骤。数据分析主要是利用大数据分析的工具对存储在分布式数据库或分布式计算集群内的海量数据进行普通的分析和分类汇总等，以满足常见的分析需求。传统的数据处理分析方法有数据挖掘、机器学习、智能算法、数理统计

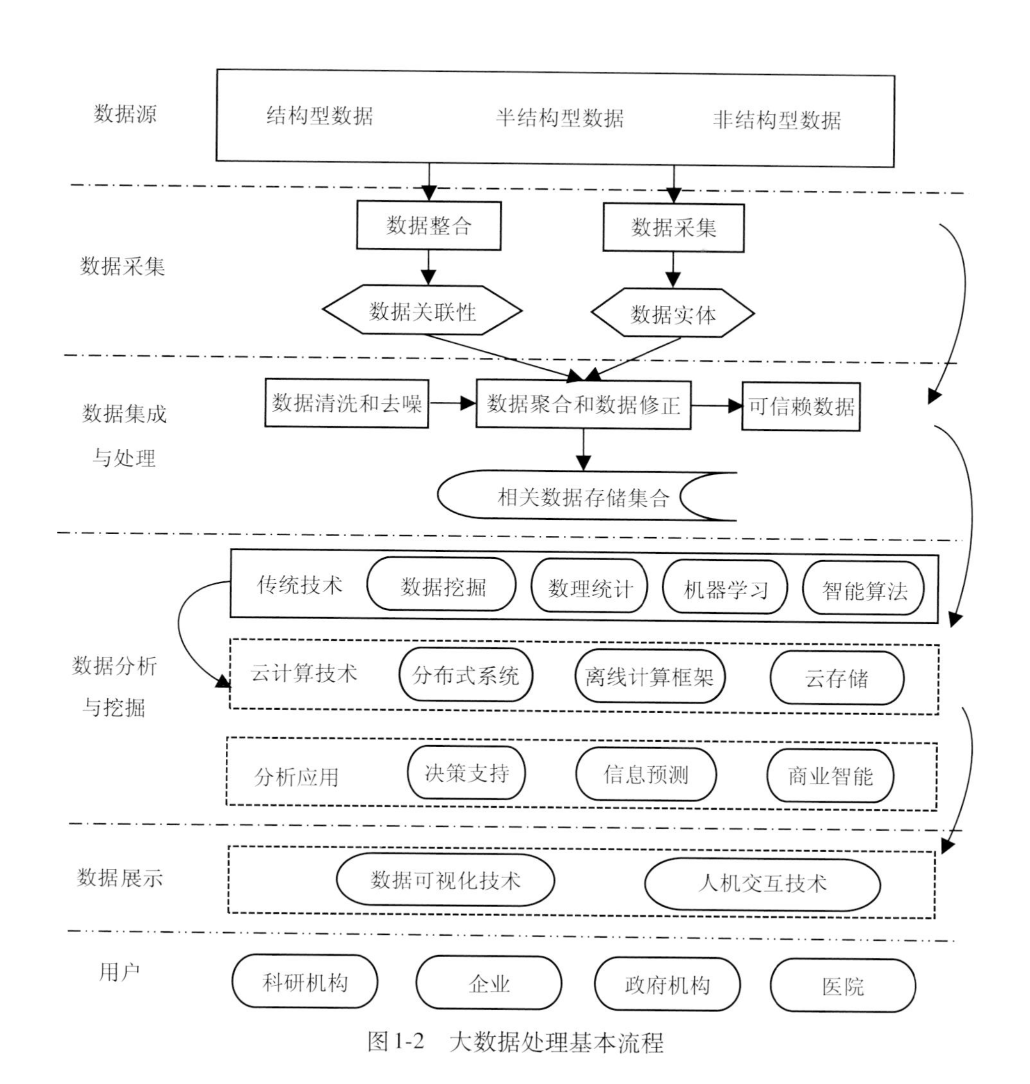

图1-2 大数据处理基本流程

等，已经不能满足大数据时代数据分析的需求。“云计算”概念和技术平台的产生，提供了对大数据进行处理、分析很好的手段。

④数据展示。数据可视化是将数据挖掘结果以简单和直观的图形化、智能化的形式通过数据访问接口呈现给用户，供其分析使用。结果展现的架构一般分为C/S和B/S两种，C/S架构提供便于操作数据的客户端，可定制呈现界面，适合数据分析人员使用；B/S架构基于Web应用展现结果，不看重交互，一般由决策者或企业管理人员使用。结果展现方式包括基于数据挖掘得出的数据报表（数据表格、矩阵、图形等）、宏观展现模型数据分布情况的图形（曲线、饼图、堆积图、仪表盘、鱼骨分析图等）等。

（3）关键技术。

①大数据存储技术。为保证文件系统整体的可靠性，大数据通常对同一份数据在不同节点上存储多份副本。同时，为保障海量数据的读取能力，大数据借助分布式存储架构提供高吞吐量的数据访问（吴亚坤等，2015）。目前较为有名的大数据文件存储技术是Google的GFS（google file system）和Hadoop的HDFS（Hadoop distributed file system），HDFS 是GFS的开源实现。

②大数据的数据管理技术。在数据管理上，传统的单表数据存储结构无法适应大数据对数据库的高并发读写、海量数据存储、复杂的关联分析和挖掘需求，因此，大数据使用由多维表组成的面向列存储的分布式实时数据管理系统来组织和管理数据。其特点是将数据按行排序、按列存储，将相同字段的数据作为一个列族来聚合存储。这样存储的好处是不同的列族对应数据的不同属性，大数据的数据管理技术的典型代表是Google的Big Table和Hadoop的HBase。

③大数据的并行计算技术。大数据的分析和挖掘需要完成巨大的“数据密集型”计算，对系统的运算架构、计算域存储单元的数据吞吐率要求极高，传统的并行计算系统无法满足需要。因此，大数据计算通常采用Map Reduce技术。Map Reduce是Google提出的一种云计算的核心计算模式，是一种分布式运算技术。它将传统的查询、分解及数据分析进行分布式处理，将要处理的任务分配到不同的处理节点，具有非常强的并行处理能力。

④大数据的数据挖掘技术。大数据的数据挖掘技术比较复杂，一般需要针对具体的应用类型采用不同的处理方式（张锋军，2014）。Hive 和Mahout 是大数据挖掘的代表技术。Hive是一个基于Hadoop的PB 级数据仓库平台，用于管理和查询结构化数据并完成海量数据挖掘。Hive定义了一个类似于SQL的查询语言HQL，能够将用户编写的SQL转化为相应的Map Reduce任务来运行，非常方便习惯于使用SQL的用户完成并行计算。Mahout则是一个机器学习与数据挖掘算法库，提供了一些可扩展的机器学习领域经典算法的实现，如集群、分类、推荐过滤等，与Hadoop结合后可以提供分布式数据分析挖掘功能。

2.云计算和边缘计算　以云计算模型为核心的集中式处理模式将无法高效处理边缘设备产生的数据（赵梓铭等，2018）。集中式处理模型将所有数据通过网络传输到云计算中心，利用云计算中心超强的计算能力来集中式解决计算和存储问题，这使得云服务能够创造出较高的经济效益。

在万物互联的背景下，传统云计算有4个方面的不足：①实时性不够。万物互联场景下的应用对于实时性的要求极高。传统云计算模型下，应用将数据传送到云计算中心，再请求数据处理结果，增大了系统延迟。以无人驾驶汽车应用为例，高速行驶的汽车需要毫秒级的反应时间，一旦由于网络问题而加大系统延迟，将会造成严重后果。②带宽不足。边缘设备实时产生大量数据，将全部数据传输至云端造成了网络带宽的很大压力。③能耗较大。随着用户应用程序越来越多，处理的数据量越来越大，能耗将会成为限制云计算中心发展的瓶颈。④不利于数据安全和隐私。万物互联中的数据与用户生活联系极为紧密，例如，许多家庭安装室内智能网络摄像头，视频数据传输到云端，会增加泄露用户隐私的风险。

大数据时代下每天产生的数据量急增，而物联网等应用背景下的数据在地理上分散，并且对响应时间和安全性提出了更高的要求。云计算虽然为大数据处理提供了高效的计算平台，但是目前网络带宽的增长速度远远赶不上数据的增长速度，网络带宽成本的下降速度要比CPU、内存这些硬件资源成本的下降速度慢很多，同时复杂的网络环境让网络延迟很难有突破性提升。因此传统云计算模式需要解决带宽和延迟两大瓶颈。在这种应用背景下，边缘计算应运而生。

边缘计算目前还没有一个严格的统一定义，不同研究者从各自的视角来描述和理解边缘计算。边缘计算是一种新的计算模式，这种模式将计算与存储资源部署在更贴近移动设备或传感器的网络边缘（施巍松等，2017）。边缘计算是指在网络边缘执行计算的一种新型计算模式，边缘计算中边缘的下行数据表示云服务，上行数据表示万物互联服务，而边缘计算的边缘是指从数据源到云计算中心路径之间的任意计算和网络资源（施巍松等，2019）。

边缘计算模型具有3个明显的优点：①在网络边缘处理大量临时数据，不再全部上传云端，这极大地减轻了网络带宽和数据中心功耗的压力。②在靠近数据生产者处做数据处理，不需要通过网络请求云计算中心的响应，大大减少了系统延迟，增强了服务响应能力。③边缘计算将用户隐私数据不再上传，而是存储在网络边缘设备上，减少了网络数据泄露的风险，保护了用户数据的安全和隐私。

3.区块链技术　区块链是随着比特币等数字加密货币的日益普及而逐渐兴起的一种全新的去中心化基础架构与分布式计算范式。区块链技术是以比特币为代表的数字加密货币体系的核心支撑技术（邵奇峰等，2018）。区块链技术的核心优势是去中心化，能够通过运用数据加密、时间戳、分布式共识和经济激励等手段，在节点无须互相信任的分布式系统中实现基于去中心化信用的点对点交易、协调与协作，从而为解决中心化机构普遍存在的高成本、低效率和数据存储不安全等问题提供了解决方案。

区块链技术起源于2008年由化名为“中本聪”（Satoshi nakamoto）的学者在密码学邮件组发表的奠基性论文《比特币：一种点对点电子现金系统》。目前尚未形成行业公认的区块链定义。狭义来讲，区块链是一种按照时间顺序将数据区块以链条的方式组合成特定数据结构，并以密码学方式保证的不可篡改和不可伪造的去中心化共享总账（decentralized shared ledger），能够安全存储简单的、有先后关系的、能在系统内验证的数据（袁勇等，2016）。广义的区块链技术则是利用加密链式区块结构来验证与存储数据、利用分布式节点共识算法来生成和更新数据、利用自动化脚本代码（智能合约）来编程和操作数据的一种全新的去中心化基础架构与分布式计算范式（于丽娜等，2017）。

结合区块链的定义，区块链技术具有4个主要特征：①去中心化。整个网络没有集中的硬件或管理机构，任何节点的权利和义务是平等的，任何节点的损坏或丢失都不会影响整个系统的运行，因此，区块链系统具有很好的鲁棒性。②共识信任。整个的操作规则是公开和透明的，所有的数据内容都是开放的，所涉及的节点之间不需要相互信任。在系统指定的规则和时间范围内，节点之间不能相互欺骗，因此能够以较低的成本实现协商一致信任。③集体维护。系统中的数据块由本系统中的所有维护节点维护，某个节点数据库崩溃不会使整个系统失效。④可靠数据库。不对称加密技术和哈希算法的使用，使得数据的记录和传输真实、不可否认和不可篡改。系统通过分布式数据库的形式，使每个参与节点都能得到相同的账本，除非可以同时控制系统中半数以上的节点，否则更改单个节点上的数据库是无效的，不能影响其他节点上的数据内容。

1.2.3 农事诊断与决策技术

智能决策技术是在大量的农业生产信息数据中挖掘最有价值的信息和规律，对农业生产过程进行判断和智能指导，最大化提高农业生产效率。

1.作物模拟模型　作物生长模拟研究自20世纪60年代由荷兰的de Wit（1965）和美国的Duncan（1968）开创以来，随着系统科学和计算机技术的发展以及作物学知识的累积，发展十分迅速，经历了从定性的概念模型到定量的模拟模型，从单一的生理生态过程模拟到综合性生长模拟模型（曹宏鑫等，2017）。目前，许多国家已经对小麦、玉米、水稻、大豆、苜蓿、棉花等多种作物建立了模拟模型，据不完全统计，现有的单作物专用模型有30多种，多作物通用模拟模型有10余种。

美国和荷兰是目前作物生长模拟研究比较集中的两个国家。Sinclair和Seligman、Bouman等分别总结了各自国家模拟研究的发展历史。Sinclair和Seligman将美国作物生长模拟的发展比喻为一个生命过程：经历了从婴儿期到成熟期的过程。Bouman等将荷兰作物模拟研究的发展分为三个阶段（曹宏鑫等，2020）：①早期阶段（20世纪60—70年代）。该阶段为模型的研制阶段，主要作为理解植物生理过程，解释作物整体功能的一种手段。②中期阶段（20世纪80年代）。该阶段为模拟研究的应用阶段，但由于众多模型的模拟过程描述得十分详尽，包含了许多难以获得的输入参数和变量，使得一些既包含动力学或生理学过程，同时也包含以试验为基础的经验式或参数的模型迅速发展起来。③近期阶段（20世纪90年代至今）。该阶段为模型的优化阶段，作物模拟研究开始侧重于现有模型的完善，而非进行新模型的研制，主要包括普适性、准确性和易操作性等方面的研究。

我国的计算机作物模拟研究起步较晚，20世纪90年代得到快速发展，涌现了若干各具特点、自主研发的作物生长模型及决策系统。针对我国作物生产特点构建了相关模拟模型，江苏省农业科学院和南京农业大学在作物模拟算法构建、模拟平台搭建、模型区域应用、情景效应评估等方面开展了较为系统的研究工作（张文宇等，2015；朱艳等，2020）。代表模型有作物栽培计算机模拟优化决策系统系列（RCSODS、WCSODS和MCSODS）、作物生长模拟模型CropGrow系列。作物模型使用流程的四个步骤如下：

第一步，基础数据获取。①利用GPS对研究区域内各农户农田定位，记录农田边界点的经纬度值；记录农户姓名、行政村、施肥量、前三年作物产量等信息；②从当地气象局获得常年气象数据；③从当地农业局土肥站获得土壤肥力数据。

第二步，模型适应性验证。利用多地点、多年份、多品种数据，对模型的普适性进行独立检验。

第三步，种植方案生成。农户可选择不同品种、播种期、密度、水肥管理措施进行模拟种植，对获得的不同产量、品质进行对比，确定最佳管理方案。

第四步，种植方案实施。根据种植方案，准备品种、肥料等农资。于相应生育期进行灌溉和施肥。为应对生长过程中出现的异常天气，田间观测作物生长，并采取生育进程、生长指标预测等方式，生成实时调控方案。

2.人工智能　人工智能（artificial intelligence，AI）是对人类智能的模拟、扩展与延伸。具体来说，人工智能即通过研究人类的智能活动规律，构造出具有一定智能的系统，将该系统应用到计算机或智能机器上来模拟人类智能行为的基本理论、技术方法，进而让计算机或智能机器去完成以往需要人的智能才能胜任的工作。AI技术一直处于计算机技术的前沿，其研究的理论和发展在很大程度上将决定计算机技术的发展方向。

国内外研究人员尝试利用人工智能技术发展现代农业，加速农业人工智能相关成果落地，主要工作包括作物病害识别、病斑检测、作物生长态势感知和产量预测等（周长建等，2022）。人工智能技术能够将人工提取的作物病害特征（传统机器学习方法）或自动提取的特征（深度学习方法）输入到分类器训练模型，利用交叉验证等方法来评估分类器的性能，通过参数调试等过程使模型效果最优，进而可以预测作物的未知病害类型，达到病害识别的目的。

机器学习是近年来的技术趋势，因其强大的数据处理能力和学习成长能力，众多实际问题得到了高效的解决，农业领域目前已经应用到农产品质量检测和分级、杂草和植物病虫害检测、土壤分析等方面（卢军党等，2020）。

1.2.4　农事变量作业技术

1.智能变量施肥技术　变量作业一直是智慧农业的重点研究对象，尤其体现在变量施肥方面。传统施肥方式是在同一种植区域内施加等量的同一种肥料，会造成肥料利用率低和环境污染等问题。变量施肥技术（variable-rate fertilizer technology）根据地块内不同区域对肥料的需求而改变肥料施放的种类和数量，相比传统施肥方式，变量施肥可以提高肥料利用率，减少环境污染。

变量施肥技术即自动变量施肥技术，简称变量施肥或精准施肥，以不同空间单元的产量数据与土壤理化性质、病虫草害、气候等多层数据的综合分析为依据，经过作物生长模型和营养专家系统的决策，得到不同空间单元内肥料的施用量，根据GPS导航定位使用变量施肥机具进行田间精准施肥的技术（胡成红等，2021）。

（1）变量施肥作业流程。变量施肥过程是指作业机械按照变量施肥处方图或实时传感器计算得出的施肥量，在一定农田区域范围内施用肥料。处方图变量施肥作业系统包括GPS定位系统、嵌入式车载控制计算机、测速模块、阀控液压马达排肥控制模块、作业导航指示控制模块等（罗元成等，2017）。系统的基本原理是根据制定的作业处方，通常以嵌入式车载控制终端变量施肥作业软件中的GIS图层方式存储显示，同时实时获取GPS定位数据并得出某一具体时刻施肥量数据。施肥控制器将数字量形式的施肥量数据转换为模拟控制量，驱动施肥执行机构调整施肥量按期望值进行施肥作业。仅就处方图变量施肥作业系统本身而言，其技术关键在于根据处方图精确一致地“按图作业”，要求系统如同“打印机”一样将处方图定义的施肥目标按位按量准确实施。图1-3为变量施肥作业流程。

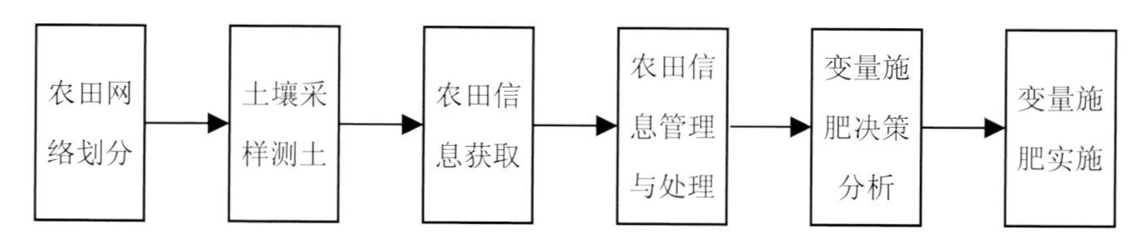

图1-3　变量施肥作业流程

第一步，农田信息获取。农田信息的获取是变量施肥的基础工作，对农田信息的掌握直接决定变量施肥的决策和实施，直接影响变量施肥的真正意义与价值。同时如何以最快的速度、最高的准确度、最低的获取成本获得最高密度的农田信息，是农田信息获取的最高目标，对变量施肥起到基础性关键作用（孟志军等，2011）。

第二步，施肥决策。决策分析结合了GIS、专家系统、模拟模型等技术，是根据土壤养分含量和目标产量结合各种有价值的信息计算施肥量的过程。决策分析是变量施肥作业的中枢神经，直接关系到变量施肥实施的效果。它是汇集专家知识、施肥经验和作物生长模型等信息，再结合作物生产管理数据库得到施肥处方图，来决策施肥。

第三步，变量施肥实施。田间变量施肥实施的核心为变量投入技术，它是变量施肥的实现环节。田间变量施肥实施是通过变量农业机械完成的，主要由变量施肥实现的农机具和农机具的控制系统两大部分组成。

（2）技术构成。

①变量施肥决策生成技术。变量施肥决策生成技术有实时控制施肥和处方图控制施肥两种。实时控制施肥是根据监测土壤的实时传感器信息，控制并调整肥料的投入数量或根据实时监测的作物光谱信息来分析调节施肥量。实时控制施肥技术可以实时地反映作物情况，而且无须用于数据管理、地理信息和计算机技术等方面的额外成本和人力投入，但需要对施肥机械配备在线自动检测设备。这些设备通常较复杂，控制难度大，价格高，在农业高度分散的我国还需较长的发展过程。

处方图控制施肥是根据决策分析后的电子地图提供的处方施肥信息，对田块中肥料的撒施量进行定位调控，根据田块的不同要求，有针对性地撒施不同配方及不同量的混合肥。肥料期望施用量由土壤分析测试结果、田块位置和作物品种而定。基于作物冠层光谱的施肥处方研究、作物叶绿素含量的施肥处方研究、生长模型的施肥处方研究和土壤特性与产量的施肥处方研究，其中以基于土壤特性与产量的施肥处方研究为目前主要的研究方向。基于处方信息控制施肥技术通常比较容易实现，但该方法在实际应用中会因其时间滞后性而带来不当的作业问题。

②变量施肥控制系统。变量施肥控制系统具备采集作业信息、进行施肥决策和驱动排肥机构等功能，是变量施肥的核心技术，主要由控制器（车载计算机、PLC、单片机等）、定位系统、传感器、排肥动力装置组成，在作业方式上有处方图作业和实时作业两种模式，在肥料性质方面有液态肥和固态肥两种形式。通过液压马达、步进电机或伺服电机驱动排肥机构施固态肥，或采用电磁比例阀变量施液态肥。国外在变量施肥控制系统方面做了大量研究，已经形成较为成熟的变量施肥控制方法、技术体系和通用性产品，并且已有了在线式变量施肥系统，如美国约翰迪尔公司生产的变量施肥机、凯斯公司生产的Flexisoil变量施肥播种机。我国变量施肥控制系统根据控制器类型及控制方案、肥料性质、肥料排肥驱动机构、排肥效果、多肥料元素变量控制等因素组合形成了许多种变量施肥控制系统，侧重于变量施肥控制系统的设计、多变量施肥控制技术、变量施肥控制方案优化、变量施液态肥等方面的研究。

③变量施肥排肥机构。变量施肥排肥机构是施肥主要的执行机构。变量施肥技术的研究和推广，离不开对排肥机构作业特点的深入研究。目前对于变量施肥排肥机构的研究，主要集中在排肥机构结构设计，排肥精度的控制，排量的大小、幅度、均匀度和变异系数的控制等方面。

④变量施肥监测系统。变量施肥监测系统是变量施肥技术的一个重要组成部分，主要有3种类型，分别为机械报警器、机电信号报警器和电子仪器型监测装置（夏鼎宽等，2020）。机械报警器和机电信号报警器是早期发展的监测系统，适合于简单、功能单一的播种施肥装置，电子仪器型监测装置通过在排肥机构各个位置安装传感器监测排肥作业情况，具有高灵敏性、实时性、全面性的特点，可以在排肥出现异常时报警，也方便作业人员全面了解作业机具的运行状态。

2.智能水肥一体化技术　水肥一体化技术最早起源于以色列，我国目前水肥一体化在蔬菜、粮食作物、果树、茶树等种植中也得到了广泛的应用。水肥一体化简单来说就是水肥协同耦合效应，普通的水肥一体化技术是将水与可溶性肥料按照一定比例进行混合，通过滴灌管道将水肥混合液送至作物根部，以供作物生长发育（孙红严等，2020）。随着科学技术的发展，在水肥一体化技术中融入云计算、物联网、传感器技术、人工智能等一系列现代技术，形成了智能水肥一体化技术。

智能水肥一体化即由灌溉系统根据作物生长状况自动做出动态监测与灌溉决策执行的过程，进行深度的反馈学习并且能够实现精准化、智能化的灌溉。

技术构成。智能水肥一体化灌溉体系主要包括水源工程、输配水管网、动力装置、智能配施肥机、田间环境感知设备、物联网云平台、移动端和PC端应用软件。灌溉体系流程如图1-4所示。

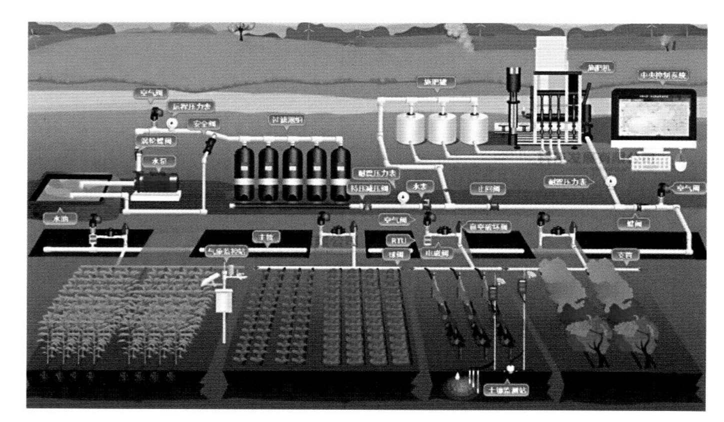

图1-4　灌溉体系流程

①水源工程。水源工程的主要作用是提供水源，在一些干旱地区还需要储备灌溉用水的功能，水源主要来源于蓄水池、井水、河水、湖泊等。但在使用前如有必要，需添加沙石过滤器、碟片过滤器或者离心式过滤器，防止沙石、水草等杂物堵塞管道。

②输配水管网。输配水管网的主要作用是按照作物需求与管道设计将水肥运送至每个灌水单元。主要由主路和支路组成，主路承担运输作用，支路则通过滴灌的形式将水肥送至蔬菜所需位置。

③动力装置。动力装置一般由水泵和加压装置构成，根据水阀、流量表、压力表的示数调控水泵和加压装置，使其扬程和运行工作点在有效区的范围内。

④智能配施肥机。一般包括肥液混合灌、施肥器、操控平台等，主要作用是根据物联网云平台收集分析的数据进行精确配肥与精准化灌溉，降低人工的浪费。

⑤田间环境感知设备。田间环境感知设备由各种传感器组成，可监测温室内湿度、温度、光照强度、土壤营养成分等因素，其中植物本体传感器可以检测农作物外部生长情况，而且还能够检测作物自身数据信息，比如蔬菜叶面湿度、果实膨胀程度等，这些数据经过传感器的收集经传感网传至云平台，通过大数据分析计算可对蔬菜灌溉做出决策。

⑥物联网云平台。通过物联网和农业大数据的智能服务平台，将传感器收集的各种蔬菜相关数据传送至云平台，利用农业大数据进行挖掘计算，再结合本地专家知识库，控制智能配肥机和施肥机，从而实现智慧施肥。

⑦移动端和PC端应用软件。将智能水肥一体化技术系统开发成应用软件，这样用户就可以对相关设备进行远程操作，并且可以随时随地查看相关数据信息。

3.植保无人机施药技术　近年来，植保无人机航空施药作业作为国内新型植保作业方式，与传统的人工施药和地面机械施药方法相比，具有作业效率高、成本低、农药利用率高的特点，可有效解决高秆作物、水田和丘陵山地人工和地面机械作业难以下地等问题，是应对大面积突发性病虫害，减少农药对操作人员的伤害等问题的有效方式（兰玉彬等，2019）。

（1）植保无人机类型。从升力部件类型来分类，主要有单旋翼植保无人机和多旋翼植保无人机等类型；从动力部件类型来分类，主要有电动植保无人机和油动植保无人机等类型；从起降类型来分类，主要有垂直起降型和非垂直起降型。

受到机械结构的限制，单旋翼植保无人机主要以燃油机型为主，部分产品也配套有电动机，而多旋翼植保无人机均为电动机型。单旋翼植保无人机的专业性更强，操控难度更大，多旋翼植保无人机机型更小，操控更为简易。

多旋翼植保无人机更可能成为未来植保无人机的主要发展方向。主要根据旋翼的数量来划分，可分为四旋翼、六旋翼、八旋翼、十二旋翼等多种机型，为满足农业生产的不同需求，多旋翼植保无人机多采用航空铝材或碳纤维两类材料为主机身，并须配套安装无刷电机、桨叶、电源、药箱、喷杆等装置。

目前市场上常见的植保无人机机型主要是单旋翼和多旋翼的垂直起降型无人机，包括油动单旋翼植保无人机、电动单旋翼植保无人机和电动多旋翼植保无人机3种类型（图1-5）。

a

b

c

图1-5　植保无人机类型
a.电动多旋翼植保无人机　b.电动单旋翼植保无人机　c.油动单旋翼植保无人机

（2）关键技术。

①变量施药技术。与传统的施药方法相比，变量施药能根据病虫害实际发生情况和作物疏密信息等按需施药，能预防过度使用农药的问题，并能降低施药成本投入，提高整体防治效率。目前变量施药系统大多基于脉宽调制技术，通过改变占空比来控制隔膜泵转速，从而实现喷施量调节。有学者基于脉宽调制技术设计了变量喷施测控系统，可通过软件远程实现对无人机施药状态、施药参数的调整。有学者通过应用地面站发挥多传感融合功能，对施药参数与情况进行跟踪，确保无人机在飞行流量与速度上满足要求，降低雾滴沉积量，节约成本，提高效率。此外，有学者采用图像处理技术对非作物区进行识别，获得作物处方图，再控制喷头实施精准施药。

②避障技术。无人机施药时农田周围环境较为复杂，有建筑、电网、通信等相关设施，这对安全作业形成威胁。因障碍物形状特征差异较大，且分布随机化，所以无人机避障技术的难点在于障碍物的自主识别。例如，基于激光位移传感器技术为植保无人机提出了一种新的避障检测方法。基于激光位移传感器的避障系统能有效地检测出未知环境下障碍物的角度和距离，能对植保作业环境中典型障碍物做出较为准确的类型判别，并实现飞行过程中的动态避障。具有自动避障功能的旋翼无人机系统，通过激光雷达获得障碍物的初步位置数据，经过数据处理模块对障碍物数据进行滤除和数据识别后，将障碍物位置信息发送给飞行控制器，飞行控制器根据避障算法控制无人机自动绕开障碍物。

③减漂技术。影响雾滴漂移的因素较多，如喷施技术、气象条件等，应通过研发减漂喷头、应用飞防助剂、设置漂移缓冲区等方式减少影响因素的干扰。喷头通过控制雾滴粒径大小来减小漂移，改变喷头类型、尺寸、压力，开发空气诱导型喷头，可降低漂移量。目前应用较多的减漂喷头主要采用射流技术，在喷头内部混合药液、空气后，在雾化作用下形成液滴；或者对喷头内腔直径、V形槽角和相对切深进行优化，设计出控制漂移的喷头，调整无人机航线，确保能将雾滴使用在靶标区。另外，可通过调整农药添加剂的配方来改变农药理化特性，降低漂移带来的风险。施药区周边设置漂移缓冲区可以保护水渠不受污染，如通过风洞试验来估算漂移缓冲区的设置距离。

（3）无人机飞防优缺点。植保无人机采用高雾化喷头配合低喷施量的作业方案，配合预设的喷施速度和喷施高度，使农药的使用量在满足植保需求的同时，尽可能地降低残留问题对人身健康的影响（张良，2021）。利用无人机桨叶产生的下旋风作用，农药更容易到达作物根部，防治效果能得到进一步提高（田志伟等，2019）。植保无人机的作业不受地形条件的限制，同时无人机便于携带，通过私家车即可运输至田地，农药喷施速度显著高于轮式机具。植保无人机体积小巧，对于大面积田地和小块田地的作业都能很好地适应，且作业过程按照预设路线飞行，重喷漏喷问题较少。

此外，操控植保无人机，一是需进行较长时间的专业学习和培训，学习成本较高。二是作业时间短。受电池续航时间的限制，单次作业时长在10 ~ 15min，需多次更换锂电池方式实现连续作业。三是农村GPS基站少，导致植保无人机常出现定位误差、精确度不足等问题，影响喷施的质量。

1.2.5 农场农事可视化管理技术

1. 数字孪生

（1）概念和起源。数字孪生的理念最早由密歇根大学Grieves教授于2002年针对产品全生命周期管理提出的（Grieves et al.，2017）。起初，使用“镜像空间模型”（mirrored space model，MSM）一词，后命名为“数字孪生”。数字孪生也被称为数字镜像、数字双胞胎和数字化映射。2012年美国国家航空航天局（NASA）给出了数字孪生的概念描述：数字孪生是指充分利用物理模型、传感器、运行历史等数据，集成多学科、多尺度的仿真过程，它作为虚拟空间中对实体产品的镜像，反映了相对应物理实体产品的全生命周期过程。数字孪生的核心问题是如何定义包含产品研制全过程的全要素产品模型，如何为研制全过程提供数据准备或者反馈，从而实现“基于模型驱动”的产品研制模式（沈沉等，2021）。

数字孪生技术在农业领域的应用案例不多，还处于研讨阶段。图1-6为应用于工厂管理的数字孪生系统。根据技术本身，它将在以下几方面发挥作用：①农业规划。用于农业园区功能定位、布局、农业生产规划等方面。②模拟预测分析。设置不同应用情景，掌握不同作物生长状况对种植环境、管理措施的响应，分析限制因素。③远程管理。在智慧无人农场，职业农民可根据实时数字信息，指挥调度农机作业，完成农业生产管理。④农业科研。根据作物不同表型，用于测量不同作物季节的模式和特征，如植物健康、高度、生长速度和其他细节，以保持最佳作物质量，选育既定育种目标的品种。

图1-6 具有可视化魔力的3D工厂管理

（2）技术特点。清华大学沈沉教授将数字孪生的特点归纳为：自治、同步、互动、共生。

①自治。数字孪生体，即物理实体的数字模型，它和物理实体一样，服从相同的物理规律，并在此规律的驱动下独立演化。具体来说，在给定的数字空间边界条件下，数字孪生体通过仿真即可自主推演并获得输出变量的演化轨迹，该过程可以独立于物理实体。

②同步。同步具有以下两层含义。第一层含义为：在利用数字孪生体推演物理实体的变化轨迹时，需要利用物理实体的当前状态对数字孪生体进行初始化，使数字孪生体和物理实体初始条件保持一致。第二层含义为：支配物理实体演化的物理规律和数字孪生体所蕴含的物理规律需保持一致。

③互动。互动指数字孪生体和物理实体间的双向影响。一方面，通过在数字孪生体上预测物理实体的变化趋势，可以对不同的控制策略进行筛选，从而改变物理实体的演化轨迹；另一方面，通过对物理实体的观察和分析，可以不断增进对物理实体的认知，从而改进数字孪生体，使其能够更加准确地反映物理实体的变化规律。互动性是数字孪生的关键特征，也是数字孪生理念存在和发展的前提与保障。若失去了互动能力，数字孪生也就无法服务于认识世界和改造世界的目的了。

④共生。共生指数字孪生体和物理实体有利于彼此的发展。对于物理实体，数字孪生体通过预测物理实体的未来运行态势为不同控制策略提供验证平台，从而筛选出合适的控制，实现物理实体发展轨迹的调整；对于数字孪生体，物理实体的存在帮助技术人员更深刻地认识研究对象，从而实现数字孪生体的调整和升级。共生是数字孪生理念存在的目的和意义，即认识世界和改造世界。

（3）常用构建技术。构建一个高可信度、高质量的数字孪生模型是开展各类数字孪生应用的核心和基础。目前，数字孪生在各领域相关实践中常用的关键技术很多，比如知识和数据驱动的融合建模技术、高性能计算技术、虚拟化和容器技术、深度学习和人工智能技术以及3D建模技术等（于勇等，2017）。

数字孪生模型构建流程分为3个步骤：第一步，分析真实生产逻辑，获取实时生产数据。第二步，基于生产逻辑设计生产机理模型，并实现真实生产数据的模拟和同步。第三步，实时生产数据直观可视，包括运作同步和场景同步，如图1-7所示。

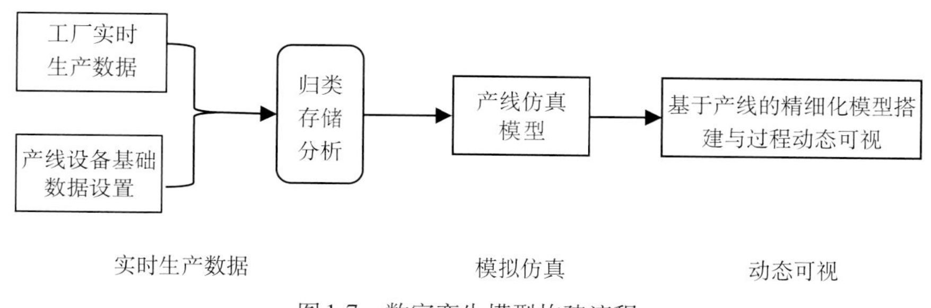

图1-7　数字孪生模型构建流程

2.数据可视化技术

（1）概念和起源。步入大数据时代，各行业对数据价值的重视程度与日俱增。要想把数据价值发挥出来，需要对数据进行采集、融合、分析、数据可视化，而数据可视化是数据价值的最直观体现，已成为日常办公、应急处理、指挥调度、战略决策等场景下必不可少的一部分。

数据可视化是把相对复杂、抽象、离散的数据通过可视的方式展示，使数据间的关联性更加直观、更加形象地表达数据的内在意义及价值。数据可视化大屏是以LCD或LED显示大屏为主要展示载体进行数据的可视化呈现。

数据大屏综合系统即通过建立覆盖农业生产全要素指标体系，汇聚集生产实时作业数据、视频监控数据、统计分析数据、分析预测数据于一体，以大屏幕和数据可视化技术为载体，用翔实客观的数据对农业生产和管理的历史过程、最新状态、发展愿景进行全景展示。如图1-8所示为数据综合展示系统。

这种数据大屏综合系统在各行业的业务展示监控、风险预警、信息指挥调度、企业展厅、展览展示、电力电网、能源矿产、健康医疗、工厂制造、法院政务、银行金融、军队、智慧城市等行业都得到了广泛的应用。

（2）技术特点。①交互性，用户可以方便地以交互的方式管理和开发数据。②多维性，对象或事件的数据具有多维变量或属性，数据可以按其每一维的值分类、排序、组合和显示。③可视性，数据可以用图像、曲线、二维图形、三维体和动画来显示，用户可对其模式和相互关系进行可视化分析。

（3）常用构建技术。通常的做法有两种：一种是独立开发。做好需求调研、原型设计后，根据用

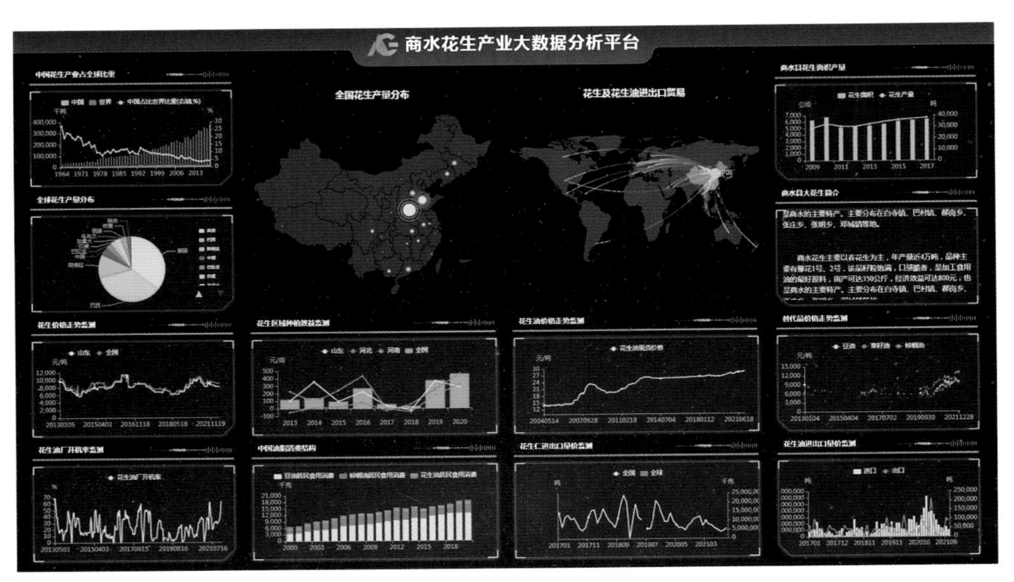

图1-8　数据综合展示系统

户的需求，交给专业的公司进行搭建。另一种是利用第三方工具进行制作。目前市场上有很多数据分析工具，他们都包含着大屏功能，里面还有很多样式和模板，极大地方便了用户。利用商业性可视化工具如Tableau、DataV、FineReport、FineBI等可以简捷灵活地进行数据可视化工作，但是需要购买；利用前端可视化组件如ECharts、D3、Three.js等也可以做出丰富的图表页面，但是要求具有一定的技术基础。开源可视化分析工具如Bokeh、Matplotlib、Metabase、Superset等首先是无软件成本的，其次是要考虑它们的便捷性。

1.3　智慧农业通用架构

由河南省农业科学院牵头组织，联合河南农业大学、河南省气象局、河南省农业厅、河南大学等单位，围绕农业生产预测决策等产前关键技术，智慧农业管理、质量安全追溯、生产灾害预警等产中关键技术开展研究，综合运用农业物联网、智能控制、决策模型、大数据挖掘等信息技术，构建了作物生长远程感知（大田和温室）、氮肥精确管理、测墒灌溉、农情遥感服务、虫害监测预警、农产品溯源、农技推广、畜牧管理和监测预警等一系列业务系统。在此基础上，总结提炼了河南智慧农业应用系统开发通用架构，形成了河南智慧农业示范推广标准样板。经过示范应用实现了农业生产的精准化种植和可视化管理，提升了精准化管理水平，推动了智慧农业技术在大田作物生产中的综合应用进程。

1.3.1　架构组成

从图1-9来看，该通用架构包括10个子系统，涉及耕、种、管、收农业生产各环节。涉及4个方面：①信息采集。利用作物生长远程感知物联网平台，获得作物生长全过程的“四情”信息。②信息服务。数字化种植设计系统提供播前、播后种植管理方案。农技服务平台提供品种、技术、销售等全过程技术服务。灾害监测预警系统提供病虫害、干旱、洪涝和冻害等监测服务。③生产管理。调控控制指挥中心即三维可视化动态管理系统，该系统集成三维地理信息、北斗地基增强与视频监控等技术，实现农业生产全业务、全过程的可视化管理。智慧农机系统集成农场环境自适应感知、农事生产精准决策、农机作业精准管控等多项技术，实现生产全流程智慧管理。水肥一体化精准灌溉施肥系统提供基于物联网技术的智能化精准灌溉综合解决方案，实现墒情实时监测、远程报警、灌溉阈值设置等功能。温室智能管理控制系统提供温湿度和光照度等指标监测、环境智能调节、灌溉喷药自动控制等功能，实现温室生产的精准精细化管理。④后续服务。农产品安全生产溯源系统通过自动化采集农业生产过程数

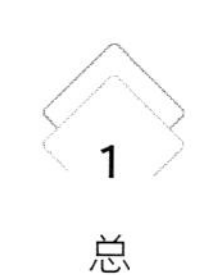

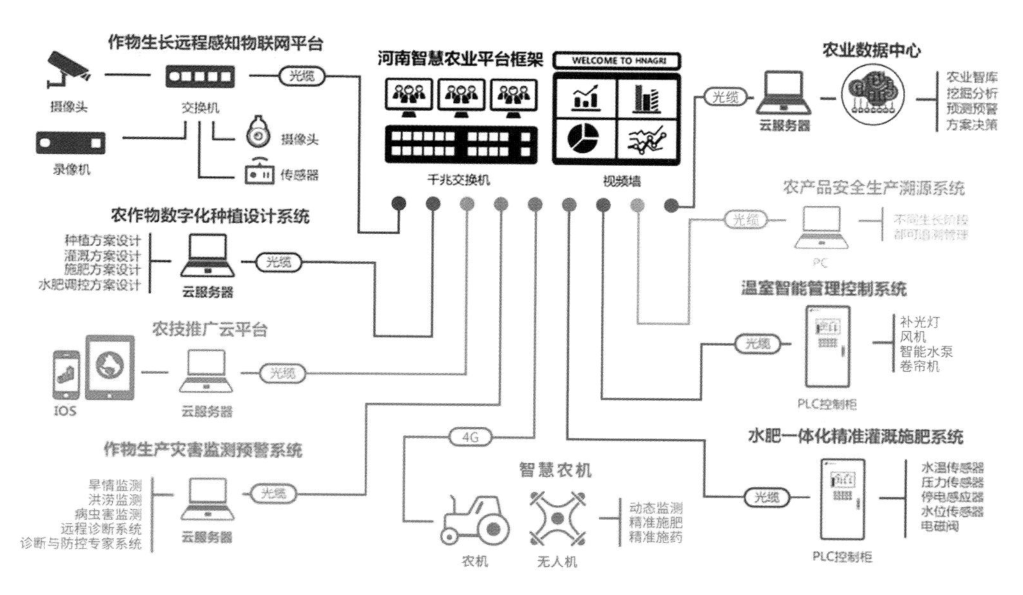

图1-9　智慧农业通用架构

据，实现“从农场到餐桌”的源头信息的追溯和质量控制。农业数据中心提供数据收集、汇总、存储、挖掘等功能的综合解决方案，满足未来以数据驱动的智慧农业生产需求。

1.3.2　架构层次

该通用架构（图1-10）分为硬件设备层、数据传输层、数据服务层、应用服务层和客户展现层。

硬件设备层包括气象站、墒情监测站、摄像头等采集终端，移动信息采集终端等，智能水肥一体机及计算机、手机等控制设备，智慧农机和飞防无人机等农业机械装备。

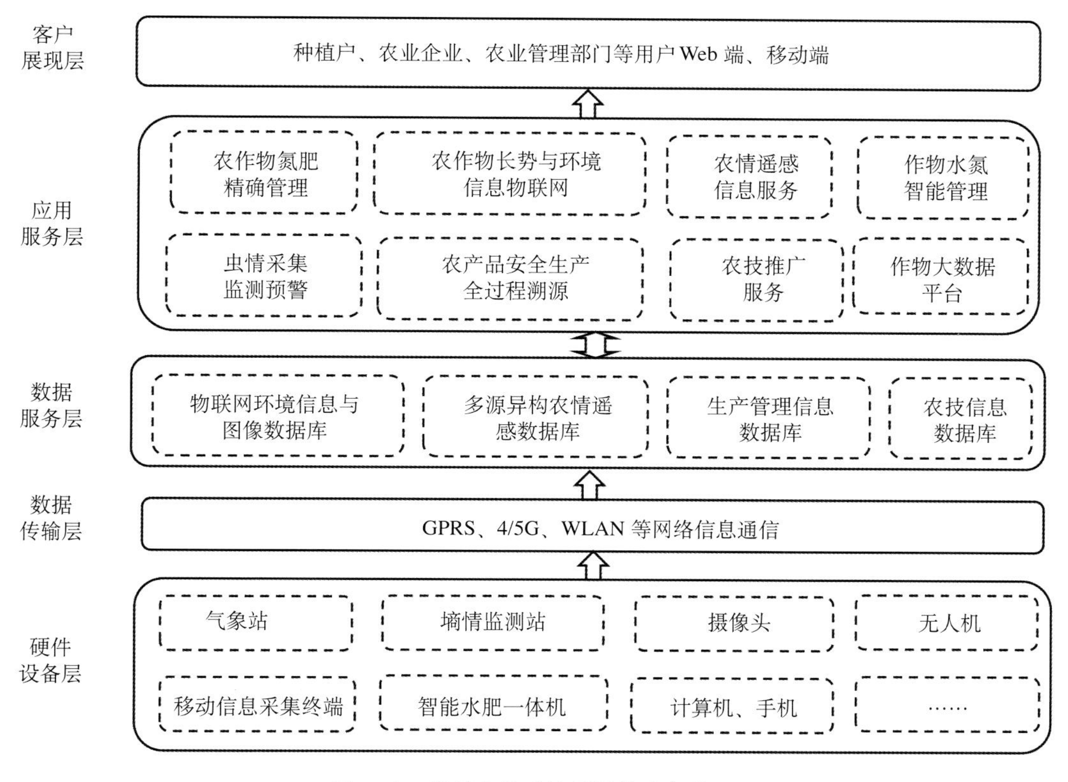

图1-10　智慧农业系统通用技术架构

数据传输层采用4/5G、光纤等网络传输技术实现数据通信。

数据服务层包括物联网环境信息与图像数据库、多源异构农情遥感数据库、生产管理信息数据库、农技信息数据库等。

应用服务层由若干子系统组成，包括但不限于以下系统：农作物氮肥精确管理、农作物长势与环境信息物联网、农情遥感信息服务、作物水氮智能管理、虫情采集监测预警、农产品安全生产全过程溯源、农技推广服务、作物大数据平台。

客户展现层利用二维三维可视化技术，通过Web端和移动端实现人机交互和用户友好访问。

1.4　智慧农业存在的问题及建议

智慧农业使信息技术与农业各环节实现有效融合，在改造传统农业、转变生产方式、推进适度规模经营、提高农作物品质和产量等方面意义重大。河南作为农业大省，粮食产量和肉、蛋、奶产量连年稳居全国前列，发展数字农业对于适应新形势下现代农业发展需求，培育壮大农业农村数字经济，推动乡村振兴和农业高质量发展，助力河南现代农业强省建设具有重要意义（许保疆等，2021）。

近年来，在有关部门的重视和支持下，河南省数字农业获得快速发展，一批数字农业关键技术取得突破，一批实用数字农业技术产品得到开发，一批网络化数字农业技术平台先后建立。目前，河南省已建成作物“四情”远程监测系统、大田智能物联系统等多个信息化应用系统，并在大田生产、设施农业、畜禽养殖等农业生产领域建立了30多个农业物联网示范基地。在数字农业应用系统研发方面，先后构建了小麦、玉米、花生等农作物生长发育模拟系统等重要涉农信息系统。在数字农业技术平台建设方面，启动了智能传感器、精准农业等特色物联网产业园建设，在河南省济源、新野、永城、浚县、泌阳等国家现代农业示范区打造了多个农业物联网综合服务平台，实现了农业生产的数字化、精准化、集约化，发挥了数字农业节本增效的重要作用，有力地服务和支撑了地方农业农村经济的发展。

需要指出的是，智慧农业作为数字技术与现代农业深度融合的新兴学科，相关研究和技术推广应用在我国还处于起步阶段，在技术研发与集成、使用标准等方面均需突破，相关技术推广应用还面临一些制约因素。比如，高素质农业生产管理人才缺乏，数字农业科研体系不健全、农业科技推广能力不足，数字农业基础设施落后、机械设备现代化程度低，数字农业设备投入成本和维护成本高、农业生产投入产出比低，数字农业技术智能化不够、技术标准不统一等，这些问题在我国智慧农业发展中均有不同程度存在。为此，应在以下几方面做出积极尝试：

1.4.1　加强顶层设计和政策引导

突出规划引领，通过编制智慧农业发展专项规划，制定智慧农业工程各项任务，进一步明确产业发展总体框架和路线图。强化政策引导，结合各省农业实际，研究出台促进智慧农业发展相关地方性政策法规和发展计划，加大在信息、科研、教育、基础设施、投资等方面的政策和财政支持，为“智慧农业”及其产业链条的发展提供良好的外部环境。加强对我国科研院所、高校、科技企业在数字农业研究领域人才、成果、平台等科技资源的整合，设立专项资金组织开展智慧农机联合攻关，扩大智慧农机设备生产规模、增加市场投入量、降低生产成本，促进科技供需精准对接、产研互动、院地合作，破解数字农业发展“最后一公里”问题。

1.4.2　推动智慧农业学科发展

以实现农业生产智能化、农业经营网络化、农业管理数字化、农业服务精准化为目标，进一步加速我国在智慧农业、智慧畜牧业方面的研究步伐，加快突破智慧农业、农业物联网等领域“卡脖子”技术难题，推动智能喷灌、精准变量施肥、农产品质量安全、农机农艺融合、农业大数据等关键核心技术与装备在现代农业生产中的转化应用。加强数字农场示范项目建设，建设一批小麦、玉米、花生等大田作物物联网技术应用示范基地，加快物联网、大数据、区块链、人工智能等现代信息技术在农

业领域的广泛应用。推进智慧农机示范项目建设，在耕整地、种植、植保、收获等环节，集成现代化农业农机装备，推进作物品种、栽培技术和机械装备集成配套，提速建设农机装备高地。加强行业协会建设，倡议成立国家智慧农业标准委员会，针对农业物联网、人工智能、农业模型等技术制定省内统一技术规程和标准，解决数据不兼容、共享程度低等问题。

1.4.3 强化农业基础设施建设

高标准农田是指土地平整、集中连片、设施完善、农电配套、土壤肥沃、生态良好、抗灾能力强，与现代农业生产和经营方式相适应的旱涝保收、高产稳产，划定为永久基本农田的耕地。在高标准农田建设项目中，建议列支专项经费，将智慧农业纳入高标准农田建设范畴，大力开展数字化灌溉农田水利设施建设，加快现代化农机设备进入农田，新增智慧农机购置补贴，鼓励现代农机设备使用，推动建立精准化、智能化、科学化远程控制管理农业生产模式。建立财政补贴机制，加快畜禽舍数字化改造，推进畜禽养殖机械设备提档升级，推动通风、采阳、温控、清理垃圾以及饵料投喂自动化建设，建立全封闭式现代化养殖舍棚，进一步提升河南省畜禽养殖科技含量，提高畜禽产品市场竞争力。加强数字农业在现代农业产业园的应用，统筹规划与建设农村物流基础设施，优化数字农业运输环节，降低数字农业运作成本，发挥现代农业产业园示范引领和带动作用。

1.4.4 建立新型职业农民队伍

智慧农业技术是一项融合多学科前沿科技的现代农业生产技术，与传统农业生产技术相比，其对人员的素质要求更高。因此，必须进一步加快新型职业农民培育，结合我国农业高校和相关科研院所拥有的雄厚的师资力量和科研基础优势，将职业农民培养纳入教育培训发展规划，鼓励有关高校、职业院校开设数字农业课程，支持新型经营主体与科研院所、高校、科技企业开展合作，共同培养专业型、复合型数字农业人才，为我国培养一支高素质、懂技术、会经营的本土科技队伍。同时，积极利用讲座、网课、电视广播、选派培训等多种形式开展数字农业技术专题培训工作，持续提升现代化农场管理者、现代化经营主体带头人以及新型职业农民的操作技能，为我国智慧农业发展提供源源不断的人才保障。

➤ 参考文献

曹宏鑫，葛道阔，曹静，等，2017. 互联网+现代农业的理论分析与发展思路探讨[J]. 江苏农业学报，33 (2)：314-321.

曹宏鑫，葛道阔，张文宇，等，2020. 农业模型发展分析及应用案例[J]. 智慧农业（中英文），2 (1)：147-162.

陈鹏飞，马啸，2021. 作物种植行自动检测研究现状与趋势[J]. 中国农业科学，54 (13)：2737-2745.

陈魏涛，曹宏鑫，张保军，等，2016. 氮素营养诊断技术及其在油菜上的应用研究进展[J]. 江苏农业学报，32 (4)：953-960.

程学旗，靳小龙，王元卓，等，2014. 大数据系统和分析技术综述[J]. 软件学报，25 (9)：1889-1908.

邓梦怡，王跃亭，俞龙，等，2021. 精细监管下的作物长势与生境信息关联探究[J]. 现代农业装备，42 (2)：57-62.

刁智华，王会丹，魏伟，2014. 机器视觉在农业生产中的应用研究[J]. 农机化研究，36 (3)：206-211.

郭志明，王郡艺，宋烨，等，2021. 果蔬品质劣变传感检测与监测技术研究进展[J]. 智慧农业（中英文），3 (4)：14-28.

何勇，赵春江，吴迪，等，2010. 作物-环境信息的快速获取技术与传感仪器[J]. 中国科学：信息科学，40 (S1)：1-20.

胡成红，徐金，奚小波，等，2021. 变量施肥技术研究现状及发展对策[J]. 农业装备技术，47 (1)：4-8, 13.

黄水清，朱艳，2012. 农业信息化应用系统开发与实践[M]. 北京：中国农业科学技术出版社.

蒋普，2014. 作物长势远程测量关键技术研究[D]. 杨凌：西北农林科技大学.

兰玉彬，陈盛德，邓继忠，等，2019. 中国植保无人机发展形势及问题分析[J]. 华南农业大学学报，40 (5)：217-225.

李学龙，龚海刚，2015. 大数据系统综述[J]. 中国科学：信息科学，45 (1)：1-44.

刘继承,2007.基于数字图像处理技术的水稻长势监测研究[D].南京:南京农业大学.
卢军党,刘东琴,田智辉,2020.机器视觉技术在核桃分级检测中的应用[J].农产品加工(20):106-107,110.
罗元成,汪应,2017.基于计算机视觉的棉花生长监测自主导航车辆研究[J].农机化研究,39(12):205-209.
孟志军,赵春江,付卫强,等,2011.变量施肥处方图识别与位置滞后修正方法[J].农业机械学报,42(7):204-209.
邵奇峰,金澈清,张召,等,2018.区块链技术:架构及进展[J].计算机学报,41(5):969-988.
沈沉,曹仟妮,贾孟硕,等,2022.电力系统数字孪生的概念、特点及应用展望[J].中国电机工程学报(2):487-498.
施巍松,孙辉,曹杰,等,2017.边缘计算:万物互联时代新型计算模型[J].计算机研究与发展,54(5):907-924.
施巍松,张星洲,王一帆,等,2019.边缘计算:现状与展望[J].计算机研究与发展,56(1):69-89.
孙红严,马德新,2020.温室蔬菜智能水肥一体化研究进展[J].北方园艺(8):136-140.
田志伟,薛新宇,李林,等,2019.植保无人机施药技术研究现状与展望[J].中国农机化学报,40(1):37-45.
王方永,2007.棉花主要农艺性状的图像识别研究[D].石河子:石河子大学.
吴富宁,2004.图像处理技术在冬小麦氮营养诊断中的应用[D].北京:中国农业大学.
吴琼,朱大洲,王成,等,2011.农作物苗期长势无损监测技术研究进展[J].农业工程,1(4):19-25.
吴亚坤,郭海旭,王晓明,2015.大数据技术研究综述[J].辽宁大学学报:自然科学版,42(3):236-242.
夏鼎宽,邓干然,何冯光,等,2020.农田作业机械监测技术发展现状与趋势[J].现代农业装备,41(6):10-16,28.
许保疆,李国强,郑国清,2021.培育壮大数字农业[N].河南日报理论版(7):5-12.
殷浩栋,霍鹏,肖荣美,等,2021.智慧农业发展的底层逻辑、现实约束与突破路径[J].改革(11):95-103.
于丽娜,张国锋,贾敬敦,等,2017.基于区块链技术的现代农产品供应链[J].农业机械学报,48(S1):387-393.
于勇,范胜廷,彭关伟,等,2017.数字孪生模型在产品构型管理中应用探讨[J].航空制造技术(7):41-45.
袁勇,王飞跃,2016.区块链技术发展现状与展望[J].自动化学报,42(4):481-494.
岳学军,蔡雨霖,王林惠,等,2020.农情信息智能感知及解析的研究进展[J].华南农业大学学报,41(6):14-28.
张锋军,2014.大数据技术研究综述[J].通信技术,47(11):1240-1248.
张良,2021.植保无人机技术原理及其在农业生产中应用的优缺点分析[J].农机使用与维修(4):133-134.
张书彦,张文毅,余山山,等,2017.图像处理技术在信息农业中的应用现状及发展趋势[J].江苏农业科学,45(22):9-13.
张卫正,2016.基于视觉与图像的植物信息采集与处理技术研究[D].杭州:浙江大学.
张文宇,曹宏鑫,葛道阔,等,2015.基于模型的智慧农业平台的构建[J].江苏农业科学,43(12):478-481.
赵春江,2009.精准农业研究与实践[M].北京:科学出版社.
赵春江,2021.智慧农业的发展现状与未来展望[J].中国农业文摘-农业工程,33(6):4-8.
赵春江,2019.智慧农业发展现状及战略目标研究[J].智慧农业,1(1):1-7.
赵梓铭,刘芳,蔡志平,等,2018.边缘计算:平台、应用与挑战[J].计算机研究与发展,55(2):327-337.
周长建,宋佳,向文胜,2022.基于人工智能的作物病害识别研究进展[J].植物保护学报,49(1):316-324.
朱艳,汤亮,刘蕾蕾,等,2020.作物生长模型(CropGrow)研究进展[J].中国农业科学,53(16):3235-3256.
Grieves M, Vickers J, 2017. Digital twin: mitigating unpredictable, undesirable emergent behavior in complex systems[M]. Berlin: Springer International Publishing.

作物生长远程感知物联网平台

2.1 研发背景

中国作为一个传统的农业大国，一家一户的农户生产面临农业生产技术落后、生产规模小、机械化程度低、农民文化水平低等问题。多年来传统的农业生产模式造成的农药滥用、土地盐碱化严重、水资源浪费、施肥不科学等问题日益突出。我国农业发展也面临着资源短缺，生态环境恶化，资源的高投入、粗放式经营，农产品质量安全等诸多问题，这些问题严重制约了我国农业的发展。

作为人口大国，发展现代农业是保障我国社会稳定的基础产业。"十三五"规划提出，要提高农业技术装备和信息化水平，健全现代农业科技创新推广体系，加快推进农业机械化，加强农业与信息技术融合，发展智慧农业，提高农业生产力水平。"十四五"规划提出，深入实施藏粮于地、藏粮于技战略，强化农业科技和装备支撑，建设智慧农业。要保障粮食生产的安全性和可持续发展，必须大力发展现代农业信息技术，尤其是以物联网技术为代表的高新技术（张杰等，2015）。

作物生长发育过程易受复杂多变的环境影响，如何准确预测环境胁迫和作物长势等重大农情，实现远程监控与诊断管理，是目前精准农业管理中亟待解决的重大技术难题（马怡蕾，2019）。农业物联网，即在农业生产中运用物联网系统的传感器检测作物生长环境的物理量参数，优化农作物生长环境，保证农作物有一个良好的、适宜的生长环境，提高作物产量和品质，为农作物生产提供科学依据，实现农业的精准化管理，同时提高水资源、化肥等农业投入品的利用率和产出率（徐识浦等，2018；汪姚强，2018）。物联网作为现代信息技术的新生力量，是推动信息化与农业现代化融合的重要切入点（曹望成等，2015）。

目前，物联网技术的发展速度比较快，"全面感知-稳定传输-智能应用"在诸多领域中具有广泛的发展空间（李莉等，2012；肖伯祥等，2014）。我国农业物联网的应用研究还处于初步探索与示范阶段，尤其在大田作物生产中技术与应用方面研究相对较少。夏于等（2013）采用B/S模式，设计并实现了基于物联网技术的小麦苗情远程诊断管理系统。孙忠富等（2006）基于GPRS和Web技术，开发了温室远程数据采集和信息发布系统。张琴等（2011）综合远程监控、遥感和Web GIS技术，初步设计构建了小麦苗情远程监测与智能诊断管理系统。于海洋等（2013）开发了农作物苗情监测系统，可实现对农作物长势、产量及品质监测。刘媛媛等（2013）设计了基于GPS与ZigBee无线传感器网络的农田环境信息监测系统，应用于大区域的农田环境监测。杨方（2012）针对农田环境状况复杂、监测难度大等现状，设计了一种基于无线传感器网络的农田环境监测系统，使农田管理者能精确直观地控制农作物种植过程中的关键参数，具有很好的实用价值。

这些系统部分存在功能单一、覆盖能力差、应用成本高、深层次挖掘和处理功能缺失等问题，无法实现对大面积作物生长环境远程监控和视频诊断（何龙，2018；陈洵，2021）。为此，本研究针对现有的农田环境和基础设施，结合移动通信技术，设计了以无线传感器网络技术为基础的农业环境远程监测系统，实现了对农作物生长环境信息的实时采集，为实现农田精细化管理提供了一种有效的解决方案。这对于实现作物生长过程综合监控与智能诊断，提供远程监测、远程控制、专家会诊等在线管理和服务，提高资源利用率和劳动生产率具有重要意义。

2.2 软件概述

2.2.1 系统总体设计

为满足用户快速、实时获取作物生长信息和可视化管理需求，应用物联网技术，设计开发了作物生长远程感知物联网平台，实时获取农田环境数据，统计分析获取到的环境数据，并生成图表，为专家决策提供数据支撑。

本平台分为软件和硬件两部分。硬件部分为农田环境小型气象站，负责采集农田环境数据，然后通过4G回传数据至平台服务器。软件部分有3个版本，每个版本应用场景和功能特点各有区别。Web版本用于数据展示，方便专家会诊研判。PC版适用于园区使用，其特点是数据传输稳定，功能强大。安卓版（Android）适用于随身使用，其特点是操作实时、实地性。

2.2.2 系统总体架构

本平台采用3层结构：感知层、传输层和应用层，见图2-1。

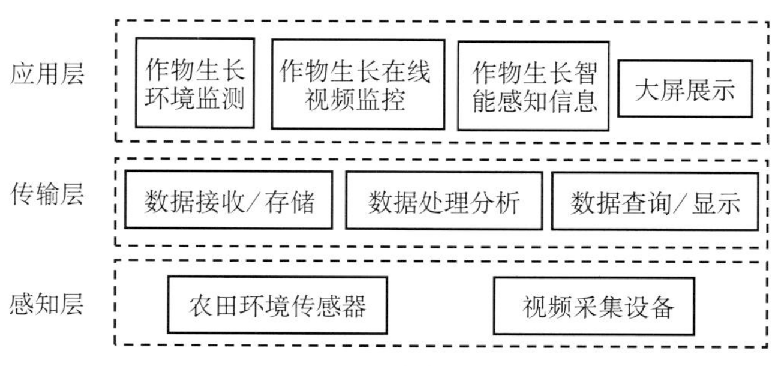

图2-1　系统构架图

（1）感知层用于信息的获取感知。感知层主要包括农田环境传感器和视频采集设备两部分。农田环境传感器主要采集风速、风向、辐射、空气温湿度、土壤温湿度和降水量等数据；同时监测大气温度、大气湿度、土壤温度、土壤湿度、雨量、风速、风向、辐射等诸多气象要素，具有气象数据采集、气象数据定时存储、参数设定等功能。视频采集设备主要负责视频画面采集，通过摄像头抓拍作物现场实时画面，采集方式为连续采集。

（2）传输层用于传感器数据和视频图像的无线传输。传输层主要应用GPRS、4G和WLAN等网络传输技术，实时传输环境参数和视频到监控中心，为研究机构与县级单位合作提供监控预警和诊断管理的科学依据和支撑平台。

（3）应用层用于综合展示、智能处理传感器数据和视频图像。包括作物生长环境监测模块、作物生长在线视频监控模块、作物生长智能感知信息模块和大屏展示模块等。根据项目实施地的设施条件定制不同的应用内容。

作物生长环境监测模块主要是利用传感网络和物联网技术，远程实时感知作物生长过程中的空气温湿度、光照以及土壤温湿度等关键环境因子。该系统实现了远程、多目标、多参数环境信息的实时采集、显示、存储和查询等功能，并通过终端操作，实现智能化识别和管理。

作物生长在线视频监测模块利用大田的视频监控系统，建立作物生产过程专家远程指导系统，借助农业专家实时病虫害诊断，播前栽培方案设计与指导、产中适宜生育指标预测以及基于实时苗情信息的作物生长精确诊断与动态调控，提高了大田生产管理水平，降低了生产成本，提高了经济效益。

作物生长智能感知信息管理模块包括传感信息采集、视频监控和远程控制，按照农业物联网建设的标准和规范，通过统一的数据资源接口、资源描述元数据及共享协议，访问数据资源，将分散的作物生长感知数据和设备控制有效集成，建立作物生长智能感知信息综合管理系统。

大屏展示模块，集中展现示范区域粮食作物生长情况以及墒情数据。

2.2.3 硬件功能设计

智能气象站是作物生产远程感知平台中不可或缺的一部分，根据所需要的参数与功能，智能气象站与视频采集系统设计分为5部分：传感器模块、处理器模块、通信模块、电源模块和视频采集模块。图2-2为智能气象站的系统架构。

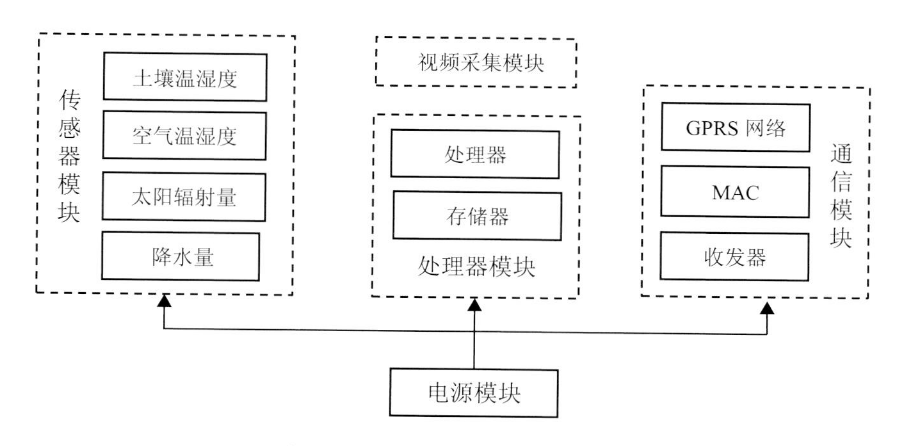

图2-2　农业远程环境监测系统传感器节点结构

1.传感器模块　作物生长最密切的环境信息包括：空气温度、空气湿度、光照强度、土壤温度、土壤水分等要素。围绕这些要素指标，选择空气温度、空气湿度、风速、风向、光照强度、光合有效辐射、土壤温度、土壤湿度、降水量等传感器。

首先，在传感器型号选择上，优先选择输出信号为4 ～ 20mA的电流型传感器，确保设备出现异常状况时可以快速定位异常问题来源。电流型传感器所受环境影响较小，传输距离较长，精度相对较高。其次，在传感器量程选择方面，需要根据当地的实际环境进行选择，过大的量程易造成采集精度的下降，影响结果的准确性，过小的量程则容易造成采集数据的超量程，形成数据的缺失与错误。再次，在传感器材质的选择上，优先选择耐腐蚀、耐老化材质的传感器。

2.处理器模块　处理器模块是智能气象站的核心模块。根据数据采集过程中的任务调度、数据存储后的数据融合计算分析等信息，选择采集通道路数相匹配的采集器，并充分考虑无线通信传递数据时其他功能拓展。在选择采集模块处理器时，除了考虑通道数量、上传方式、拓展能力等因素外，还应综合考虑成本、功耗、集成度和运行速率等方面。

3.通信模块　通信模块是连接气象站与远程服务器的桥梁，不同架构的系统，选择的通信方式不尽相同。室外独立气象站的通信方式可以选用3G/4G/NB-IoT等点对点的通信方式。土壤墒情大范围集群监测则通过局域网将数据汇总至网关，网关统一将数据打包发送至服务器。在通信设备选择中，优先选择无线通信。如果采用无线网关节点，其架构包括中央处理器、存储模块、射频收发模块、网络通信模块和电源系统模块5部分，见图2-3。网关的功能是将传感器节点监测到的数据信息通过网络发送给远程管理终端，由远程管理终端对数据进行处理、分析和存储。网关还具有广泛的接入能力，以实现各种通

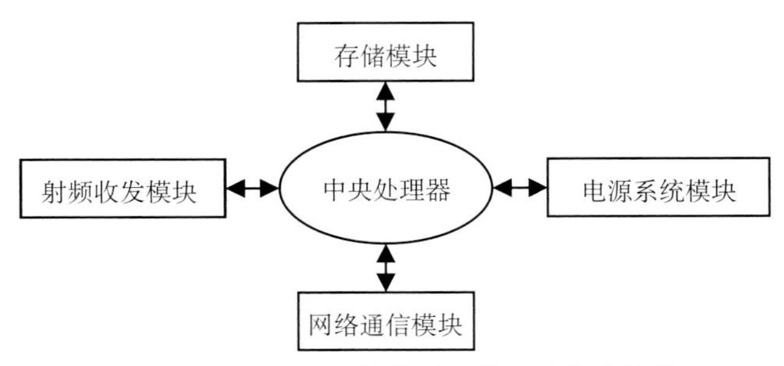

图2-3　农业远程环境监测系统网关节点结构

信技术标准的互联互通；网关的协议转化能力可以保证不同的感知网络的协议，变成统一的数据格式；网关的强大管理能力，实现对节点状态、属性、标示等实施远程控制、升级、维护等管理功能。

4.电源模块　电源模块主要解决系统的供电问题。气象站等设备在户外安装时，一般采用太阳能进行供电。太阳能供电系统包括：太阳能电池板、蓄电池、充电控制器。在选择太阳能供电系统时，首选需要考虑负载系统的整体功耗。太阳能供电系统需保证在连续阴天的情况下，系统运行7d以上，按此标准进行太阳能电池板与蓄电池的选择。

5.视频采集模块　随着信息技术的发展，信息系统对环境感知的要求越来越高，已经不局限于普通环境数据信息，更需要图像信息与视频信息相互补充。在这种情况下加装视频采集系统显得尤为必要。视频信号一般通过球型摄像头或枪型摄像头进行采集。根据储存需求选择硬盘录像机与硬盘，通常视频信息需要保存90d以上。摄像机通过网关可以连接到视频云平台，可以通过远程平台随时查看、获取所需的视频与图片资料。

2.2.4　系统功能设计

采用无线传感器网络技术，实时连续监测农作物生长环境，将土壤温湿度、空气温湿度、光照强度以及二氧化碳浓度等数据，及时准确地采集并发送到信息管理平台。管理人员利用预警功能和对现场设备的反控功能，提前或者及时地采取措施，最大限度减少自然灾害，如大风、低温（高温）、强光、病虫害等对农作物生长的负作用，从而实现农业生产的精准化控制，并为农业科研提供大量宝贵的监测数据。

软件部分由服务器端和手机客户端组成，采用B/S架构和C/S架构相结合的方式研发。服务器端作为数据资源中心为手机客户端提供基础数据支撑，手机客户端在此基础上实现对作物生长信息的采集，为服务器提供实时可靠的核心数据来源，为后期数据分析提供基础。

1.PC版功能　如图2-4所示，系统具有系统管理、数据采集、实时显示、数据分析、智能报警和远程管理等功能。

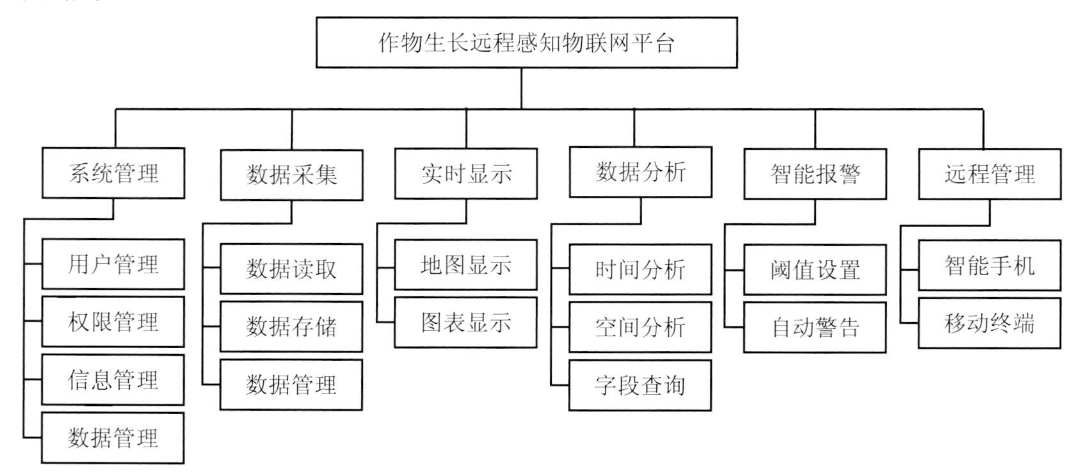

图2-4　系统功能结构图

（1）系统管理。系统管理包含用户管理、权限管理、信息管理和数据管理。根据用户类别设置不同操作权限。由于涉及多个节点（即多个监测站点）的管理，管理员可对监测点名称、类型等信息进行管理，实现数据的增加、删除、修改和数据批量导出等。历史数据的管理模块翔实记录了系统所有的操作记录，包括农事操作时间、操作内容、环境采集的历史数据等信息。

（2）数据采集。监测点通过无线通信模块将传感器采集到的田间环境数据，如空气温湿度、土壤温湿度、降水量、光照等信息实时传输到服务器，实现数据的接收、存储、读取、查询和分析等功能。

（3）实时显示。监测展示所有站点及其对应采集的实时数据。数据包括风速、风向、降水量、土壤温度、土壤湿度、空气温湿度和辐射量等信息，在系统界面上直接显示各环境要素的实时数据，并以图表形式显示各要素的变化过程，以便用户及时了解当前作物生长的环境信息变化态势，并根据这些信息确定农田的种植和管理方案。

（4）数据分析。该模块包括时间分析、空间分析和字段查询等功能。主要对整个作物生产过程所监测到的各种环境参数进行必要的处理分析，并以相应的图表形式呈现，为生产人员提供直观清晰的数据分析，便于他们更直观了解田间作物的生长情况。

（5）智能报警。根据不同作物的生长需求，对环境参数进行灵活配置，实时监控其运行状态。当环境参数出现异常时，系统通过手机短信提醒及时发出警报，使管理人员及时采取相应田间管理措施，避免作物因管理不当造成减产及资源的浪费。

（6）远程管理。用户通过智能手机、移动端设备随时随地查看监测信息，及时接收、查看报警信息，控制远在千里之外的监控范围。

2.Web版功能　Web版功能包括数据采集、实时显示和数据分析。Web版为PC版的简化版。具体功能设计见PC版。

3.安卓版功能　安卓版功能包括实时监测、数据查询、视频图像和设置4个功能模块。

（1）实时监测。该模块主要展示监控站点采集的实时数据，包括风速、风向、空气温度、空气湿度、土壤温度、土壤湿度、光合有效辐射、降水量等环境信息。数据实时显示主要通过ZigBee的无线网络通信技术、GPRS移动通信技术以及多源感知数据融合与分布式管理技术实现。

（2）数据查询。该模块主要显示连续或实时的历史环境数据。数据查询主要针对任何时间段大田内风速、风向、土壤温湿度、空气温湿度、光合有效辐射、降水量等环境信息。查询方式是按照日期选择需要查询的时间段进行查询。查询的数据以列表的形式显示，在用户浏览数据的同时，可以直观地观察对应时间段内的数据变化。

（3）视频图像。该模块包括长势360°监测、长势定向监测和病虫害监测。用户进入智慧农田物联网视频监控系统，即可获得作物实时视频图像，通过视频图像可以直观地掌握大田作物生长的实时动态，还可以侧面了解作物生长的整体状态及营养水平，从整体上给农户提供更加科学的种植决策指导。

（4）设置。该模块主要设置农田监控站点、消息通知以及开发单位介绍。

2.2.5 数据库设计

为满足本系统的应用需求，便于系统后期维护和扩展，数据库采用顶层设计理念，选用Microsoft SQL Server 2020数据库进行数据库管理和数据驱动应用，实现空间数据与属性数据的统一管理。数据库中的数据主要含有用户数据、环境数据、设备数据、田块管理数据、视频数据和图像数据，见表2-1。

表2-1 数据库信息表

数据表	字段名
用户信息表	用户编号、姓名、账号、密码、邮箱、身份（是否管理员）
环境信息表	信息编号、地点、空气温度、空气湿度、降水量、风速、有效辐射、土壤温度、土壤湿度
设备信息表	设备编号、设备名称、所在地块、类型、状态参数
田块管理信息表	田块编号、名称、经纬度、面积、作物、地址、负责人、播种时间、田间管理措施
视频信息表和图像信息表	视频/图片编号、省份、地点、田块、时间

2.2.6 开发环境

PC版采用C#语言及MVC 3层架构开发，开发系统采用Windows 10，软件开发环境采用Visual Studio 2016，数据库采用MySQL 5.7版本。

Web版采用PHP和Java语言，采用面向对象的程序设计思路实现程序的快速开发，同时降低代码冗余度。Windows Server 2008为服务器系统，Visual Studio 2013 作为系统的前端开发工具。采用PHP和ⅡS7网络配置环境，基于ArcGIS Server 10.1的REST实现地图服务发布，采用Microsoft SQL Server 2008数据库实现空间数据与属性数据的统一管理。在PHP Storm 5.0集成环境下开发完成，采用PHP、Java和HTML语言编写系统首页、监控站点、数据分析以及数据库访问模块（Web Service服务）等；通过设计其CSS风格实现网站整体布局的美观与合理。

安卓版是采用Eclispse和Android Developer Tool开发的。通过调用后台服务器发布的Web Service服务实现数据的传输，完成数据的采集。

2.2.7 运行环境

Web版兼容支持IE、Firefox等主流网页浏览器（推荐使用谷歌浏览器Chrome，达到界面的最佳显示效果）。安卓版适用于Android 4.0及以上版本的各类安卓手机或平板。

2.3 系统实现

在使用本系统之前，需要安装小型气象站、视频摄像头等设备。在设备安装后，设备安装工作人员会为用户设置“用户名”和“密码”，不支持用户在线申请账号。

2.3.1 Web端系统实现

Web版开发应用便于用户对监测点的远程管理，并具有良好的交互体验，建立的后台数据库适用于多种客户端。Web版的使用流程首先在网络浏览器Chrome中输入登录网址，进入系统登录界面，如图2-5所示。

图2-5 系统登录

在“系统登录”对话框中输入用户名和密码，点击“登录”，系统将根据该用户角色自动加载相应的系统主界面，如图2-6所示。用户可通过系统左侧的站点列表，查看不同站点的环境数据。

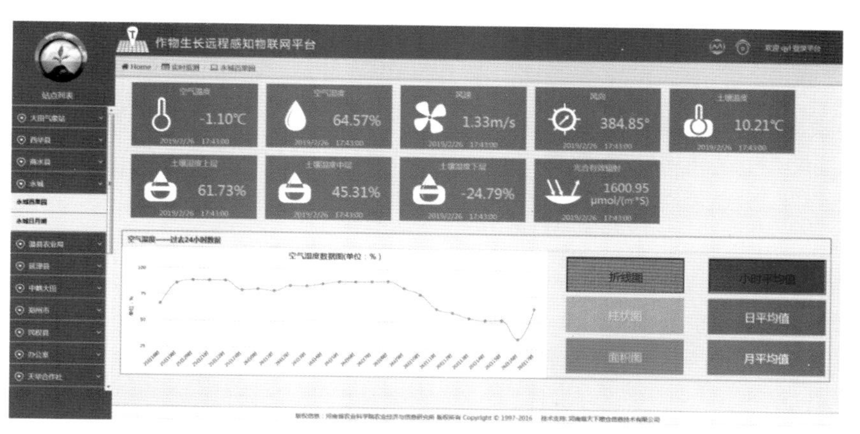

图2-6　系统主界面

图2-7显示了空气温度、空气湿度、风速、风向、土壤温度、不同土层的土壤湿度、光合有效辐射等9个传感器的实时数据和采集时间。

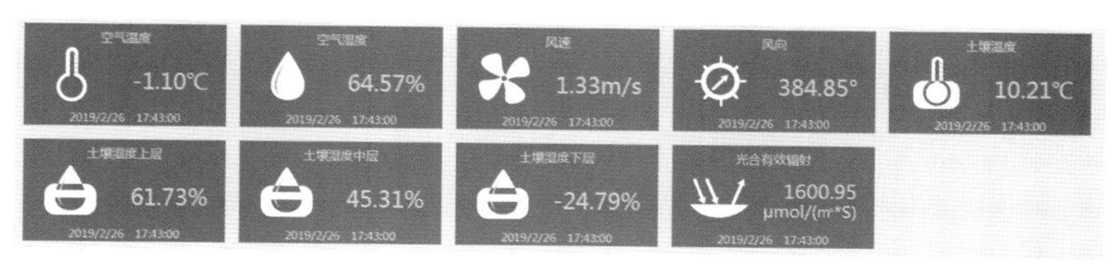

图2-7　传感器实时数据

在图2-7中点击选择“空气湿度”等任一传感器，默认显示该传感器的折线图。通过选择右侧的图标，可切换为折线图、柱状图和面积图（图2-8至图2-10）。本系统提供了实时数据和历史数据的小时平均值、日平均值和月平均值。

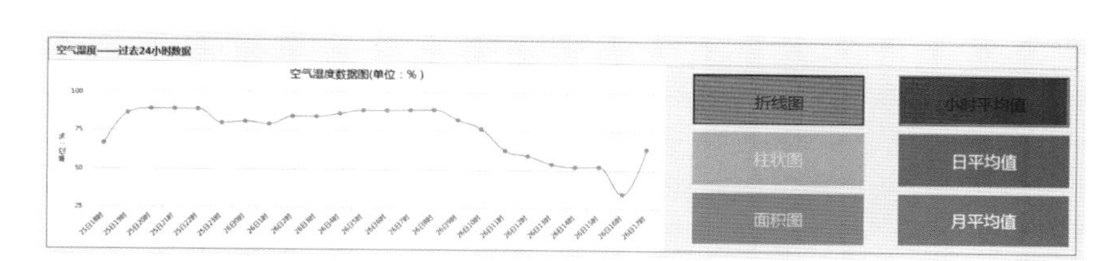

图2-8　传感器小时平均值的折线图

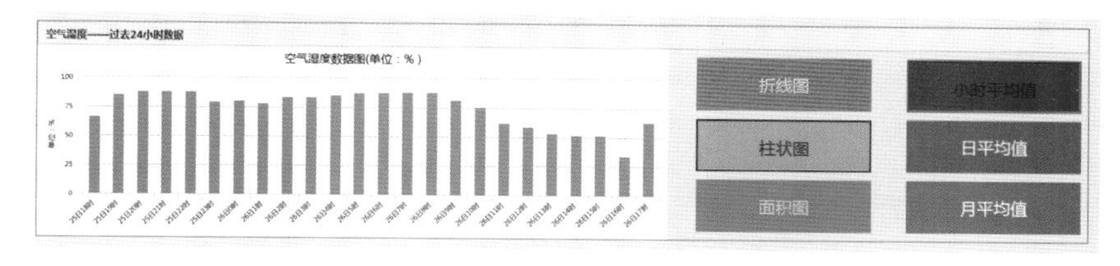

图2-9　传感器小时平均值的柱状图

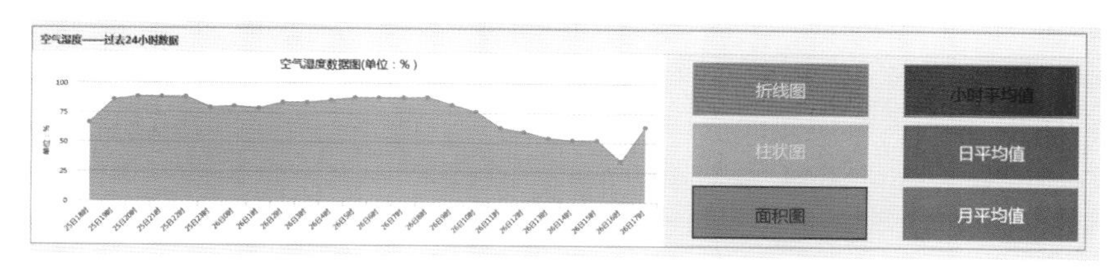

图2-10　传感器小时平均值的面积图

2.3.2 PC端系统实现

1.软件安装　把程序安装包解压至任何位置，找到主程序，双击即启动程序。启动本程序之前需要先安装Microsoft. net Framework 4.5及以上版本。

2.系统主界面　本程序系统登录界面有“登录”“取消”和“检查更新”3个功能。输入用户名和密码，点击“登录”按钮进行登录。定期点击“检查更新”按钮，以获取最新版本状态，更新本地程序，如图2-11所示。

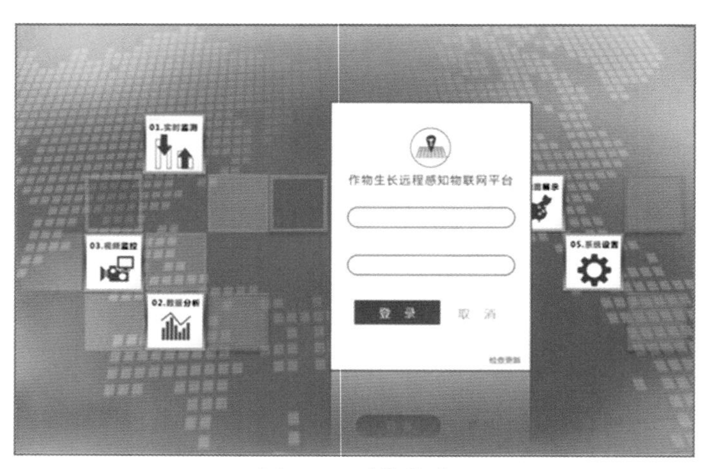

图2-11　系统登录

在系统主界面菜单栏，依次排列有6个菜单按键，分别为系统设置、实时监测、视频监控、数据分析、地图展示和帮助，如图2-12所示。

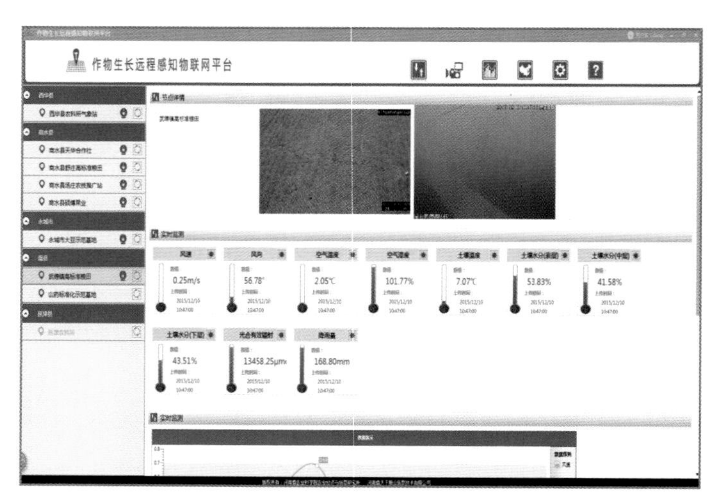

图2-12　系统主界面

3.系统设置　“系统设置”是整个平台的配置中心，负责账号密码设置、新站点管理、传感器管理等。只有高权限账号才能看到和操作“系统设置”。有用户管理、节点（站点）管理、传感器类型管理、传感器管理、摄像头类型管理、摄像头管理、区域管理、用户组管理8个功能模块，如图2-13所示。

（1）用户管理。即提供角色管理功能，由系统管理员管理（增删改）不同用户的用户名、密码、电话等，具体功能有新建用户、删除用户、修改密码等，如图2-14所示。

（2）节点（站点）管理。节点是指1套设备安装的地点，1个节点就是1个地点，1个节点可以安装若干传感器。由系统管理员管理设备节点的名称、位置、硬件编号、获取方式、采集命令等信息，具体功能有新增节点、删除节点等，如图2-15所示。

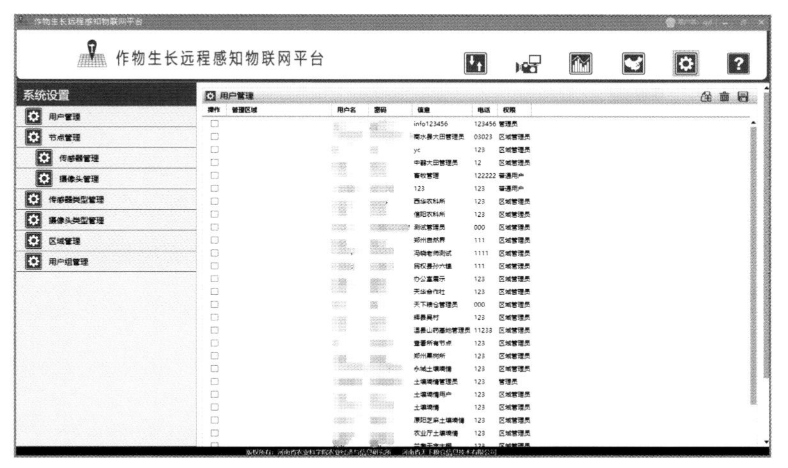

图2-13　系统设置

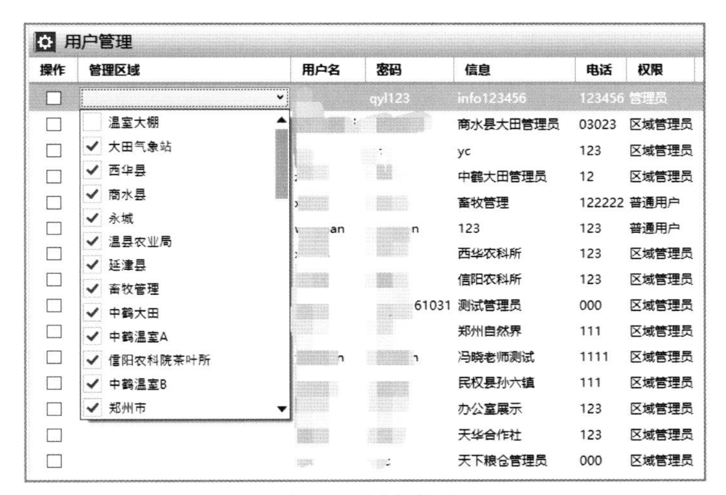

图2-14　用户管理

节点管理

操作	所在区域	节点名称	节点信息	节点类型	网络ID	X坐标	Y坐标	获取数据命令	FTP目录
☐	温室大棚	新普惠12306测试	新普惠12306	温室物联网	-39	114.415	35.4786	01 03 00 00 00 10 44 06	shangshuishuzhuan
☐	郑州市	郑州自然界	郑州自然界	大田物联网	1150531817	113.721835	34.903892	01 04 00 00 00 08 F1 CC	xihuanongkesuo
☐	天华合作社	商水县天华合作社	商水县天华合作社	大田物联网	3205658651	114.7837	33.35803	01 03 00 00 00 10 44 06	shangshuitianhua
☐	商水县	商水县舒庄高标准粮田	商水县舒庄高标准粮田	大田物联网	3205642939	114.4843	33.51863	01 03 00 00 00 10 44 06	shangshuishuzhuan
☐	商水硕博、汤庄	商水县汤庄农技推广站	商水县汤庄农技区域推	大田物联网	3205310728	114.54275	33.569576	01 04 00 00 00 08 F1 CC	shangshuitangzhua
☐	西华县	西华县农科所温室大棚1	西华县农科所温室大棚1	温室物联网	1150545311	114.4475	33.76067	02 04 00 00 00 06 70 3B	shangshuishuzhuan
☐	西华县	西华县农科所气象站	西华县农科所气象站	大田物联网	3205545340	114.4475	33.76067	01 04 00 00 00 08 F1 CC	xihuanongkesuo
☐	办公室	永城市大豆示范基地	永城市黄口乡大豆示范	大田物联网	3204094139	116.3270	33.82404	01 04 00 00 00 08 F1 CC	yongcheng01

图2-15　节点管理

（3）传感器类型管理。第一次使用本系统时，需先设置传感器类型。每个厂家研发的传感器参数不同，当传感器设备更换厂家时，也要重新设置传感器类型。由系统管理员输入传感器的名称、类型、单位、最大值、最小值等信息，为“传感器管理”提供基础信息，如图2-16所示。

（4）传感器管理。由系统管理员管理某节点下所有传感器，包括新增传感器、删除传感器等，如图2-17所示。

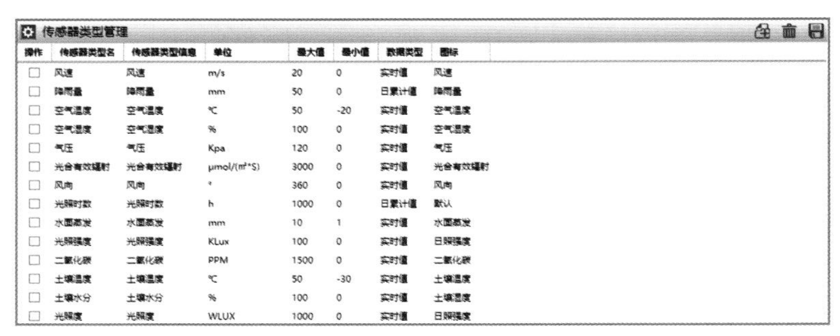

传感器类型管理

操作	传感器类型名	传感器类型信息	单位	最大值	最小值	数据类型	图标
	风速	风速	m/s	20	0	实时值	风速
	降雨量	降雨量	mm	50	0	日累计值	降雨量
	空气温度	空气温度	℃	50	-20	实时值	空气温度
	空气湿度	空气湿度	%	100	0	实时值	空气湿度
	气压	气压	Kpa	120	0	实时值	气压
	光合有效辐射	光合有效辐射	μmol/(m²*S)	3000	0	实时值	光合有效辐射
	风向	风向	°	360	0	实时值	风向
	光照时数	光照时数	h	1000	0	日累计值	默认
	水面蒸发	水面蒸发	mm	10	1	实时值	水面蒸发
	光照强度	光照强度	KLux	100	0	实时值	日照强度
	二氧化碳	二氧化碳	PPM	1500	0	实时值	二氧化碳
	土壤温度	土壤温度	℃	50	-30	实时值	土壤温度
	土壤水分	土壤水分	%	100	0	实时值	土壤湿度
	光照度	光照度	WLUX	1000	0	实时值	日照强度

图2-16　传感器类型管理

传感器管理

操作	传感器类型	所在区域	所在节点	传感器名	传感器数据开始位置	参数A	参数B	数据长度	数据列	采集卡
	风速	天华合作社	南水县天华合作社	风速	7	0.10000000	0.00000000	76	DataColumn1	采集卡1
	风速	南水硕博、汤庄	南水县汤庄农技推广站	风速	7	0.00988760	-8.09000000	42	DataColumn3	采集卡1
	风速	南水县	南水县舒庄高标准粮田	风速	7	0.10000000	0.00000000	76	DataColumn7	采集卡1
	风速	西华县	西华县农科所气象站	风速	7	0.00988760	-8.09000000	42	DataColumn1	采集卡1
	风速	办公室	永城市大豆示范基地	风速	7	0.00988760	-8.09000000	42	DataColumn4	采集卡1
	风速	温县农业局	武德镇高标准粮田	风速	7	0.00988760	-8.09000000	76	DataColumn1	采集卡1
	风速	温县标准粮田	标准山药种植示范基地	风速	7	0.00988760	-8.10000000	42	DataColumn1	采集卡1
	风速	延津县	延津农科所	风速	7	0.00988760	-8.09000000	76	DataColumn1	采集卡1
	风速	南水硕博、汤庄	南水县硕博果业	风速	7	0.10000000	0.00000000	76	DataColumn1	采集卡1
	风速	中鹤大田	中鹤高标准良田(中)	风速	7	0.00988760	-8.09000000	76	DataColumn1	采集卡1
	风速	中鹤大田	中鹤高标准良田(北)	风速	7	0.00988760	-8.09000000	76	DataColumn1	采集卡1
	风速	中鹤大田	中鹤高标准良田(东)	风速	7	0.00988760	-8.09000000	76	DataColumn1	采集卡1
	风速	大田气象站	信阳大田	风速	7	0.00988760	-8.09000000	76	DataColumn1	采集卡1
	风速	郑州市	郑州自然界	风速	7	0.00988760	-8.09000000	42	DataColumn1	采集卡1
	风速	智慧区	粮作测试气象站	风速	7	0.00988769	-7.90000000	76	DataColumn1	采集卡1
	风速	民权县	民权气象站	风速	7	0.00988769	-7.90000000	76	DataColumn1	采集卡1
	风速	中国农科院郑州果树所	中国农科院郑州果树所	风速	7	0.00988760	-8.10000000	76	DataColumn1	采集卡1
	风速	郑州市	办公室展示气象站	风速	7	0.00988760	-7.90000000	42	DataColumn1	采集卡1
	风速	大田气象站	兰考（未安装）	风速	7	0.00988760	-8.10000000	42	DataColumn1	采集卡1
	风速	浚县善堂镇	浚县	风速	7	0.00988760	-8.09000000	42	DataColumn1	采集卡1

图2-17　传感器管理

（5）摄像头类型管理。由系统管理员设置摄像头，包括新增摄像头、删除摄像头等功能，如图2-18所示。

摄像头类型管理

操作	类型名	类型信息
	360监控球机	球机
	枪机摄像头	枪机

图2-18　摄像头类型管理

（6）摄像头管理。系统管理员设置摄像头所属节点、设备类型、名称、网络链接的IP、端口等信息，具体包括新增摄像头、删除摄像头等功能，如图2-19所示。

摄像头管理

操作	所在区域	所在节点	设备类型	摄像头名称	IP地址	端口	频道
	温室大棚	新普惠12306测试	360监控球机	23423	202.110.121.245	9000	1000059$1$0$0
	天华合作社	南水县天华合作社	360监控球机	南水天华合作社	202.110.121.245	9000	1000039$1$0$0
	南水县	南水县舒庄高标准	360监控球机	南水舒庄高标良田	202.110.121.245	9000	1000078$1$0$0
	南水硕博、汤庄	南水县汤庄农技推	360监控球机	南水汤庄农技推广站	202.110.121.245	9000	1000066$1$0$0
	办公室	永城市大豆示范基	360监控球机	永城气象站	202.110.121.245	9000	1000022$1$0$0
	西华县	西华县农科所气象	360监控球机	西华县农科所	202.110.121.245	9000	1000064$1$0$0
	温县农业局	武德镇高标准粮田	360监控球机	武德镇高标准粮田	202.110.121.245	9000	1000042$1$0$0

图2-19　摄像头管理

（7）区域管理。区域、节点、传感器为3个层次，区域为最高级。不同区域分为不同节点，不同节点分为不同数量传感器。

系统管理员要设置节点所在区域的基本信息，明确节点所属位置区域信息，便于分组管理节点。包括“　　”（对应“增加”“删除”“保存”）功能，如图2-20所示。

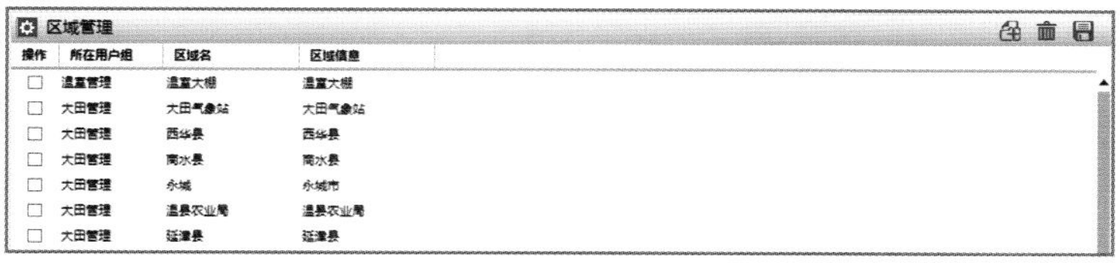

区域管理

操作	所在用户组	区域名	区域信息
□	温室管理	温室大棚	温室大棚
□	大田管理	大田气象站	大田气象站
□	大田管理	西华县	西华县
□	大田管理	商水县	商水县
□	大田管理	永城	永城市
□	大田管理	温县农业局	温县农业局
□	大田管理	延津县	延津县

图2-20　区域管理

（8）用户组管理。不同用户组有不同的查看权限。系统管理员对节点所在用户组基本信息进行设置与管理，便于用户管理与区域管理，包括“　　　”（对应“增加”“删除”“保存”）功能，如图2-21所示。

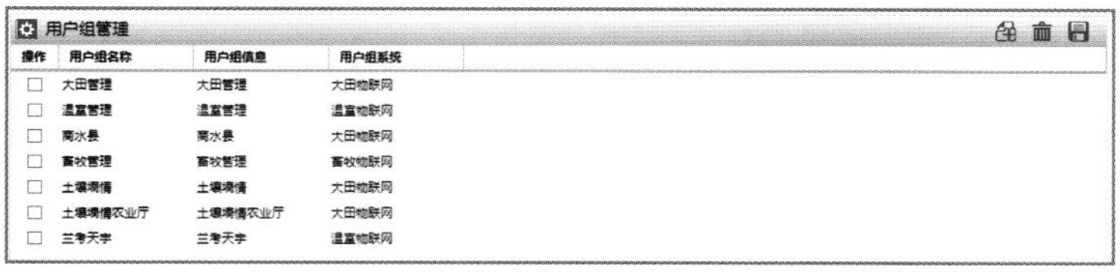

用户组管理

操作	用户组名称	用户组信息	用户组系统
□	大田管理	大田管理	大田物联网
□	温室管理	温室管理	温室物联网
□	商水县	商水县	大田物联网
□	畜牧管理	畜牧管理	畜牧物联网
□	土壤墒情	土壤墒情	大田物联网
□	土壤墒情农业厅	土壤墒情农业厅	大田物联网
□	兰考天宇	兰考天宇	温室物联网

图2-21　用户组管理

4.实时监测　在实时监测区有节点详情、实时监测、对比方案管理和预警信息管理4个功能。

（1）节点详情。如果安装了摄像头设备，在“节点详情”区，显示已安装摄像头的实时影像。当该节点有摄像头时，加载摄像头视频实时影像，当节点无摄像头时，加载视频信息，如图2-22所示。

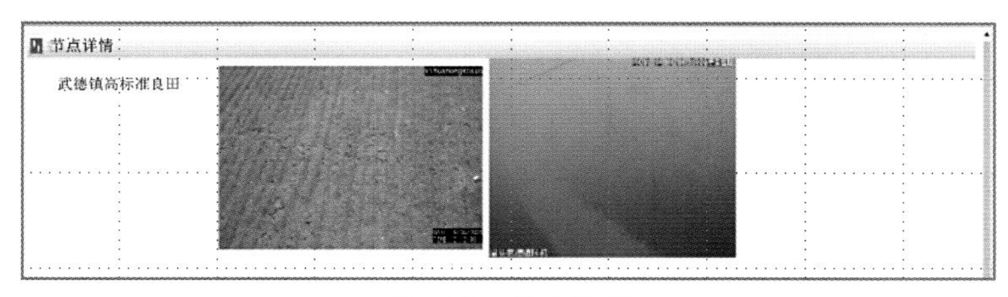

图2-22　节点详情

（2）实时监测。在“节点详情”区下方，显示已安装传感器的实时监测数据。

传感器显示数量多少，取决于安装的传感器数据。点击每个传感器数据显示区右上角“▣”图标，出现“分析”“对比”和“预警”3个按钮。点击“分析”按钮，选择日均值曲线、月均值曲线和年均值曲线，以更改传感器动态变化图的曲线类型，如图2-23所示。

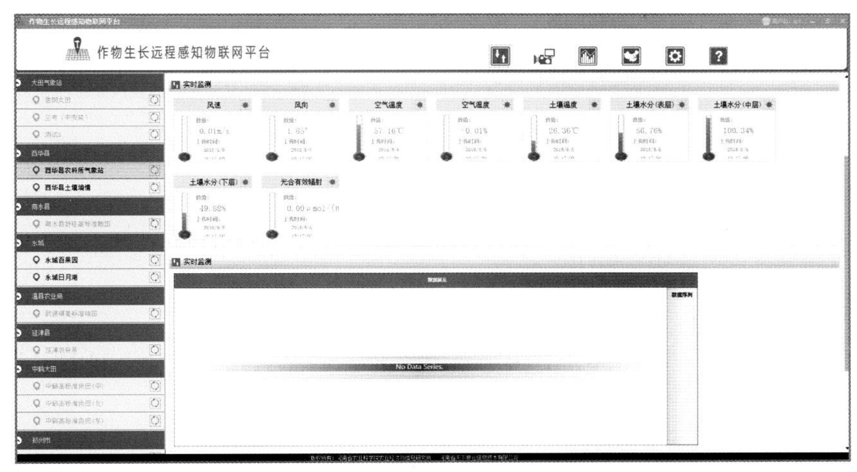

图2-23　分析功能

（3）对比方案管理。在左下“对比方案管理”中，添加需要对比的气象站节点，实现单传感器多节点的数据对比。用户根据提示设置对比方案，包括“ ”对应“增加”“删除”“保存”功能，如图2-24所示。

图2-24　对比方案管理

（4）预警信息管理。根据传感器的阈值或者人工设置阈值，给用户发送预先设定的预警短信。即当空气温湿度和土壤温湿度等传感器数据超过预先设置范围后，本系统自动发送短信提醒。

用户根据提示设置预警信息，发送手机号码、短信内容，包括增加预警信息、删除预警信息等功能，如图2-25所示。

图2-25　预警信息管理

5.视频监控　加载有摄像头设备的所有节点，点击某个节点，显示摄像头设备。用户根据右侧按钮操作摄像头拍摄位置，如图2-26所示。

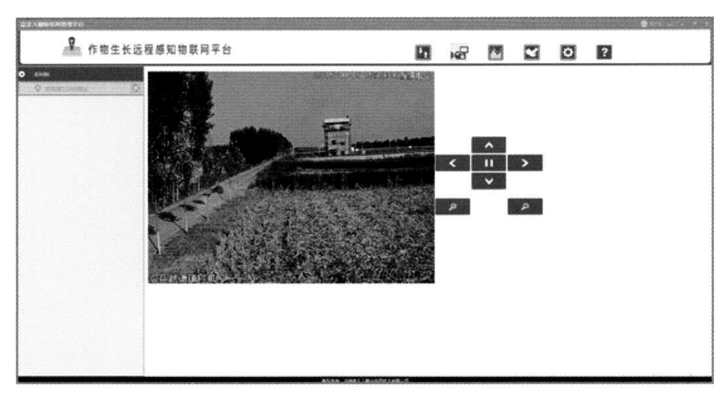

图2-26　视频监控

6.数据分析　对作物生产过程检测到的各种环境参数进行必要的处理分析，并且以相应的图表形式呈现。提供了“查询分析”“对比分析”和“图片浏览”3个功能，如图2-27所示。

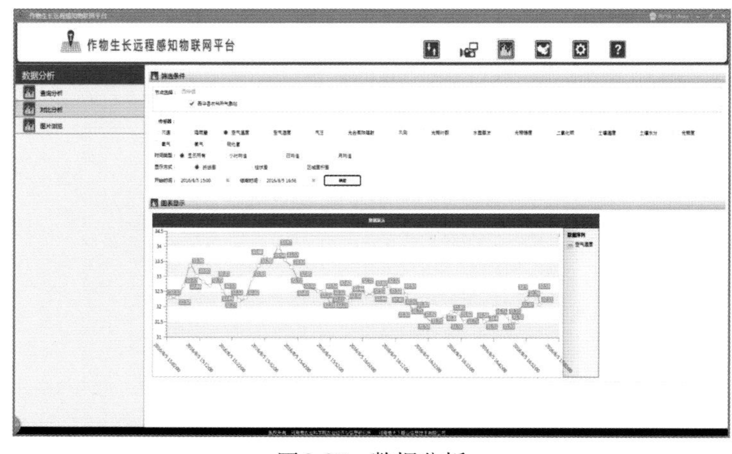

图2-27　数据分析

（1）查询分析。用于查询历史数据。用户选择区域及节点信息、传感器、时间类型、开始结束时间来查询“所有数据”“小时均值”“日均值”“月均值”等数据，查询结果都以表格形式显示，如图2-28所示，提供了4种数据格式，以供用户下载，分别为“所有数据”“小时均值”“日均值”和“月均值”。

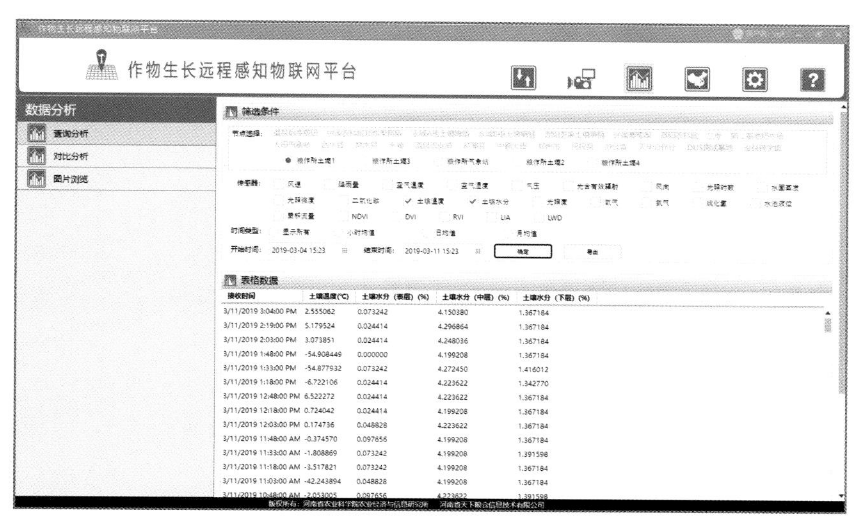

图2-28　查询分析

（2）对比分析。可用于比较不同节点、不同传感器数据的变化差异，为不同节点差异化管理提供数据支撑。用户选择区域及节点信息、传感器、时间类型、显示方式、开始结束时间来查询不同数据格式（“所有数据”“小时均值”“日均值”“月均值”），生成3种不同类型统计图，有折线图、柱状图和区域面积图，如图2-29所示。

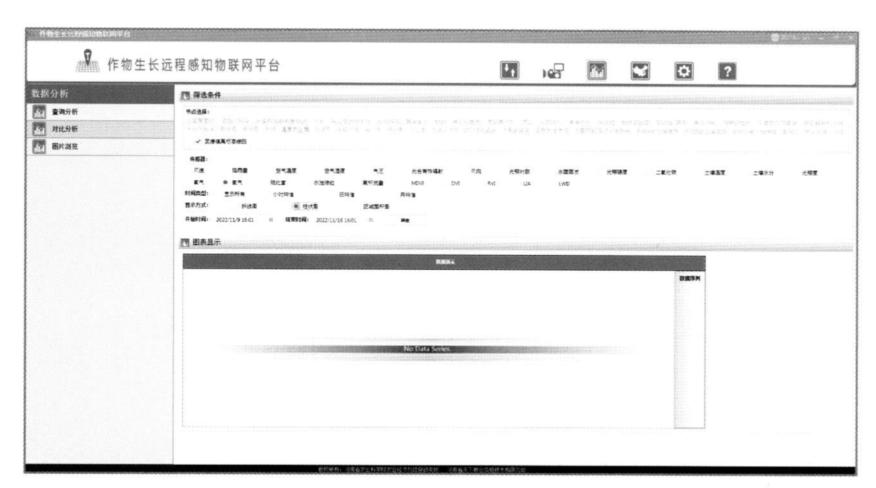

图2-29　对比分析

7.地图展示　本程序提供了节点分布专题图，以展示不同节点分布情况，如图2-30所示。

2.3.3　移动端系统实现

1.App安装　下载安装包.apk，点击“安装”后，即可运行系统。根据用户权限，显示不同站点的气象数据。

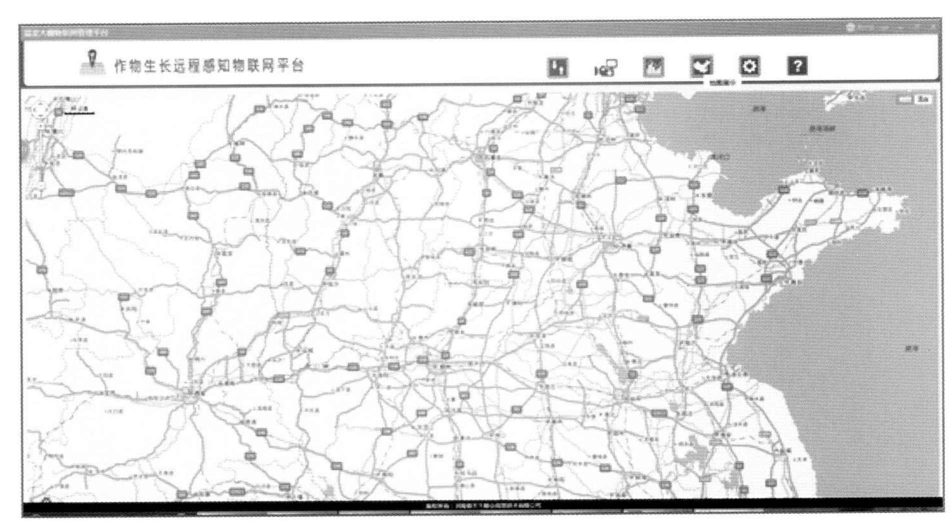

图2-30　地图展示

2.实时监测　图2-31上显示时间为传感器最新采集时间。显示的传感器数量与安装的传感器数量一致。

传感器数据采集和上传每次的时间间隔为5min。采集间隔最短可设置为1s，从实际应用情况考虑，建议设置间隔为5min及以上。

双击不同颜色色块后，如空气温室，出现空气温度传感器的动态图（图2-32）。下方显示的是空气传感器的当前值、平均值、最大值和最小值。

手指在折线图上滑动，如图2-33所示，出现辅助线，显示该时间点的历史数据。点击左上角“智慧农田”，显示用户权限下的所有气象站列表，如图2-34所示，点击不同的地点可以查看不同地点的数据。

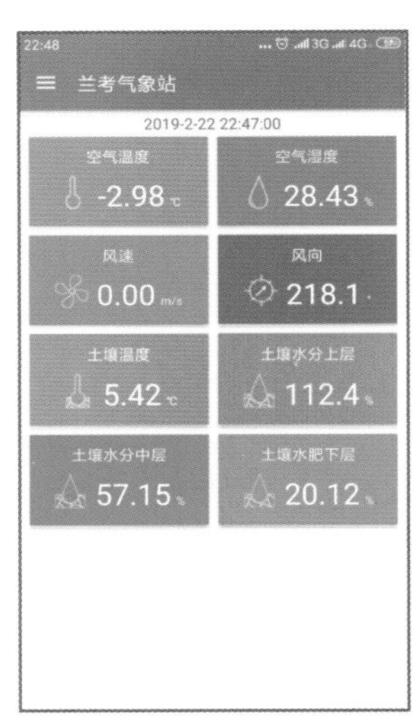

图2-31　系统登录

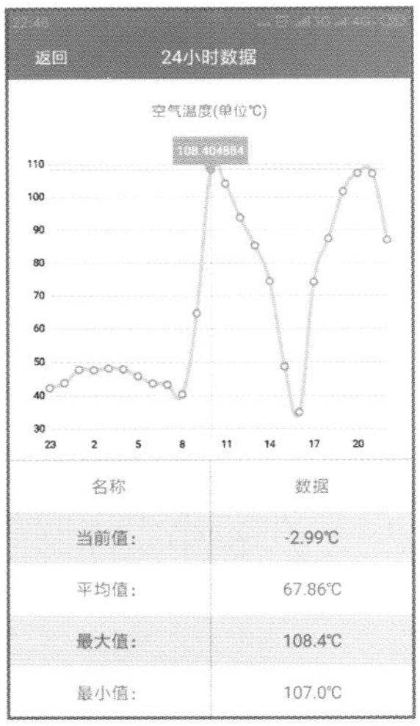

图2-32　监测数据动态

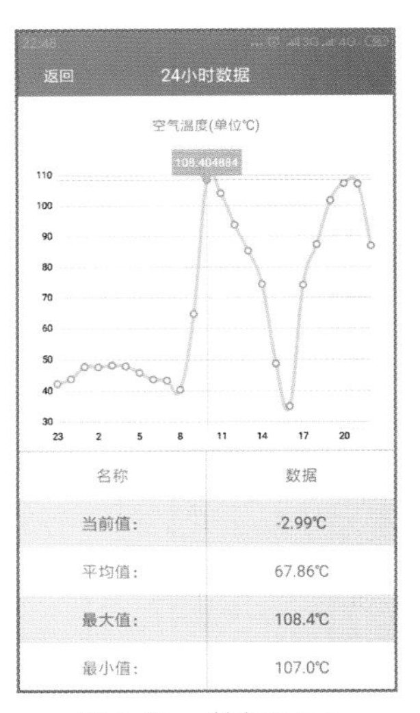

图2-33　数据展示

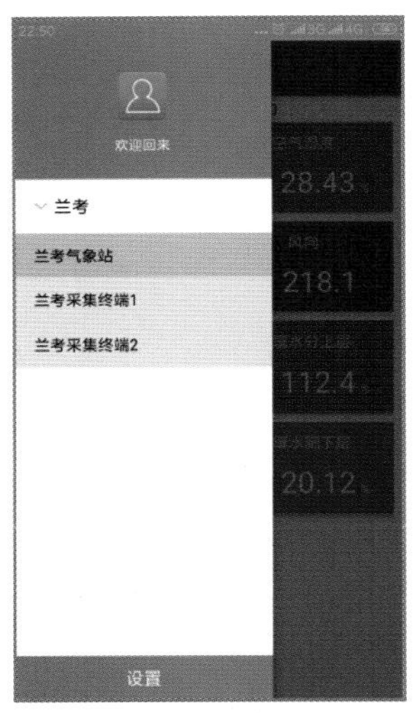

图2-34　切换节点

3.数据查询　数据查询功能可对各传感器所采集的环境信息，包括土壤温湿度、大气温湿度、风向、风速、光合有效辐射、降水量等历史数据和统计分析图进行分时段、分区域查询，如图2-35所示。

4.视频图像　视频图像模块包括病虫害监测、长势定向监测和360°长势监测。用户进入智慧农田物联网视频监控系统，即可获得作物实时视频图像，如图2-36所示。

5.设置　主要包括设置默认监测点和退出账号功能，如图2-37所示。

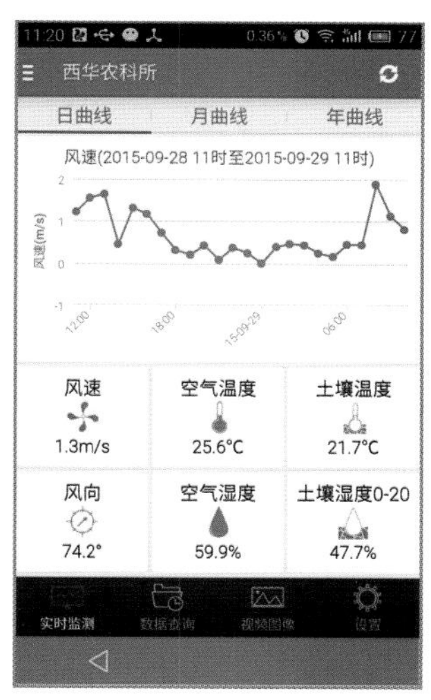

图2-35　历史数据查询

图2-36　视频监测图像

图2-37　设置界面

2.4　系统测试应用

2.4.1　Web端系统应用

作物远程感知物联网平台目前处于不断测试运行和示范应用当中，并初步实现了冬小麦远程视频监控与诊断功能。以大田冬小麦拔节期为例，通过用户登录，可以远程实时获取大田粮食作物的空气温湿度、土壤温湿度、光照强度、降水量以及视频图像等信息，通过田间信息实时采集，可以及时了解农作物的生长状况、土壤墒情和病虫害状况，以便及时采取管理措施，保证大田粮食作物处于良好的生长环境。用户进入系统后，选择进入延津高寨试验田自动气象站的界面，点击实时数据和数据查询，可以获得冬小麦实时环境数据。同时，用户进入智能监控系统，即可获得冬小麦实时视频图像，如图2-38所示。

图2-38　实时视频图像

试验中，该平台的各项功能均通过验证。粮食作物生产中发生病虫害或其他问题时，农户可以通过手机、平板或电脑加入平台，及时与专家进行沟通，做到足不出户就可以了解粮食作物的生长状况，实现远程智能化管理。

本系统配套软件和硬件已在河南省内安装100余套。各基地已实现：①农田环境信息的自动采集、远程监测，包括温度、湿度和墒情等数据。②农田作物长势的远程监控，监控范围达周边1 000余亩*，同时可在电脑、手机、平板等多终端实时查看。③病虫害监测预警。

图2-39为安装在兰考东坝头乡的现场图。图2-40为安装在农业现代科学示范园的系统展示屏。

* 亩为非法定计量单位，15亩=1hm^2。——编者注

图2-39　标准型感知设备安装现场

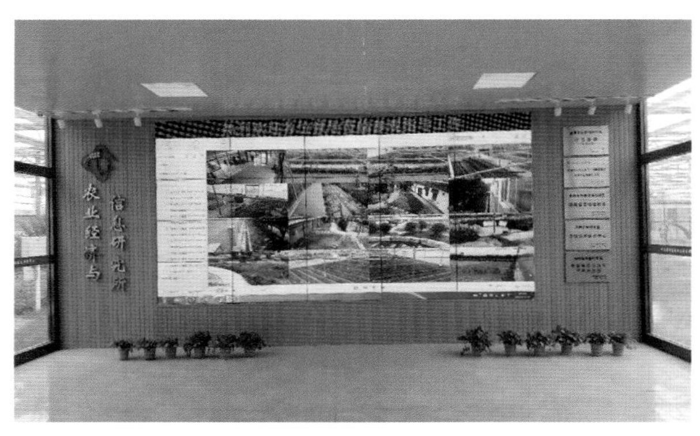

图2-40　农业现代科学示范园系统展示屏

2.4.2　移动端测试应用

图2-41实时显示西华农业科学研究所试验基地的风速、风向、土壤温度、土壤湿度、空气温湿度、光合有效辐射、降水量等环境参数。用户通过智能手机可以直接浏览当前作物生长的实时环境数据，实现各类监测指标的显性化；一旦监测指标不正常，系统可通过终端设备进行预警，管理员通过环境调节设备实现手动或自动化的远程控制，进而保证作物生长环境保持最佳状态。

系统在西华农业科学研究所试验基地进行测试，对玉米进行24h不间断测试（2015年10月14日），实时获取风速、风向、土壤温度、土壤湿度、空气温湿度、光合有效辐射及降水量等信息，部分测试数据如表2-2所示。从表2-2可以看出，在24h内，通过App可以实时获取风速、风向、土壤温度、土壤湿度、空气温湿度、光合有效辐射及降水量等信息。本系统风速测量精度在±0.5m/s以内，风向的测量精度在±0.3°以内，空气温度的测量精度在±0.5℃以内，空气湿度的测量精度在±0.5%以内，土壤温度的测量精度在±0.5℃以内，土壤湿度的测量精度在±0.5%以内，光合有效辐射的测量精度在±2μmol/(m^2·s)以内。24h内基本不受环境因素影响，数据控制基本稳定，体现了控制系统较强的稳定性。远程控制反应时间在5s以内，完全达到了系统设计要求。

西华农科所　风速

2015-09-14　2015-09-29

时间	数据
2015-09-29 11:13:14	1.33
2015-09-29 10:56:34	0.74
2015-09-29 10:39:50	0.83
2015-09-29 10:22:57	1.02
2015-09-29 10:06:06	0.63
2015-09-29 09:49:14	0.94
2015-09-29 09:32:17	1.43
2015-09-29 09:15:29	1.03
2015-09-29 08:58:36	2.84
2015-09-29 08:41:45	0.93

第1页/共15页　下一页

实时监测　数据查询　视频图像　设置

图2-41　西华农业科学研究所实时数据监测

2.5　小结

该平台采用物联网技术、传感器技术和数据融合技术，构建了作物生长远程感知物联网平台，实现了农田风速、降水量、风向、辐射量、空气温湿度、土壤温湿度等气象数据的实时采集、存储、查询和分析统计等功能，用于指导农田施肥、灌溉和病虫害防治等。系统的主要特点如下：

（1）通过自主开发的Web Service和数据分发系统进行数据接收和管理，在客户端实时查询数据和生成统计图，使用户获得某项传感器数据的变化趋势图，进而可以直观有效地统计数据，为农业信息化、精细化生产提供数据和技术支持。

（2）系统集成了网络通信技术，实现了B/S模式下对视频图像实时处理的需求，具有较好的可扩展性和可移植性，提高了系统的整体工作效率。

（3）该系统通过软件加密生成唯一的传感器设备码，并与对应监控站点配置信息关联，实现了数据采集设备的自动接入、自动组织传输和自动验证处理入库等功能，有效提高了大田作物管理的智能化。

（4）用户在作物生长的任何生育时期和时间段，通过互联网能够及时查询当前的环境参数、作物长势以及视频图像等信息，实现数据同步进度查询，进而实现作物信息的远程实时监测，提高了监测精度和准确性。

（5）该平台具有PC版、Web版和安卓版3个版本。在安卓手机上实现了远程监控，1部手机可以同时管理多个监控站点。该系统硬件成本低，数据传输速度快，操作简单，能够随时随地查看、下载信息和视频图片。

应用结果表明，该系统为广大用户提供了一个信息交流平台，专家可通过视频图像及时了解大田作物生长信息，在第一时间解答用户问题，并提出切实可行的应用方案，满足了作物生产管理过程各环节的需求。通过对作物生长过程进行动态环境参数监测和视频监控，进一步提高作物环境信息快速决策的精确性（表2-2）。

该系统的主要功能在不断测试和示范过程中已得到进一步完善，并初步实现了冬小麦远程视频监控功能。但在试用过程中网络传输数据量大，存在大量冗余数据，挖掘大数据中丰富的知识仍十分困难。因该系统由海量传感器组成，采集的数据未进行深层次挖掘和分析，如何有效整合农业物联网多源传感信息和视频监控信息，提出针对海量信息的关键特征提取和数据挖掘方法，构建基于作物感知信息的知识模型，并实现面向农业生产的应用目标是当前农业物联网情景感知计算亟待解决的核心问题之一。如何进一步完善系统功能，提高系统的适用性、稳定性和可靠性，还需进一步研究和探索。

本软件已获得计算机软件著作权登记证书（V1.0登记号：2014SR152125，V2.0登记号：2016SR252146，安卓版登记号：2016SR132358）。

表2-2　作物生长环境测试数据

时刻	风速 (m/s)	风向 (°)	空气温度 (℃)	空气湿度 (%)	土壤温度 (℃)	土壤湿度（%）			光合有效辐射 [μmol/（m^2·s）]	降水量 (mm)
						0～20cm	20～40cm	40～60cm		
8：00	0	164.66	17.12	68.23	15.50	47.36	39.62	36.21	259.83	0
10：00	1.13	147.74	22.68	44.58	15.28	47.39	39.62	36.23	839.90	0
12：00	0.44	170.93	26.31	36.65	15.68	47.41	39.65	36.23	946.66	0
14：00	2.56	143.24	27.96	31.09	16.59	47.49	39.65	36.23	870.12	0
16：00	1.22	139.06	28.44	29.17	17.72	47.58	39.65	36.23	465.27	0
18：00	0	129.40	22.34	47.11	18.49	47.63	39.65	36.21	82.58	0
20：00	0.41	113.58	16.15	66.52	18.70	47.63	39.65	36.21	82.58	0
22：00	0	187.51	17.86	73.08	18.55	47.61	39.65	36.21	82.58	0
24：00	0	169.61	15.81	77.39	18.21	47.56	39.67	36.21	82.58	0
2：00	0.11	52.93	13.06	77.20	16.62	47.49	39.65	36.21	82.58	0
4：00	0	101.27	12.48	70.61	16.29	47.44	39.65	36.18	82.58	0
6：00	0	52.49	11.32	74.73	15.89	47.39	39.62	36.21	82.58	0

➤ 参考文献

曹望成，马宝英，徐洪国，2015. 物联网技术应用研究[M]. 北京：新华出版社.
陈洵，2021. 基于MQTT的农业物联网管理平台的设计与实现[D]. 保定：河北农业大学.
何龙，2018. 农业物联网数据存储管理系统的设计与实现[D]. 郑州：河南农业大学.
李莉，顾巧英，陈金星，2012. 物联网技术在作物栽培环境监控系统中的应用[J]. 上海农业学报，28 (3) : 91-94.
李颖，2014. 基于OMNeT++的农业物联网仿真平台设计研究[D]. 上海：复旦大学.
刘媛媛，朱路，黄德昌，2013. 基于GPS与无线传感器网络的农田环境监测系统设计[J]. 农机化研究 (7) : 229-232.
马怡蕾，2019. 农业物联网系统的软件设计与开发[D]. 杭州：浙江大学.
孙忠富，曹洪太，李洪亮，等，2006. 基于GPRS和Web的温室环境信息采集系统的实现[J]. 农业工程学报，22 (6) : 131-134.
汪姚强，2018. 大田农业物联网平台构建及淮河流域ASTER数据正确性的验证研究[D]. 合肥：合肥工业大学.
夏于，孙忠富，杜克明，等，2013. 基于物联网的小麦苗情诊断管理系统设计与实现[J]. 农业工程学报，29 (5) : 117-124.
肖伯祥，郭新宇，王传宇，等，2014. 农业物联网情景感知计算技术应用探讨[J]. 中国农业科技导报，16 (5) : 21-31.
徐识溥，刘勇，李双喜，等，2018. 基于农业物联网的农田土壤环境监测系统的研究与设计[J]. 中国农学通报，34 (23) : 145-150.
杨方，2012. 基于无线传感器网络的农田环境监测系统设计[J]. 湖北农业科学，51 (15) : 3334-3335, 3339.
于海洋，刘艳梅，董燕生，等，2013. 基于空间信息的农作物苗情监测系统[J]. 农业现代化研究，34 (2) : 253-256.
臧贺藏，陈光磊，张杰，等，2015. 基于物联网技术的作物远程感知系统的设计与实现[J]. 中国农业科技导报，17 (6) : 50-56.
臧贺藏，张杰，李国强，等，2016. 基于Android平台的智慧农田远程监控系统开发[J]. 河南农业科学，45 (6) : 153-156.
张杰，臧贺藏，杨春英，等，2015. 基于物联网的农业环境远程监测系统研究[J]. 河南农业科学，44 (12) : 144-147.
张琴，黄文江，许童羽，等，2011. 小麦苗情远程监测与诊断系统[J]. 农业工程学报，27 (12) : 115-119.

PART 03

温室大棚物联网平台

3.1 研发背景

我国作为传统的农业大国，温室面积居世界之首，作为现代农业的重要组成部分，温室大棚也得到了社会的广泛关注（杨明等，2021）。温室大棚可以使作物生长不再受季节的限制，可以种植各种非时令作物，使一年四季都能获得丰硕的果实（王永红等，2021）。目前，温室大棚均以农民承包或是利用自家土地为主要拥有方式，大多数农户的温室大棚加温、浇水、通风等全凭自我感觉，人感觉冷了就加温，感觉干了就浇水，感觉闷了就通风，没有科学依据。因此，为更科学、合理、高效地保障作物品质及产量，智能化温室大棚的建设已成为必然趋势（李伟越等，2019）。

随着计算机软硬件相关技术的不断发展，以移动互联网、大数据、云计算、物联网等为代表的新一代信息技术，成为推动信息化与农业现代化融合的重要切入点（许世卫等，2015；陈晓栋等，2015）。设施农业通过温室及其配套装置调节和控制作物生长的环境条件，使作物处于最佳生长状态，具有高投入、高产出、高质量和高效益的特点（臧贺藏等，2016；刘峥等，2021）。设施农业是迅速发展起来的新型产业。近年来，我国设施农业以反季节的设施蔬菜生产为主，目前，设施蔬菜面积已达到6 000万亩以上（秦琳琳等，2015）。发展设施农业不仅是转变农业发展方式、实现农民持续增收和保障农产品供给的有效手段，更是一项发展现代农业、推进农业结构性改革的重要战略举措。

在温室环境里，单栋温室可利用物联网技术，采用不同的传感器节点和具有简单执行机构的节点（风机、低压电机、阀门等工作电流偏低的执行机构）构成无线网络（龙祖连，2021），测量土壤温度、湿度、空气温湿度、气压、光照强度、二氧化碳浓度等。通过模型分析、自动调控温室环境、控制灌溉和施肥作业（刘洋等，2021）为作物生长提供最佳生长环境。对于温室成片的农业园区，汇聚无线传感器节点数据，对所有基地测试点信息进行管理和分析，并以直观的图表方式显示给各个温室大棚用户（黄媛等，2021；季彦东，2021），同时根据所种植作物的需求提供各种声光报警信息和短信报警信息，实现温室大棚集约化、网络化远程管理（廖建尚等，2019）。此外，物联网技术可应用到温室大棚生产的不同生育时期，把不同生育时期作物的表型性状和环境因子的分析结果反馈到下一轮的生产中，从而实现温室大棚作物的智能化管理（贾宝红等，2015；李鑫等，2020）。

国内外学者在基于物联网技术的农业环境监测系统上也进行了探索（傅泽田等，2015）。具有代表性的研究包括对大田作物环境的监测（杨简等，2015；陈洵，2021）、对温室设施作物的环境监测（蔡镔等，2014）和对作物病虫害的监测等（张恩迪等，2015）。目前的温室大棚相对独立，基本无智能手段介入，通常需要农户定期检查灌溉和施肥，温室环境监控系统普遍存在管理落后、反馈不及时、信息化和智能化程度低等，导致浪费大量人力、物力和财力。为了实现对温室大棚作物生产的综合管理，利用物联网相关技术对设施作物的环境参数进行实时远程监测、控制及管理，同时搭配专家系统为农户智能推送适合作物生长的最优种植方案（王皓萱等，2021），使温室大棚生产过程更加自动化和智能化，达到增产、改善品质、调节生长周期和提高经济效益的目的（郝雪飞，2019）。

本研究采用B/S与C/S混合架构设计，研制温室大棚物联网平台。该系统不仅能够实现温室环境参数的自动采集、实时显示、可视化的数据查询与分析，还可以随时随地了解现场信息，进而满足对温室进行远程监测、远程控制、在线管理和服务的要求，为设施农业科学管理提供了服务。

3.2 软件概述

3.2.1 建设目标

利用物联网、无线传感网络、视频监控等技术，远程实时感知设施作物生长过程中的空气温湿度、光照以及土壤温湿度等关键环境因子，实现远程、多目标、多参数环境信息的实时采集、显示、存储和查询；远程实时监测设施作物长势、营养、病虫害等信息，通过操作终端实现温室大棚内病虫害的智能化识别和管理。构建设施作物生产专家远程指导系统，实现病虫害诊断、播前栽培方案设计与指导、产中适宜生长指标精确诊断与动态调控，提高设施作物生产管理水平，降低生产成本，提高经济效益。

3.2.2 平台总体设计

本平台架构分为3个层次：①数据采集。通过物联网系统，连接传感器采集土壤温度、湿度、空气温湿度、光照强度等环境参数，并根据参数变化实时调控或自动控制温控系统、灌溉系统等。②智能控制。通过无线传输连接控制室与控制柜，操作控制室内中控台，即可一键式控制温室大棚内的风机、外遮阳、内遮阳、喷滴灌、侧窗、湿帘或大田内的水肥喷灌等，实现远程化管理。③软件平台。软件平台并不只是一个操作平台，而是一个庞大的管理体系，是用户在实现农业运营中使用的有形和无形相结合的控制系统。在这个平台上，用户能够充分发挥自己的管理思想、管理理念和管理方法，实现信息智能化监测和自动化操作，有效整合内外部资源，提高利用效率。

温室大棚物联网平台由实时监控子系统、数据库子系统和远程监控子系统3部分构成，如图3-1所示。各子系统模块采用独立模式设计，依赖聚合性较低，具有良好的可扩展性、可操作性和可移植性。智能温室大棚内的各参数传感器，对温室环境进行多点实时动态采集，经过A/D转换送入单片机处理，驱动执行装置，从而实现温室环境的自动智能调节。显示装置实时显示温室内的温湿度、光照等数值，一目了然地展示温室大棚数据全貌。各子系统详细功能如下：

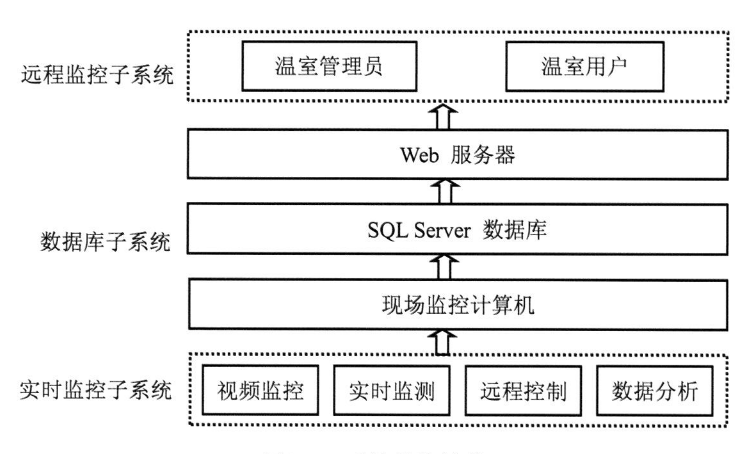

图3-1 系统总体结构

1.实时监控子系统 本子系统采用B/S与C/S混合架构，具有环境因子采集、传输和存储，统计分析，查询与导出等功能，还具有视频监控、手机短信预警提示、设备状态自动校准等功能。通过安装在温室内的360°高清摄像头，让管理者实时掌控作物长势、病虫害发生等情况，让专家利用此功能进行专家远程诊断。该子系统基于视频监控、物联网传感器和网络通信等技术，实现了温室内空气温湿度、土壤温湿度、光照强度、二氧化碳浓度以及视频图像信息的实时采集，精准获取现场作物的生长信息。

2.数据库子系统　数据库子系统介于实时监控子系统和远程监控子系统中间，是整个系统运行的基础。该子系统用来存储实时监控子系统获取的实时环境数据和设备状态信息。通过远程监控子系统，将数据库中存储的信息展示给远程用户，把远程用户的控制命令写入数据库的控制决策表，实现对温室设备的实时控制。

3.远程监控子系统　本系统采用B/S架构与C/S混合构架，实现了温室信息的获取、展示以及控制命令的发送和执行，达到温室作物智能化远程管理的目的。本系统让技术人员获取温室环境信息和视频信息，通过移动端、PC端向管理者发送实时监测信息和报警信息。

3.2.3　软件功能设计

该系统通过移动端和PC端，可以实时远程获取温室大棚内部的空气温湿度、土壤温湿度、光照强度、二氧化碳浓度以及视频监控图像，可以随时随地自动控制温室湿帘风机、喷淋滴灌、内外遮阳、顶窗侧窗、加温补光等设备。同时，通过手机短信向管理者推送实时监测信息和报警信息，实现温室大棚信息化和智能化的远程管理。该系统在功能上包括：系统管理、实时监测、视频监控、远程控制和数据分析5个模块，系统功能结构如图3-2所示。

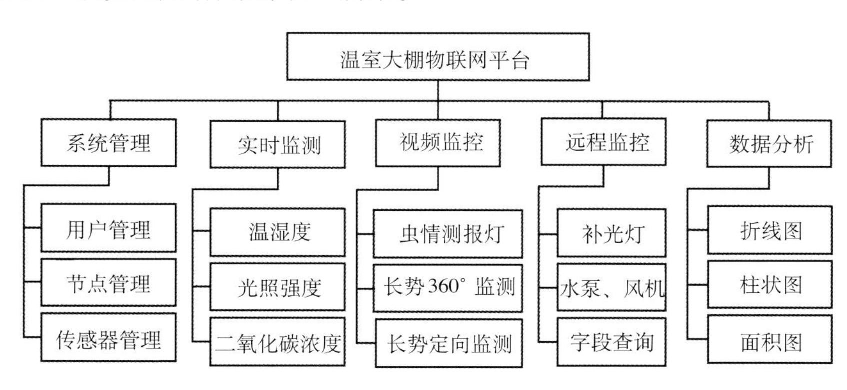

图3-2　系统功能结构

1.系统管理模块　包括用户管理、节点管理和传感器管理等功能。用户管理是系统管理员对所有用户登录名称、密码等其他基本信息进行权限设置与管理。节点管理是系统管理员对所有节点信息名称、位置、硬件编号、获取方式、采集命令等其他基本信息进行设置与管理。传感器管理是系统管理员对节点下硬件包含的所有传感器采集数据的基本信息进行设置与管理。

2.实时监测模块　实时展示温室大棚内外环境信息。用户通过移动端或PC端可以对历史数据进行查询，查询方式按照需要查询的时间段进行查询或者下载等，便于用户掌握相应时间段内数据变化规律。用户通过查看温室大棚环境参数的实时数据和历史数据，及时了解当前温室大棚作物生长的环境信息，并根据这些信息对作物进行决策分析。

温室环境数据采集包括空气温湿度、土壤温湿度、光照强度和二氧化碳浓度，采集周期15min/次，提供周、月、年数据曲线。主要功能如下：

（1）温湿度监测。通过温湿度传感器监测大棚室外空气温湿度、室内空气温湿度、土壤温湿度等，并分析处理、存储、发送这些环境数据。

（2）光照强度监测。通过光感和光敏传感器，监测记录温室大棚内光线的强度，与补光系统、遮阳系统等设备相连，必要时自动打开相关设备。

（3）二氧化碳浓度监测。在温室大棚内，部署二氧化碳浓度传感器，实时监测二氧化碳含量。当二氧化碳浓度超过阈值时，预警信息将传送到用户监控终端，供工作人员做出调整。

（4）分区域检测。在一个温室大棚内，划分若干区域，实现每个种植区不同温湿度、不同气体配置等环境技术指标的分区控制。用户可以通过上位机监测和查询各区域数据，也可以单独控制各分区，实现整体协调控制。

3.视频监控模块　实时展示安装在物联网监测站点360度球机摄像头和定向枪机摄像头回传的作物长势、病虫害等视频图像。通过选择物联网监测点，用户通过电脑和手机，可以查看该站点实时的视频影像，也可以查看现场图像等信息。这些信息既可直观地反映温室作物的长势状况，也可用于专家在线视频远程会诊。农学专家根据视频信息，及时解答用户提问，并给出切实可行的解决方案。采用高清视频实时观察与专家远程诊断这种模式，大大降低了农业专家到现场指导的人工成本，同时也提高了工作效率。

4.远程监控模块　实现温室大棚补光灯、水泵、风机和卷帘机等设备的自动控制。当监控站点有控制设备时，自动加载该站点对应的设备信息及传感器数据信息。远程控制设备负责接收无线传感汇聚节点发送的数据、存储、显示和管理，实现监控站点信息的查询和分析，以统计图表的形式展示给用户，通过以上各类信息的反馈对设施作物环境进行自动控制。

用户可设定某些参数指标的下限和上限。比如大棚温度应在15 ～ 30℃，低于或高于这个温度范围都会产生报警信息，并在上位机中控平台和现场控制节点显示出来。一旦温室需要通风和灌溉，系统将自动启停通风和灌溉设备。同时，通过手机短信等方式向农户发送设备控制状态，防止意外事故发生。

5.数据分析模块　主要对传感器获取的实时数据与历史数据进行查询与分析，例如选择数据的开始时间和结束时间，选择查看不同传感器信息，系统自动将监控站点的环境数据通过直观的形式向用户展示时间分布状况（表格）和空间分布状况（图形），便于用户及时了解当前温室作物的生长状况。当温室内温度、湿度数据出现异常时，系统会立即通过手机短信发送给温室用户及操作人员，保证温室操作人员及时发现问题并解决问题。

该模块为用户提供数据查询、导出下载及统计分析等服务，包括查询分析和对比分析等功能。查询分析是根据节点信息、传感器、时间类型、显示方式、开始时间和结束时间等查询条件，查询采集的环境信息数据。查询结果以表格形式显示，并提供所有数据、小时均值、日均值和月均值4类数据。对比分析则是以折线图、柱状图和区域面积图显示监测指标的变化情况。

3.2.4　硬件功能设计

1.温室大棚智能控制柜

（1）设计思路。在温室建设之初，根据温室配套设备设计温室大棚智能控制系统。在设计控制系统时应当遵循以下原则：

①科学性原则。超前性与实际需求相结合，全面考虑温室的实际使用功能，合理恰当地选择配套设备，实现良好的性价比。

②实用性原则。智能控制系统在设计时，结合经费与硬件条件因素，确定合理的设计标准，使生产工艺、主要设备、主体工程达到先进、适用、可靠的标准。

③因地制宜原则。不同地点的温室，主要种植作物与种植措施相差巨大，在设计智能控制系统时，需根据当地的气候条件、内部种植作物、主要灾害天气、种植环境指标等参数制定智能化的程序。

（2）主要作用。智能温室大棚的基本功能主要表现在对作物生长所需要的环境因素进行智能化调节，使作物维持在较为合适的生长状态，对提升作物产量和品质有极大帮助。

智能温室中需大量的传感器与电气设备，通过人工进行数据的查看与操作显然不现实。使用智能化的系统，通过设置传感器与电气设备的联动，可以极大地减少管理人员的工作量，并且对温室环境的调节更为细腻，避免了由于人工操作不及时影响作物生产。

（3）主要功能。智能温室控制柜主要包括三方面的功能：环境感知系统、通信系统与控制系统。

①环境感知系统。主要包括：室外用的空气温度传感器、空气湿度传感器、光照强度传感器、风速传感器、室外降雨传感器等，温室内用的空气温度传感器、空气湿度传感器、光照传感器、二氧化碳传感器、土壤温度传感器、土壤水分传感器、pH传感器和EC值传感器等。

②通信系统。智能温室控制柜的特点之一是具有网络性。在条件较好的温室可以选择通过光纤直接联网，其次可以选择4G、5G或有线等方式进行联网，与远程服务器进行数据交换。在温室内也需要进行局域网组网获取传感器的数据和控制设备，一般通过ZigBee或LoRa等无线组网和RS 485及电力载波总线进行局域网组网。

③控制系统。智能温室环境智能控制单元由测控模块、电磁阀、配电控制柜及安装附件组成。根据智能温室内空气温湿度、土壤温度水分、光照强度、二氧化碳浓度等参数，对环境调节设备进行控制，包括内遮阳、外遮阳、风机、湿帘、水泵、顶部通风、电磁阀等设备。

2.设备选择原则　智能温室控制柜传感器选型要点如下：

（1）低功耗传感器。农业项目一般处于田间，设备的供电是制约设备安装的重要因素之一，使用太阳能电池板或电池供电是解决方案之一。较小的功耗可以有效地延长传感器的使用时间，实现较长时间的免维护。在信号输出方面，建议选择数字信号输出类型的传感器。

（2）工作温度。农业项目在野外，环境相对较为恶劣，传感器的工作温度在冬天可能会达到零下20℃，在夏天可能会达到50℃，因此，在选择传感器时，应当选择工作温度范围较大的传感器，如−50 ～ 50℃。

（3）防护等级。IP65是设备在户外使用的较低要求，不能选用带有探测孔的设备，任何缝隙都可以让空气进入设备，从而影响使用寿命。因此，户外设备的防护等级一定要高，做到防水防尘，IP65是相对较低的，为了保证在雨天能够正常使用，尽量选择IP66以上的设备。

（4）耐腐蚀可靠性。由于塑料受到风吹日晒，很快脆化老化，影响使用寿命。所以土壤传感器、水产传感器尽量选择不锈钢材质，而在海水养殖环境，则需抗海水盐度腐蚀，对材质要求更高。

3.温室大棚智能控制柜　通过触控屏控制大棚内各设备开关（如风机、卷帘、电磁阀等），实现大棚中设备集中控制，如图3-3所示。具有几个特点：通过手机、电脑对电气设备进行远程管理，及时应对突发天气，降低损失；选择GPRS和WiFi两种网络传输模式，网络设置更加灵活；根据大棚实际需求进行量身定制，安装简便，缩短周期，便于维护；自带稳压、过压、过流和互锁保护，保护电机，给设备提供一个安全的环境。

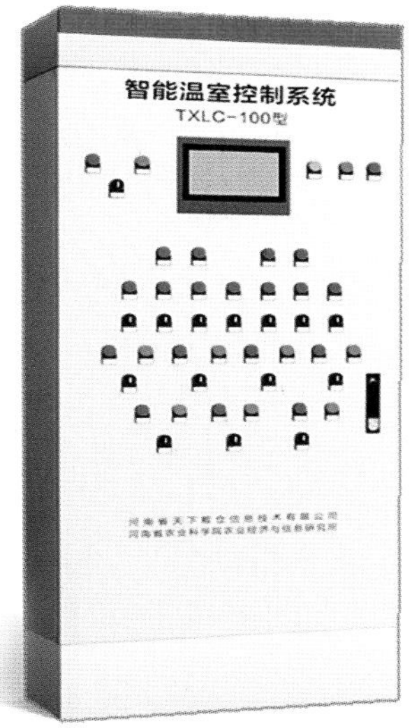

4.温室大棚感知终端　在现代智能温室大棚中，温室环境监测是其中一项重要的功能，智能温室大棚内温度、湿度、光照强度及土壤温湿度等因素，对大棚内的作物生长起着关键性作用。通过温室环境监测，帮助种植户监测整个大棚内作物生长情况，记录作物生长各种数据。同时，温室环境监测的重要意义在于通过环境的监测，可以获知温室中环境的变化，从而方便种植户采取调控措施，保证作物所处的环境始终处于最佳状态。

图3-3　智能温室控制柜

（1）设备构成。温室大棚智能采集终端主要包括传感器、数据采集器与远程传输模块。

①传感器。环境传感器可以实时动态显示大棚内的环境参数。温室大棚感知终端通过6路传感器进行数据采集，包括空气温度、空气湿度、光照强度、二氧化碳、土壤温度和土壤湿度；液晶屏幕实时显示，实时更新；安装简单，维护方便，仅需1根电源线即可；通过手机可以设定阈值提醒，环境信息自动推送，大棚管理更加安全可靠。

②数据采集器。数据采集器可以采集传感器实时数据，在液晶屏上显示从传感器获得的实时数据，通过无线网络将数据传输给远程服务器。在电脑、手机、平板上可以远程查看温室大棚内部的环境实时数据，该数据可指导用户进行更为科学的种植管理。数据采集器内包含高精度的A/D模块，可以精确地采集传感器的信号，并将信号通过数模转换成具体的数据。同时采集器具有存储功能，可以存储一年以上的历史数据，并且可以便捷地导出。数据采集器还具有高亮LED显示屏，可以让使用者在强光环境下查看实时环境数据。

③远程传输模块。数据采集器可以通过4G网络将数据发送至远程服务器，使用适宜物联网系统的MQTT通信协议，服务质量等级使用QoS2保证数据正常通信。图3-4为课题组研制的温室大棚感知终端设备（型号为TXLC-GZ-6）。

图3-4　温室大棚感知终端设备

（2）摄像头及传感器选型。

①农业远程监控系统组成。农业远程监控系统主要包括：监控系统前端、监控系统后端、数据传输端、服务器端和应用端5部分。

②监控系统。监控系统前端主要由摄像机组成，摄像机包括普通枪机、半球摄像机和球形摄像机。摄像机在选择的过程中尽量选择分辨率较高的摄像机，卡口起安防作用的一般选择使用枪机，其他作用的一般选择可变焦的球机摄像头。监控系统后端主要包括硬盘录像机、磁盘阵列、交换机和光纤收发器等。其中最主要的硬盘录像机由安装的视频通道数选择合适的路数，所有视频最少保存30d的标准进行硬盘的配备。

③数据传输。数据传输端主要包括两方面：一方面是从摄像机到硬盘录像机；另一方面是从硬盘录像机到云平台。从摄像机到硬盘录像机主要使用光纤和网线两种介质进行视频信号的传输，其中光纤成本相对较低，但是施工较为复杂，通信质量与距离较高，已经成为目前监控首选的主要方式之一。从硬盘录像机到云平台主要限制因素是网络的带宽，根据视频上传路数的多少配备相应的带宽大小。

④服务器。服务器端目前采用的是第三方云平台，使用第三方云平台可以较为轻松地实现视频的远程监控，并且能极大地节省远程视频的运行和维护成本。

⑤应用端。应用端通过调用服务器端第三方提供的接口，可以轻松实现远程视频的调用，从而将视频嵌入移动端。

（3）配件选型。

①摄像头选型。球机摄像头采用6寸高清网络智能球机，枪机摄像头采用高清红外枪型网络摄像机。

②传感器选型。空气温湿度采用PHQW/QS大气温湿度传感器，光照强度采用PHZD照度传感器，土壤pH传感器采用PHTRSJ型土壤pH传感器，土壤湿度传感器采用PHTS土壤湿度传感器。

3.2.5　数据库设计

数据库设计是保证系统数据存储与业务数据处理的重要保证，需要严格遵循安全性设计原则，保证数据安全。根据温室大棚物联网系统的整体设计，需对其数据库进行设计，主要是对数据库逻辑以及信息表进行设计。数据库模块采用MySQL数据库存储系统产生的数据，主要存储用户信息（ID、用户名、邮箱、密码、地址等）、大棚控制信息（控制器名称、ID、类型等）、执行信息（卷帘机、风机、灌溉水泵等）以及监测环境参数的传感器信息（空气温湿度、土壤温湿度、二氧化碳浓度等）等。

3.2.6 开发环境

为了提高系统的开发效率，综合考虑温室大棚物联网平台的运行效率、可扩充性等，在当前主流的软硬件环境基础上进行开发。目前，涉及的软件环境如下：

温室大棚物联网平台采用Windows Server 2008为服务器系统，Microsoft SQL Server 2008为后台数据库软件，Visual Studio 2013 作为系统的前端开发工具。采用PHP和Ⅱ S7网络配置环境，基于ArcGIS Server 10.1的REST实现地图服务发布，采用Microsoft SQL Server 2008数据库实现空间数据与属性数据的统一管理。系统在PHP Storm 5.0集成环境下开发完成，采用PHP、Java和HTML语言编写系统首页、监控站点、数据分析以及数据库访问模块（Web Service服务）等；通过设计其CSS风格实现网站整体布局的美观与合理。

Android App开发采用Android Studio开发环境，数据库采用MySQL。

3.2.7 运行环境

浏览器最低要求：IE浏览器版本12.0、谷歌浏览器Chrome、360浏览器和火狐浏览器。安卓版适用于Android 4.0.2及以上版本的手机或平板。

3.3 系统实现

3.3.1 Web端系统实现

1.软件安装　把程序安装包解压至任何位置，找到主程序，双击即启动程序。启动本程序之前需要先安装Microsoft. net Framework 4.5及以上版本。

本程序系统登录界面有登录、取消和检查更新3个功能。输入用户名和密码，点击“登录”按钮进行登录。定期点击“检查更新”按钮，以获取最新版本状态，更新本地程序，如图3-5所示。

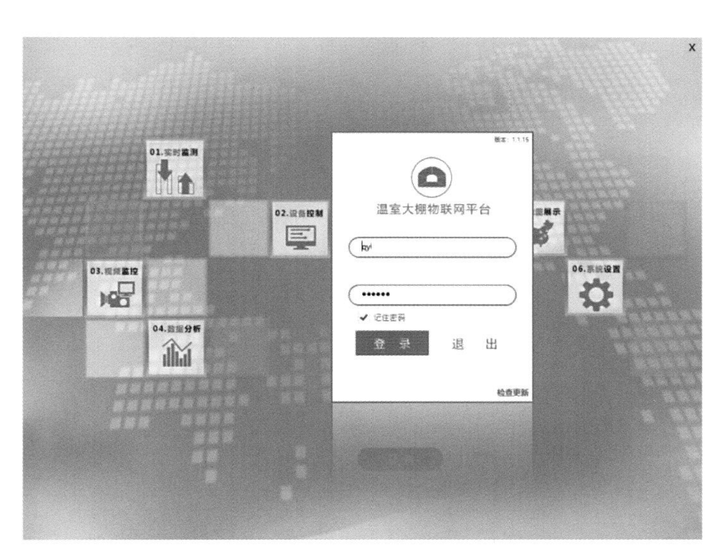

图3-5　系统登录

根据系统管理员分配的用户名和密码进行系统平台的登录，其主界面如图3-6所示。

平台管理员可使用系统所有功能。主界面依次显示：实时监测、视频监控、远程控制、数据分析、地图展示、系统设置和帮助。

分配用户登录主界面，根据其具有的站点权限，可操作功能包括实时监测、视频监控、远程控制、数据分析和帮助，不能使用地图展示和系统设置。

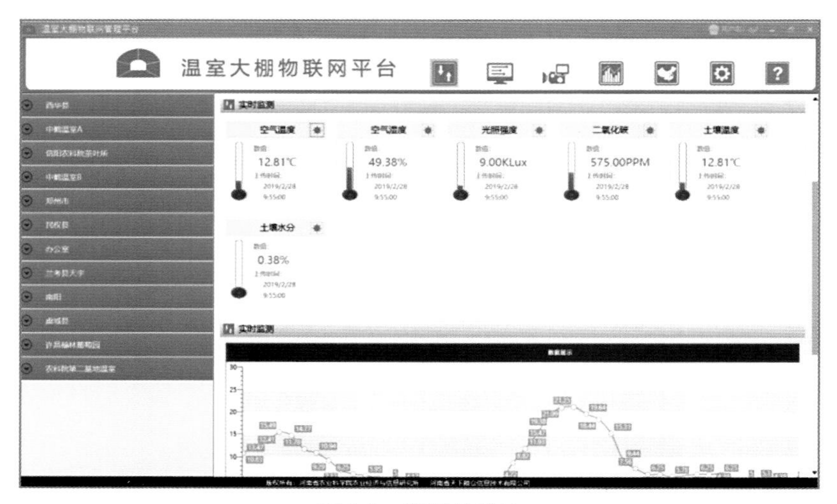

图3-6　管理员登录

2. 系统设置　系统设置包括用户管理、传感器管理、设备管理、节点管理和摄像头管理，如图3-7所示。

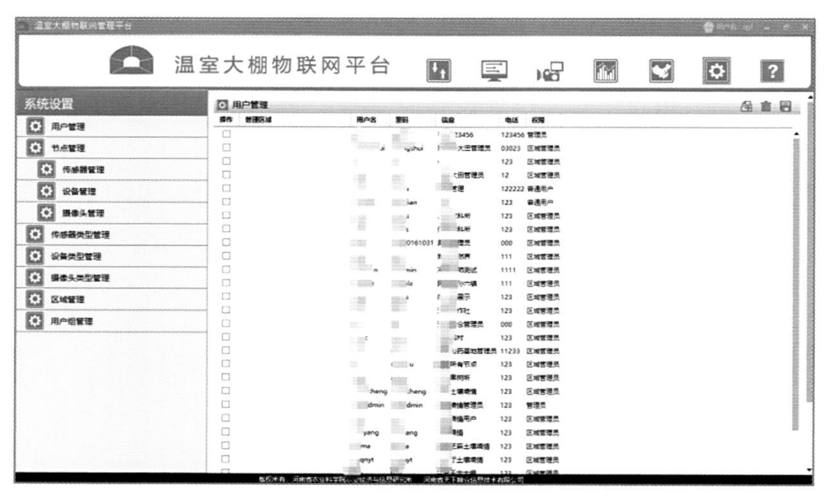

图3-7　系统设置界面

（1）用户管理。平台管理员可以对用户信息进行增加、修改、删除和保存，如图3-8所示。点击右上角“+”号图标，会出现新增行，可添加新的用户信息。点击每行内容直接进行编辑，并对其各项信息及管理的站点编号（该编号即在节点管理中新增或已有的ID号）进行编辑。点击每行后面的子图标，出现删除提示框，点击“确定”按钮即删除此行，点击“取消”按钮则返回。点击右上面的磁盘图标，则对以上管理员操作的所有变更信息进行保存。

操作	管理区域	用户名	密码	信息	电话	权限
□				[illegible]	123456	管理员

图3-8　编辑用户信息

（2）传感器管理。根据传感器类型，新增、删除和保存传感器。需要添加ID（系统自动生成）、传感器描述、传感器名称、传感器单位等参数，如图3-9所示。

（3）设备管理。根据温室设备类型，新增、删除和保存温室设备，如图3-10所示。需添加的参数包括设备ID（系统自动生成）、设备类型和设备信息（控制设备名称）、关联设备类型、设备类型Icon（系统分配的传感器图标）、打开设备命令和管理设备命令等。

传感器管理

操作	传感器类型	所在区域	所在节点	传感器名	传感器数据开始位置	参数A	参数B
☐	风速	天华合作社	商水县天华合作社	风速	7	0.10000000	0.00000000
☐	风速	商水硕博、汤庄	商水县汤庄农技推广站	风速	7	0.00988760	-8.09000000
☐	风速	商水县	商水县舒庄高标准粮田	风速	7	0.10000000	0.00000000
☐	风速	西华县	西华县农科所气象站	风速	7	0.00988760	-8.09000000
☐	风速	办公室	永城市大豆示范基地	风速	7	0.00988760	-8.09000000
☐	风速	温县农业局	武德镇高标准粮田	风速	7	0.00988760	-8.09000000
☐	风速	温县标准粮田	标准山药种植示范基地	风速	7	0.00988760	-8.10000000
☐	风速	延津县	延津农科所	风速	7	0.00988760	-8.09000000
☐	风速	商水硕博、汤庄	商水县硕博果业	风速	7	0.10000000	0.00000000
☐	风速	中鹤大田	中鹤高标准良田(中)	风速	7	0.00988760	-8.09000000
☐	风速	中鹤大田	中鹤高标准良田(北)	风速	7	0.00988760	-8.09000000

图3-9　传感器管理列表

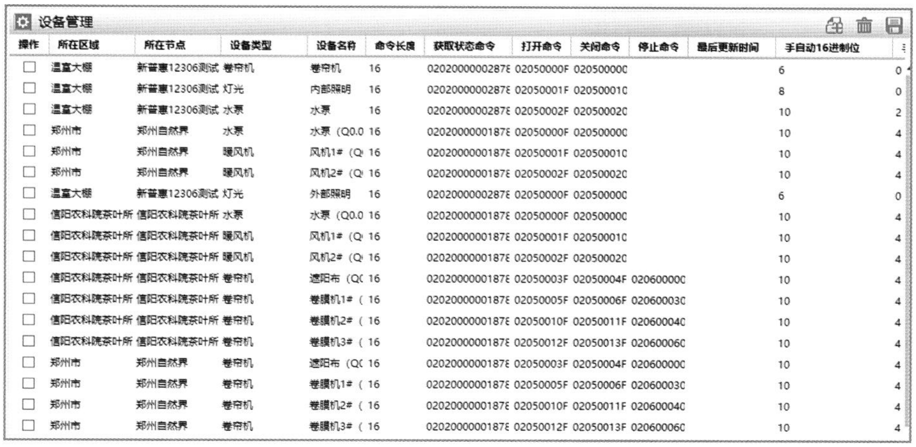

设备管理

操作	所在区域	所在节点	设备类型	设备名称	命令长度	获取状态命令	打开命令	关闭命令	停止命令	最后更新时间	手自动16进制位	
☐	温室大棚	新普惠12306测试	卷帘机	卷帘机	16	0202000000287E	0205000F	02050000C			6	0
☐	温室大棚	新普惠12306测试	灯光	内部照明	16	0202000000287E	0205001F	02050001C			8	0
☐	温室大棚	新普惠12306测试	水泵	水泵	16	0202000000287E	0205002F	02050002C			10	2
☐	郑州市	郑州自然界	水泵	水泵（Q0.0	16	0202000000187E	0205000F	02050000C			10	4
☐	郑州市	郑州自然界	暖风机	风机1#（Q	16	0202000000187E	0205001F	02050001C			10	4
☐	郑州市	郑州自然界	暖风机	风机2#（Q	16	0202000000187E	0205002F	02050002C			10	4
☐	温室大棚	新普惠12306测试	灯光	外部照明	16	0202000000287E	0205000F	02050000C			6	0
☐	信阳农科院茶叶所	信阳农科院茶叶所	水泵	水泵（Q0.0	16	0202000000187E	0205000F	02050000C			10	4
☐	信阳农科院茶叶所	信阳农科院茶叶所	暖风机	风机1#（Q	16	0202000000187E	0205001F	02050001C			10	4
☐	信阳农科院茶叶所	信阳农科院茶叶所	暖风机	风机2#（Q	16	0202000000187E	0205002F	02050002C			10	4
☐	信阳农科院茶叶所	信阳农科院茶叶所	卷帘机	遮阳布（QC	16	0202000000187E	0205003F	0205004F	02060000C		10	4
☐	信阳农科院茶叶所	信阳农科院茶叶所	卷帘机	卷膜机1#（	16	0202000000187E	0205005F	0205006F	02060003C		10	4
☐	信阳农科院茶叶所	信阳农科院茶叶所	卷帘机	卷膜机2#（	16	0202000000187E	0205010F	0205011F	02060004C		10	4
☐	信阳农科院茶叶所	信阳农科院茶叶所	卷帘机	卷膜机3#（	16	0202000000187E	0205012F	0205013F	02060006C		10	4
☐	郑州市	郑州自然界	卷帘机	遮阳布（QC	16	0202000000187E	0205003F	0205004F	02060000C		10	4
☐	郑州市	郑州自然界	卷帘机	卷膜机1#（	16	0202000000187E	0205005F	0205006F	02060003C		10	4
☐	郑州市	郑州自然界	卷帘机	卷膜机2#（	16	0202000000187E	0205010F	0205011F	02060004C		10	4
☐	郑州市	郑州自然界	卷帘机	卷膜机3#（	16	0202000000187E	0205012F	0205013F	02060006C		10	4

图3-10　设备管理列表

在传感器管理中找到其对应的ID，例如：内部照明和外部照明。根据空气温度（在传感器管理中空气温度的ID为26）来调节开关状态，此处设置为26；水泵：和土壤湿度（ID为29）有关，此处设置为29；和光照强度（ID为33）有关，此处设置为33。

（4）节点管理。对节点进行新增、删除和保存等管理，如图3-11和图3-12所示。

点击右上角“+”号，新增节点信息，包括：所在区域、节点名称、节点信息、节点类型、网络ID、X坐标、Y坐标、设备列表等。从“设备类型管理”中选择设备类型，添加至设备列表中，如图3-12所示。

节点管理

操作	所在区域	节点名称	节点信息	节点类型	网络ID	X坐标	Y坐标	
☐	温室大棚	新普惠12306测试	新普惠12306	温室物联网	-39	114.415	35.4786	01
☐	郑州市	郑州自然界	郑州自然界	大田物联网	1150531817	113.721835	34.903892	01
☐	天华合作社	商水县天华合作社	商水县天华合作社	大田物联网	3205658651	114.7837	33.35803	01
☐	商水县	商水县舒庄高标准粮田	商水县舒庄高标准粮田	大田物联网	3205642939	114.4843	33.51863	01
☐	商水硕博、汤庄	商水县汤庄农技推广站	商水县汤庄农技区域推	大田物联网	3205310728	114.54275	33.569576	01
☐	西华县	西华县农科所温室大棚1	西华县农科所温室大棚1	温室物联网	1150545311	114.4475	33.76067	02
☐	西华县	西华县农科所气象站	西华县农科所气象站	大田物联网	3205545340	114.4475	33.76067	01
☐	办公室	永城市大豆示范基地	永城市薑口乡大豆示范	大田物联网	3204094139	116.3270	33.82404	01
☐	温县农业局	武德镇高标准粮田	武德镇高标准粮田	大田物联网	3204096451	113.09062	35.02957	01
☐	温县标准粮田	标准山药种植示范基地	标准山药种植示范基地	大田物联网	3205329628	112.96853	35.044888	01
☐	延津县	延津农科所	延津农科所	大田物联网	3131313438	114.217316	35.142235	01
☐	商水硕博、汤庄	商水县硕博果业	商水县硕博果业	大田物联网	3205659607	114.58181	33.304886	01
☐	信阳农科院茶叶所	信阳农科院茶叶所温室1	信阳农科院茶叶所温室1	温室物联网	2B67D498	114.296054	32.161407	02
☐	温室大棚	温室test2	温室test2	温室物联网	022BFDD4	114.4	35.1	02
☐	中鹤大田	中鹤高标准良田(中)	中鹤高标准良田(中)	大田物联网	3204190706	114.549774	35.80957	01
☐	中鹤大田	中鹤高标准良田(北)	中鹤高标准良田(北)	大田物联网	3204099751	114.56257	35.820168	01
☐	中鹤大田	中鹤高标准良田(东)	中鹤高标准良田(东)	大田物联网	3205212051	114.55878	35.808987	01

图3-11　节点管理总体列表显示

设备类型管理

操作	设备类型名	设备类型信息	图标
☐	灯光	灯光	灯光
☐	水泵	水泵	水泵
☐	卷帘机	卷帘机	卷帘机
☐	暖风机	暖风机	暖风机
☐	水肥一体机	水肥一体机	水泵
☐	湿帘	湿帘	水泵
☐	风机	风机	暖风机
☐	遮阳布	遮阳布	卷帘机
☐	电磁阀	电磁阀	暖风机
☐	水池液位	水池液位	水泵

图3-12　设备列表信息管理界面

3.实时监测　在“节点详情”下方，显示已安装传感器的实时监测数据。传感器数量多少，取决于安装的传感器数量。点击每个传感器数据显示区右上角“太阳”图标，出现“分析”“对比”和“预警”3个按钮。点击“分析”按钮，选择日均值曲线、月均值曲线、年均值曲线，以更改传感器动态变化图的曲线类型，如图3-13所示。

4.视频监控　点击左侧站点列表中的某站点，如图3-14所示，当该站点已关联摄像头时，右侧会显示设备列表，否则提示所选节点无摄像头。通过点击右侧摄像头操控按钮，实现左右上下调节、镜头拉近推远等操作。

图3-13　实时监测界面

图3-14　视频监控管理显示界面

5.设备控制　对温室安装的设备进行集中控制，设备包括内遮阳、外遮阳、风机、湿帘水泵、顶部通风、灌溉电磁阀、二氧化碳气肥机等设备。对以上设备的操作，提供了手动和自动（定时、阈值）两种模式，如图3-15所示。

在手动模式下，直接点击设备的开关，即可启动和停止设备；在自动模式下，可设置设备开始、结束的时间或者上下限阈值，达到阈值时自动打开和关闭设备。

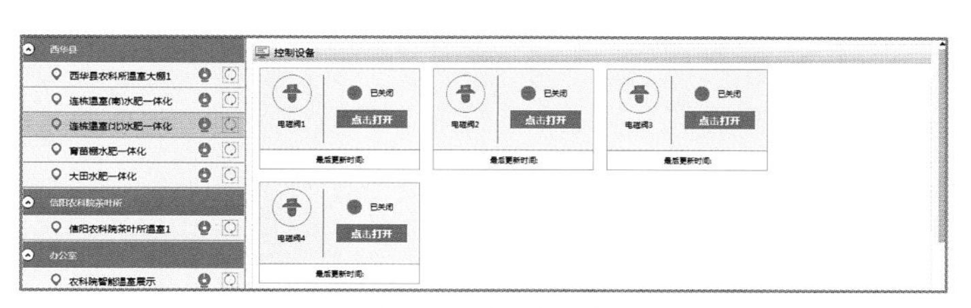

图3-15　控制设备

6.数据分析　对获取的环境数据进行分析，环境数据主要包括土壤温湿度、空气温室度、光照、风速等。

（1）查询分析。依次选择节点、传感器、时间类型、开始时间和结束时间，待定后，点击“确定”按钮，查询结果如图3-16所示。

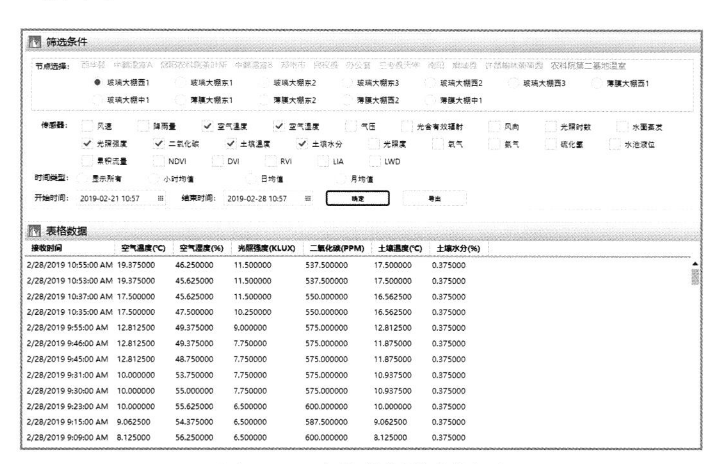

接收时间	空气温度(℃)	空气湿度(%)	光照强度(KLUX)	二氧化碳(PPM)	土壤温度(℃)	土壤水分(%)
2/28/2019 10:55:00 AM	19.375000	46.250000	11.500000	537.500000	17.500000	0.375000
2/28/2019 10:53:00 AM	19.375000	45.625000	11.500000	537.500000	17.500000	0.375000
2/28/2019 10:37:00 AM	17.500000	45.625000	11.500000	550.000000	16.562500	0.375000
2/28/2019 10:35:00 AM	17.500000	47.500000	10.250000	550.000000	16.562500	0.375000
2/28/2019 9:55:00 AM	12.812500	49.375000	9.000000	575.000000	12.812500	0.375000
2/28/2019 9:46:00 AM	12.812500	49.375000	7.750000	575.000000	11.875000	0.375000
2/28/2019 9:45:00 AM	12.812500	48.750000	7.750000	575.000000	11.875000	0.375000
2/28/2019 9:31:00 AM	10.000000	53.750000	7.750000	575.000000	10.937500	0.375000
2/28/2019 9:30:00 AM	10.000000	55.000000	7.750000	575.000000	10.937500	0.375000
2/28/2019 9:23:00 AM	10.000000	55.625000	6.500000	600.000000	10.000000	0.375000
2/28/2019 9:15:00 AM	9.062500	54.375000	6.500000	587.500000	9.062500	0.375000
2/28/2019 9:09:00 AM	8.125000	56.250000	6.500000	600.000000	8.125000	0.375000

图3-16　查询分析数据显示

（2）对比分析。选择不同站点，针对不同传感器的数据进行对比，从中发现各站点之间的差异。选择节点、时间、显示方式、开始时间和结束时间，结果如图3-17所示。同时还提供了柱状图、区域面积图等显示类型。

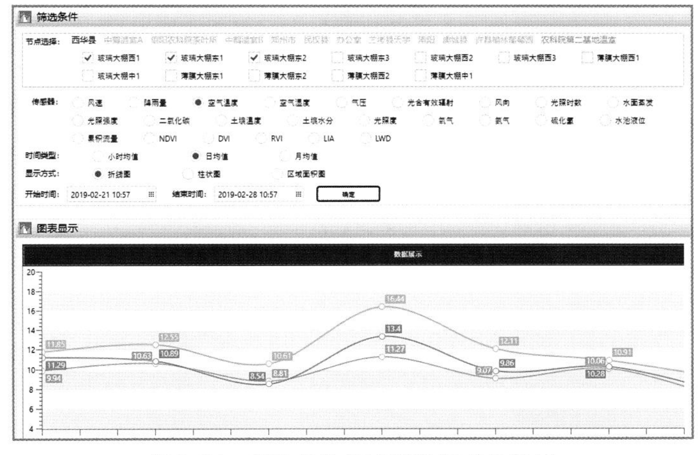

图3-17　多站点单传感器数据对比折线

3.3.2 移动端系统实现

1. 移动端登录　登录界面如图3-18和图3-19所示。

2. 实时监测

（1）选择监测点。在主界面左上角，点击列表图标，显示出所有温室监测点。从中选择不同的温室大棚，可以切换至不同的大棚数据显示界面，如图3-20所示。

（2）查看传感器数据。在实时监测页面，见图3-21，点击不同的传感器图标，弹出传感器实时数据。界面最上方显示传感器最新采集时间。点击不同颜色色块后，如空气温度，出现空气温度传感器的动态图。在色块上显示的数值为空气传感器的当前值、平均值、最大值和最小值。手指在折线图上滑动，会出现辅助线，显示该时间点的历史数据。点击左上角智慧农田，显示用户权限下的所有气象站列表，点击不同的地点可以查看不同地点的传感器数据。

3. 历史数据　历史数据查询主要是对大田内风速、风向、降水量、土壤温度、土壤湿度、空气温湿度、辐射量等信息进行查询。查询方式是按照日期选择需要查询的时间段进行查询。查询的数据以列表的形式显示，如图3-22所示，在用户浏览数据的同时可以直观地观察到对应时间段内的数据变化，如图3-23所示。

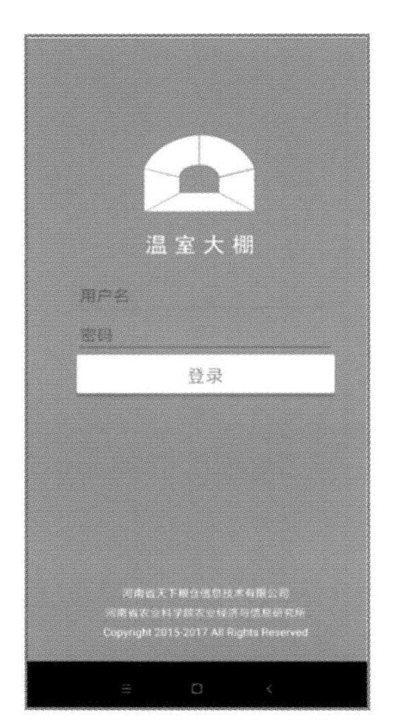

图3-18　系统登录

图3-19　首页主界面

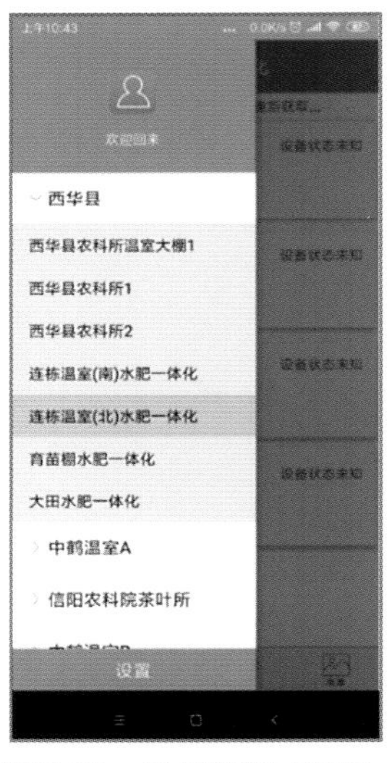

图3-20　选择监测点图片

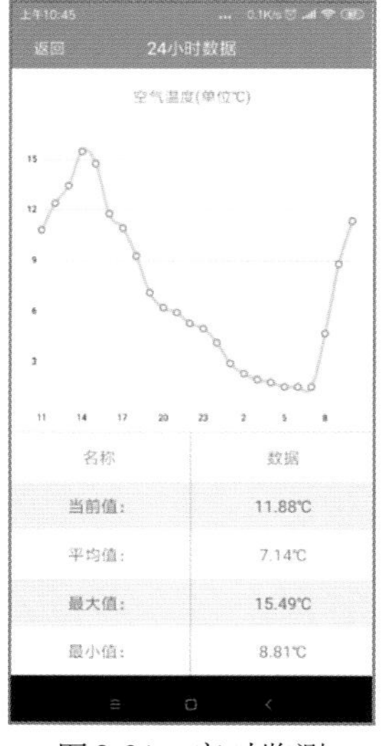

图3-21　实时监测

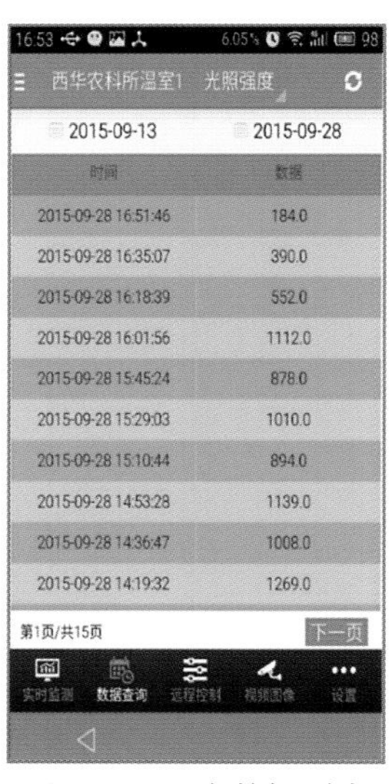

图3-22　历史数据列表

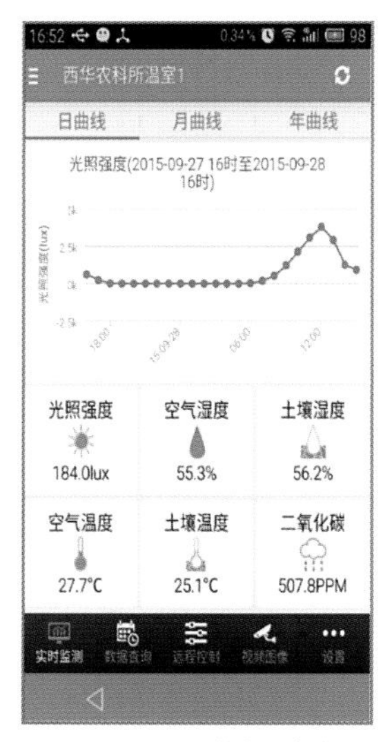

图3-23　历史数据动态图

4.视频图像　视频监控子系统通过有线或无线方式实现对设施作物的生长情况进行全面监测。专家可以通过远程视频采集设备进行实时的视频图像查看。用户进入智能监控系统，即可获得设施作物实时视频图像，如图3-24所示。作物生产中发生病虫害，农户可以通过多种终端（手机、平板、电脑）加入该系统，及时与专家进行沟通，专家通过语音视频及时了解设施作物信息，在第一时间现场解答问题，并提出切实可行的应用方案，从而做到足不出户，就可以了解自家设施作物的生长状况，实现远程化管理。

图3-24　视频图像

图3-25　设备的远程控制

5.设备控制　在手机上远程控制内部照明、外部照明、水泵、卷帘机等大棚设备的开关，如图3-25所示。如果设备在线，点击开关键控制设备。当设备处于打开或关闭状态时，界面反馈设备启停状态。若设备不在线，则显示设备状态未知。注：实时控制功能为智慧温室所有，智慧农田无此项功能。

6.设置　系统设备包括：设置默认监测点等功能。点击设置默认大棚，程序启动后加载默认大棚的环境数据。

3.4　系统应用

该系统通过多站点长时间的功能测试与完善，结合用户的实际需求，实现版本的不断升级与新的管理模式研发，现已在河南鹤壁、信阳、西华、商水和兰考等地区进行了大规模示范推广，该系统能够满足温室大棚远程控制及精准控制的需求，交互界面具有良好的人机交互性，操作简单便捷，能够彻底帮助使用者和管理者解放双手，实现智能农业。

于2014年，在兰考县东坝头乡杨庄村和城关乡姜楼村，对8个温室大棚进行升级改造，建成温室大棚智慧管理物联网平台。数据展示大屏如图3-26所示。改造后的温室大棚不仅实现空气温度和湿度、土壤温度和湿度、光照强度和二氧化碳浓度共6个指标采集；同时实现温室大棚补光、灌溉、卷帘机等设备的远程控制；通过手机、平板电脑、计算机等信息终端向农户推送实时监测信息、预警信息、农

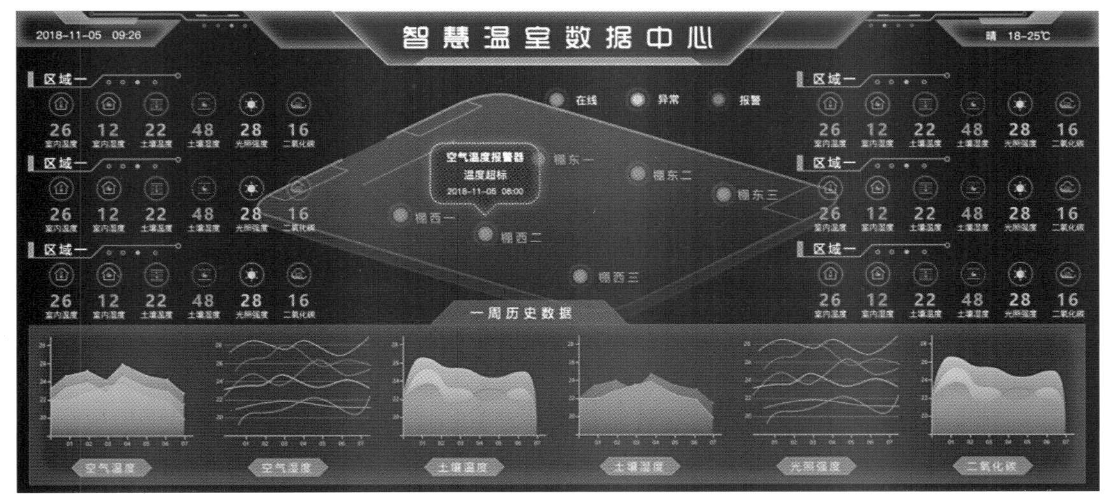

图3-26　数据展示大屏

技知识等；综合农业物联网、大数据、云计算等技术，逐步建成兰考县温室大棚智慧管理物联网综合平台。

安装农业物联网设备后，大棚的经济效益体现在两个方面：①提高了设施作物生产精细化水平，促进精准控制，提高了水肥利用率，减少了农药化肥的施用量；②安装了水肥一体化系统、温湿度传感器、电动卷帘、风机湿帘系统、高清摄像头等农业高科技设备，基本实现了智能化操作，节约了人力成本。

3.5 小结

为了提高设施作物生产管理的智能化水平，结合设施作物监管需求，基于物联网技术，研制了设施作物智能监测系统。在设施作物生长发育过程中，该系统可以全程对设施作物进行实时监控，实现了温室内光、温、气等环境参数和生产现场远程视频的实时监测，还可以远程自动控制湿帘风机、喷淋滴灌、内外遮阳、加温补光等设备，从而实现温室环境的自动调控，提高获取数据的效率和准确性。该系统具有以下特点：

（1）该系统按照模块化设计思想进行数据库设计和系统功能模块设计，具有功能实用、操作简单、界面友好、性能良好和安装部署方便等特点。

（2）该系统集成网络通信技术，实现了B/S模式下对视频图像实时处理的需求，具有较好的可扩展性和可移植性，提高了系统的整体工作效率。

（3）该系统通过软件加密生成唯一的传感器设备码，并与对应监控站点配置信息关联，实现了数据采集设备的自动接入、自组织传输、自动验证处理入库等功能。

（4）该系统可以使用户在作物生长的任何生育时期和时间段，通过Internet及时查询当前的环境参数、作物长势以及视频图像等信息，实现数据同步查询和远程实时监测，提高了监测精度和准确性。

（5）为用户和农技专家提供了一个信息交流平台。专家通过视频及时了解作物信息，在第一时间解答问题，并提出切实可行的应用方案。

在应用过程中发现了一些问题，比如经过多年积累，环境数据和视频图像数据储备量较大，而本平台没有提供海量数据分析和深层次数据挖掘功能，造成数据利用率不高。下一步研究工作重点从以下几方面考虑：①通过物联网采集的生长环境数据和视频图像数据，搭建一个数据分析与挖掘平台；②通过物联网采集的生长环境数据，与作物模型结合进行研发及应用；③通过物联网技术，进一步挖掘农业生产、经营、管理和服务领域规律，搭建基于云计算的智慧农业生产管理平台。

本平台已获得1项计算机软件著作权登记证书：温室大棚物联网平台（安卓版），登记号为2016SR132238。获得3项实用新型专利：一种移动式温室大棚室内环境采集系统，专利号为ZL201520359074.4；一种温室大棚室内环境采集系统，专利号为ZL201520359076.3；一种温室大棚室内环境控制系统，专利号为ZL201520359229.4。

➤ 参考文献

蔡镔，马玉芳，赵振华，等，2014. 基于无线传感器网络的温室生态智能监控系统研究[J]. 河南农业大学学报，48 (2)：167-171.

陈晓栋，原向阳，郭平毅，等，2015. 农业物联网研究进展与前景展望[J]. 中国农业科技导报，17 (2)：8-16.

陈洵，2021. 基于MQTT的农业物联网管理平台的设计与实现[D]. 保定：河北农业大学.

傅泽田，张领先，李鑫星，2015. 互联网+现代农业 迈向智慧农业时代[M]. 北京：电子工业出版社.

郝雪飞，2019. 温室大棚智能传感系统的设计与实现[D]. 南京：南京邮电大学.

黄媛，李瑜玲，陈诚，等，2021. 基于物联网的北方秋冬茬番茄日光温室环境管控技术[J]. 北方园艺 (11)：156-160.

季彦东，2021. 温室大棚温湿度智能控制策略研究与实现[D]. 沈阳：沈阳大学.

贾宝红，钱春阳，宋治文，等，2015. 设施蔬菜物联网管理系统的构建及应用[J]. 河南农业科学，44 (2)：156-160.

李伟越，艾建安，杜完锁，2019. 智慧农业[M]. 北京：中国农业科学技术出版社.

李鑫，贾小林，2020. 基于物联网的农作物管理系统的研究与设计[J]. 物联网技术，10 (10)：72-75.

廖建尚，张振亚，孟洪兵，2019. 面向物联网的传感器应用开发技术[M]. 北京：电子工业出版社.

刘洋，许燕，彭炫，等，2021. 物联网温室群双模糊控制系统的设计[J]. 农机化研究，43 (10)：185-190.

刘峥，刘青，渠海鹏，2021. 基于物联网的温室环境智能监控系统设计与研究[J]. 电子设计工程，29 (5)：12-15，20.

龙祖连，2021. 基于ZigBee智慧农业控制系统的研究与设计[J]. 物联网技术，11 (5)：106-108.

秦琳琳，陆林箭，石春，等，2015. 基于物联网的温室智能监控系统设计[J]. 农业机械学报，46 (3)：261-267.

王皓萱，郝万君，夏以诚，等，2021. 基于LoRa技术的温室农作物自动化培育系统设计[J]. 单片机与嵌入式系统应用，21 (2)：71-74，78.

王永红，王诗瑶，2021. 基于多协议的温室智能物联网系统研究[J]. 北方园艺 (5)：156-161.

许世卫，王东杰，李哲敏，2015. 大数据推动农业现代化应用研究[J]. 中国农业科学，48 (17)：3429-3438.

杨简，潘贺，李太浩，等，2015. 基于无线传感网络的玉米田监控系统设计与试验[J]. 中国农机化学报，36 (2)：253-256.

杨明，杨建国，宋杨，等，2021. 基于物联网技术的温室大棚环境监测与控制系统模块化设计[J]. 物联网技术，11 (1)：108-111，114.

臧贺藏，王言景，张杰，等，2016. 基于物联网技术的设施作物环境智能监控系统[J]. 中国农业科技导报，18 (5)：81-87.

张恩迪，张佳锐，2015. 基于物联网的农业虫害智能监控系统[J]. 农机化研究，37 (5)：229-234.

夏玉米氮肥精确管理系统

4.1 研发背景

农业资源环境是农业生产的物质基础，也是农产品质量安全的源头保障。目前，我国农业资源环境遭受外源性污染和内源性污染的双重压力，逐渐成为农业生产可持续发展的瓶颈（孙占祥等，2011）。一方面，由于工矿业和城乡生活污染向农业转移排放，导致农产品产地环境质量下降和污染问题日益凸显；另一方面，在农业生产内部，由于化肥、农药等农业投入品长期不合理过量使用（武继承等，2011；汪新颖等，2014），以及畜禽粪污、农作物秸秆和农田残膜等农业废弃物不合理处置等，形成的农业面源污染问题日益严重。这些都加剧了土壤和水体污染，以及农产品质量安全风险。

为全面加强农业面源污染防治工作，2015年4月，农业部立足于我国当前农业面源污染防控工作的实际，统筹兼顾保护与发展、当前与长远、预防与治理，制定出台了《农业部关于打好农业面源污染防治攻坚战的实施意见》，明确要求加强组织领导、强化工作落实、加强法制建设、完善政策措施、加强监测预警、强化科技支撑、加强舆论引导、推进公众参与，确保到2020年实现“一控两减三基本”的目标，有效保障我国粮食供给安全、农产品质量安全和农业环境特别是产地环境的安全，促进农业农村生产、生活、生态“三位一体”协同发展。其中，“一控”是指控制农业用水总量和农业水环境污染，确保农业灌溉用水总量保持在3 720亿m^3，农田灌溉用水水质达标。“两减”是指化肥、农药减量使用。“三基本”是指畜禽粪污、农膜、农作物秸秆基本得到资源化、综合循环再利用和无害化处理。

玉米是我国重要的粮食作物，播种面积和产量在我国农作物中分别位列第1和第2位（何萍等，2014）。施用氮肥是确保玉米稳产高产的必要条件和重要前提（杨小梅等，2013）。长期以来人们为追求高产，大量施用氮肥，过量施氮不仅引起了作物产量和氮肥利用率降低的负效应（汪新颖等，2014），同时导致了一系列的环境问题（张鑫等，2012）。建立一套夏玉米氮素营养诊断与调控技术，能够实时监测植株氮素营养状况，动态调控氮肥追施量，对于保障粮食安全和提高农民收益具有重要意义。

长期以来，国内外学者围绕氮肥管理技术开展了大量的研究，先后建立了基于土壤肥力、比色卡和SPAD、光谱指数、遥感影像，以及作物模型的氮肥管理技术。基于土壤硝态氮测试的小麦（叶优良等，2010）和玉米（隽英华等，2013）氮素实时管理技术不能根据作物实时长势来变量施肥，且土壤养分测试工作量较大，时效性较差；基于单叶SPAD值的实地氮肥管理技术容易造成测量值不稳定，难以准确反映群体生长状况；基于光谱指数的实时氮肥管理技术将施氮决策与作物实时长势相结合，实现作物精确定量化施肥管理。

遥感技术的发展为作物氮素营养诊断提供了新的方法（陈鹏飞等，2019；刘露，2019）。Lukina等（2001）利用植被指数NDVI和当季预估产量（in-season estimates of grain yield，INSEY）建立了小麦施氮优化算法（nitrogen fertilization opitimization aligorithm，NFOA）。宋晓宇等（2004）、梁红霞等（2006）也基于NFOA算法，分别利用地面光谱和航空成像光谱数据，建立了冬小麦拔节期追肥模型。Teal等（2006）和Tubaña等（2008）先后利用NFOA算法，实现了玉米生育中期追氮量的估算。赵福刚等（2007）基于NFOA算法建立了吉林省玉米氮营养诊断追肥模型。Dellinger等（2008）、Barker等（2010）、Ktichen等（2010）和Scharf等（2011）基于主动式光谱监测数据，利用相对反射率算法和二次加平台模型，实现了玉米拔节期变量追氮管理。综上所述，基于光谱数据的氮肥调控算法主要有NFOA法和相对反射率法。前者考虑了不同肥力水平下作物的产量，但没有考虑中后期土壤的供氮能力（陈青春等，2012），因此，施氮量估算存在一定偏差。后者将众多管理措施的混杂效应进行了标准化，但未考虑土壤、降水量等环境因素（Holland K et al.，2010）。

课题组基于养分平衡原理，考虑作物实时信息、土壤供氮状况等因素，先后建立了夏玉米氮素诊断及氮素调控模型（赵巧丽等，2008；张学治等，2010；李国强等，2015）。根据土壤供氮量、目标产量需氮量和植株实时氮积累量三者的差值，实现夏玉米苗期和大喇叭口期施氮量的估算。该氮肥调控模型量化了夏玉米生育后期土壤供氮量，提高了模型机理性，进一步缩小了施氮量的估算偏差。

随着作物生产施肥研究水平的不断提高，现今的施肥方式由传统的注重施肥时机转变为注重施肥量的方式（Ferguson et al.，2002；Koch et al.，2004）。氮肥精确管理决策系统就是在这种环境下应运而生的（陈蓉蓉等，2004；陈桂芬等，2006；李国强等，2016）。在使用基肥时，充分考虑到地块的基本信息，如有机质含量、全氮含量、硝态氮含量、速效磷含量、有效锌含量等诸多肥力信息，根据每块地块的不同情况，因地制宜地制订出不同的施肥方案，以最低的肥力投入获得最大的产出，实现氮肥的高利用率。为方便本技术的使用与推广，利用软件工程、GIS等技术，构建夏玉米氮肥精确管理系统，实现光谱数据的自动处理、决策分析、处方生成等功能，为夏玉米生长监测和精确管理调控提供决策支持。

4.2 软件概述

4.2.1 夏玉米氮肥诊断与调控技术

1.夏玉米光谱监测与氮素调控体系技术　主要包括三项关键技术。

（1）建立参数较为完备的夏玉米波谱数据库，确定夏玉米生物量、叶面积指数、色素含量、氮素含量等参数光谱监测的敏感波段。

（2）构建用于夏玉米地上部干物质重、叶面积指数、叶片色素含量、叶片碳氮比、叶片氮积累量、地上部植株氮积累量等参数的估算模型。

（3）基于养分平衡原理，根据土壤供氮量、目标产量需氮量和植株实时氮积累量，构建夏玉米氮肥调控模型。施氮方法综合考虑了植株实时生长状况和土壤供氮状况等因素，利用遥感技术建立适合夏玉米氮肥精准管理技术体系，实现由适时获得的光谱数据代替传统烦琐的实验室养分测定数据来对施肥进行调控，实现氮肥施用量的实时、实地化管理。

借鉴Lukina建立的小麦调控模型，凌启鸿等和陈青春等建立了水稻调控模型。基于养分平衡原理，根据土壤供氮量、目标产量需氮量和植株实时氮积累量三者的差值，实现夏玉米苗期和大喇叭口期施氮量的估算，如图4-1所示。

2.夏玉米氮肥调控模型

（1）播前施氮量（NB）计算。

$$NB=\frac{ND-NS}{NUE}\times 0.3/FNC \tag{4-1}$$

式中，NB为播前施氮量（kg/hm^2）；ND为目标氮量（kg/hm^2）；NS为土壤供氮量（kg/hm^2）；NUE为氮肥利用率，取0.5；FNC为肥料氮含量，0.3为基肥比例。

玉米目标需氮量（*ND*）：

$$ND=GYT\times\frac{ND_h}{100} \tag{4-2}$$

$$GYT=AY\times 10\% \tag{4-3}$$

式中，*ND*为目标需氮量（kg/hm^2）；*GYT*为目标产量（kg/hm^2），按当地前3年平均产量×增产幅度（10%～15%）；ND_h为100kg籽粒吸氮量，取2.15kg。

土壤供氮量（*NS*）：

$$NS=H\times\rho b\times C/0.1 \tag{4-4}$$

*NS*取0～30cm和30～60cm土层硝态氮积累量之和；*H*为土层厚度（cm）；ρb为土壤容重（g/cm^3）；*C*为土壤硝态氮含量（mg/kg），0.1为换算系数；经测定0～30cm土层土壤容重为1.4g/cm^3，30～60cm土层土壤容重为1.5 g/cm^3。

（2）大喇叭口期追氮量（*NR*）计算。

$$NR=\frac{ND-PNA-NS\times k}{NUE}/FNC \tag{4-5}$$

式中，*NR*为追施氮量；*ND*为目标需氮量（kg/hm^2），见式（4-2）；*PNA*为地上部植株氮积累量（kg/hm^2）；*NS*为土壤供氮量（kg/hm^2），见式（4-4）；*k*为后期土壤供氮占土壤总供氮量的比例，取0.7；*NUE*取0.5。

玉米植株氮积累量（*PNA*）：

$$PNA=[0.658\,2\times \mathrm{RVI}(950,670)-1.976\,4]\times\frac{10\,000}{1\,000}\quad(R^2=0.884\,7) \tag{4-6}$$

$$RVI(950,670)=R_{950}/R_{670} \tag{4-7}$$

*PNA*为玉米植株氮积累量（kg/hm^2）；*RVI*（950，670）为玉米大喇叭口期的比值植被指数。R_{950}、R_{670}分别为950nm、670nm波段的光谱反射率。

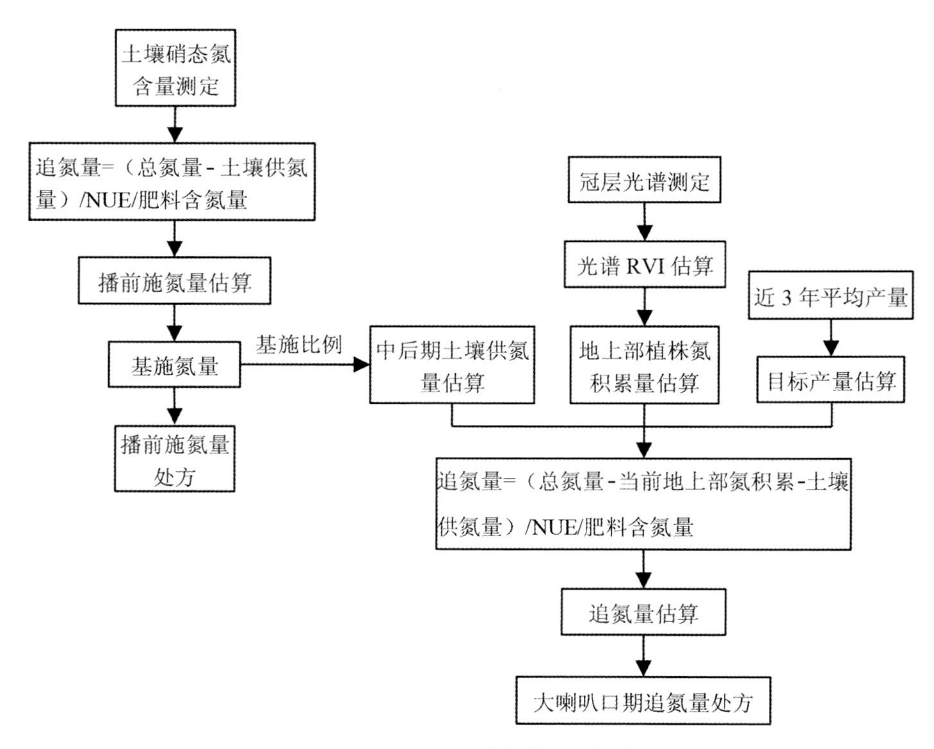

图4-1　夏玉米氮素营养诊断流程

4.2.2 系统架构设计

基于系统工程思想，以气象因子、土壤特性、品种参数、化肥施用方法、病虫害防治方法、GIS地图等数据为依托，构建氮肥精确管理系统。为了方便农户在田间地头或农技服务站点使用，采用触摸屏界面，把软件安装到多媒体一体机上，并配置打印机，用于输出系统生成处方。

本系统整体架构由人机接口、数据库和模型库组成（图4-2）。人机界面采用基于Windows系统的触摸查询一体机。通过按钮、下拉菜单、图标和图形等操作方式即可轻松与用户进行交流。在用户操作的过程中，只需要根据屏幕提示，通过简单的鼠标或者触摸屏触摸即可完成操作。

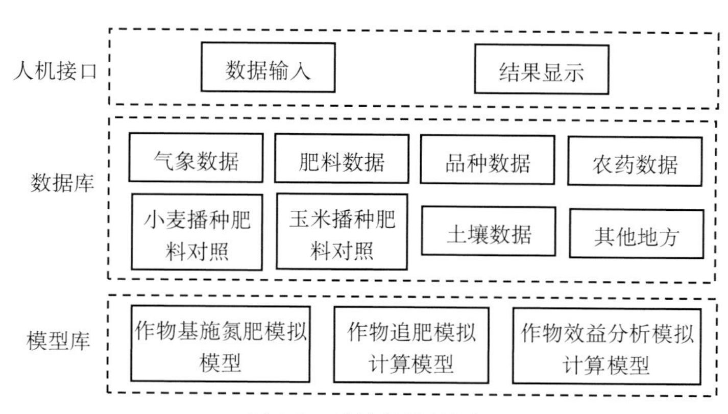

图4-2　系统总设计图

模型库主要包括作物基施氮肥模拟模型、作物追肥模拟计算模型和作物效益分析模拟计算模型。

（1）作物基施氮肥模拟模型。根据作物氮积累量理论和作物生长发育机理建立的模型。此模型与实际生产中得到的数据吻合度高，适用于田间基肥计算。此模型充分考虑农田的基础肥力、目标需氮量、肥料含氮量和肥料利用率，能较为准确地预测出为了达到预定产量所需使用的纯氮量，并根据肥料的含氮量进一步算出所需施用的肥量。

（2）作物追肥模拟计算模型。根据比值植被指数计算出作物的当前氮积累量，根据追肥计算模型计算出为达到目标产量所需追施的肥料量。此模型因为根据比值植被指数计算，具有极高的准确度，能准确地还原出植物生长氮素积累模型，从而能根据不同地块的基础肥力，准确地计算出为了达到目标产量各个地块所需追施的不同肥料量，具有高精度、操作简便的优点。

（3）作物效益分析模拟计算模型。通过查询数据库中播种重量梯度与肥料的对应关系，在充分考虑每年化肥和种子价格波动的前提下，能较为准确地计算出每亩地的成本和收益，并进一步推算出农户在当前形势下的收益，模型能精确到每亩地误差在百元以内。特别需要说明的是，因为学者对农药与作物产量关系的研究较少，农药对作物的保产虽有促进作用，但是因为无法量化，本模型中仅将农药费用作为成本费用的一部分计算，并没有加入模型的参数当中。数据库主要存储支撑模型库运行的数据，包括气象、肥料、品种、农药、土壤、小麦播种肥料对照和玉米播种肥料对照数据。

4.2.3 系统功能设计

该系统具备数据管理、信息查询、氮肥决策、效益分析、系统帮助和切换地图等功能，见图4-3。在施氮决策模块，实现苗期根据指定地块的基础肥力和目标产量，提供相应地块合理基施氮量；在大喇叭口期，根据实时冠层光谱，利用光谱指数确定当前植株氮积累量，结合目标产量、土壤肥力、氮肥利用率等，给出适宜的追氮量。

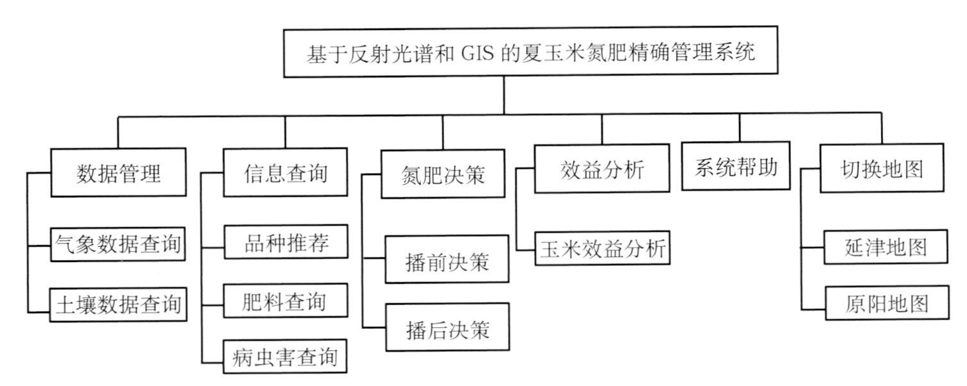

图4-3　系统功能设计

（1）数据管理模块。包括气象数据查询和土壤数据查询。气象数据查询，即查询用户选择地块的土壤信息，并对土壤肥力信息进行分析；土壤数据查询，即查询用户选择地块所在地区的当年气象数据（日照时间、平均气温、降水量）。在主界面GIS地图上，选择相应的地块，自动读取该地块的天气和土壤信息，并反馈给用户，用户可以根据这些信息确定种植方案。

（2）信息查询模块。包括品种推荐、肥料查询和病虫害查询。品种推荐收录当年优质品种，只需轻轻点击按钮，用户就可以轻松获取当年最适合种植的小麦、水稻和玉米的品种，并能获取相关的种植帮助和注意事项。肥料查询则通过图片点选的方式，让用户可以直观地了解肥料使用方法和注意事项，并且能给用户推荐当地比较有名的肥料生产厂家。病虫害查询通过浏览病虫害图片，分辨病虫害症状，显示病虫害成因，提供相应的防治方法。

（3）氮肥决策模块。提供播前和播后氮肥施用量计算功能，并生成处方。作物播前决策帮助用户确定作物播种前施肥量，而作物播后决策为用户提供基于比值植被指数的氮肥积累量测量方法，根据积累量求出与目标产量所差的氮积累量，并提高决策处方打印功能。

（4）效益分析模块。可以为用户提供玉米的经济效益分析。用户选择作物类型，输入每亩地播种量和肥料量，计算出每亩地的收益。

（5）切换地图模块。对于使用过该系统的地点，系统保存试验点地图。再次使用时，可随时切换。

4.2.4　数据库设计

本系统数据库主要包括气象数据库、肥料数据库、品种数据库、病虫害数据库和土壤数据库。

气象数据库存储不同地区的常年气象资料及当年气象资料，包括地点、日期（yyyy/mm/dd）、降水量（mm）、最高气温（℃）、最低气温（℃）、平均气温（℃）和日照时长（h）。

肥料数据库存储不同的肥料信息以及肥料的施用方法，包括肥料种类、肥料名称、肥料介绍、缺乏症状、使用方法和注意事项。

品种数据库存储不同作物、不同品种的相关资料，包括作物种类、作物品种、品种介绍、适宜地区品种特性和栽培要点等基础技术指标。

病虫害数据库存储作物可能发生的各种病虫害，包括病虫害的名称、病虫害的简介、病虫害的症状、病虫害的防治和注意事项等。

土壤数据库主要用于存储地块基础信息，包括地块名称、地块地址、有机质含量（g/kg）、全氮含量（g/kg）、硝态氮含量（mg/kg）、速效磷含量（mg/kg）、有效锌含量（mg/kg）、有效铁含量（mg/kg）、有效硼含量（mg/kg）、有效锰含量（mg/kg）、有效铜含量（mg/kg）和有效钼含量（mg/kg）。

4.2.5　系统开发环境

本系统开发硬件环境：在Intel CoreI5-3470 CPU、内存8 G、Windows 7简体中文操作平台上开发采用基于.NET Framework 4框架下的Visual C#语言，应用面向对象的程序设计思路，以实现程序的快速开发并减少代码量。数据库采用Microsoft Access 2007。

4.2.6 软件运行环境

为实现一体机专门设计，配置要求CPU 2.0GHz、内存1GB、硬盘空间400MB以上，Windows XP系统、Windows 7系统和Windows 8系统，配置打印机。

4.3 系统实现

4.3.1 气象数据和土壤数据查询

如图4-4所示，在主界面左侧显示的是数码影像。在影像中，显示了每个地块的位置和编号。点选某地块，在主界面右侧，将显示该地块的土壤养分信息。这些信息包括有机质、全氮含量、速效磷、有效锌等土壤养分信息。为了方便农户理解各数据所代表的意思，用红、黄、绿3种颜色分别表示严重缺乏、略微缺少、适宜种植。用户根据各指标显示的颜色，可了解该养分指标的丰缺度。

图4-4 主界面

在“信息查询”界面，点击“气象数据”，弹出如图4-5所示界面。根据用户所选地块所在区域，查询该地点历史气象数据。每月为一个图表，直观地反映该月的气象情况。

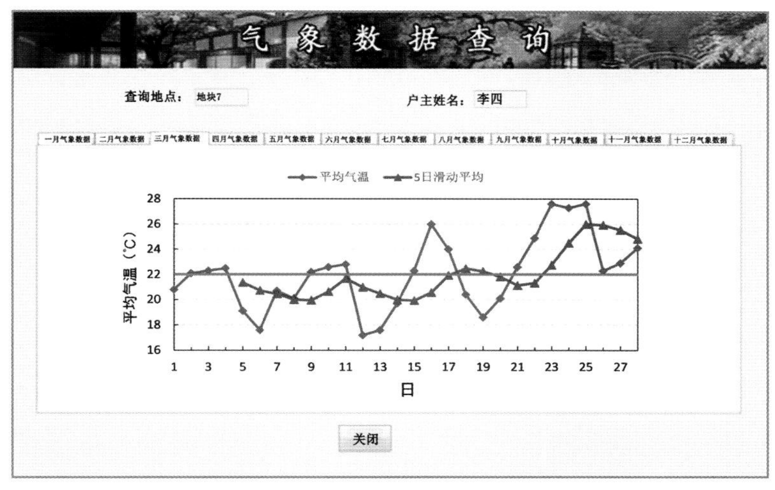

图4-5 气象数据查询界面

在“信息查询”界面，点击“土壤数据”，如图4-6所示。查询并显示选定地块的土壤信息，包括地块编号、户主名称、有机质含量（g/kg）、全氮含量（g/kg）、硝态氮含量（mg/kg）、速效磷含量（mg/kg）、有效锌含量（mg/kg）、有效铁含量（mg/kg）、有效硼含量（mg/kg）、有效锰含量（mg/kg）、有效铜含量（mg/kg）和有效钼含量（mg/kg）等。

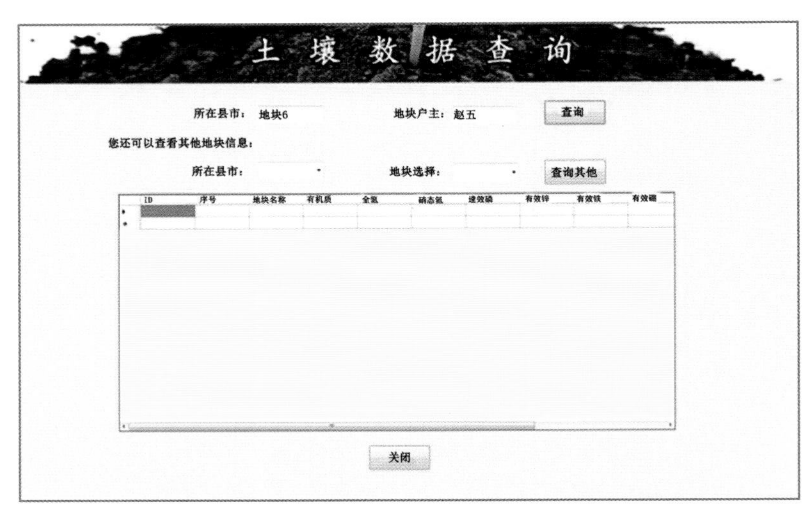

图4-6　土壤数据查询窗口

4.3.2　品种、肥料和病虫害查询模块

1.品种查询　农户对当年种植什么品种不清楚，可以通过点击“品种推荐”按钮，查看系统为用户推荐的适合当地种植的优良品种。系统收录了农业部门推荐的玉米、小麦和水稻等作物的优良品种。点击“品种推荐”，弹出如图4-7所示界面。这些品种信息包括作物名称、品种介绍、适宜地区、品种特性、栽培要点等。在右侧，显示该品种田间种植照片。

图4-7　品种查询及栽培要点

2.肥料查询　肥料查询为用户提供直观的肥料种类查询方法，查询结果包括肥料使用方法、注意事项等，引导用户科学高效地使用肥料。点击“肥料查询”，弹出如图4-8所示界面。肥料信息包括肥料名称、肥料介绍、缺乏症状、使用方法、注意事项等。

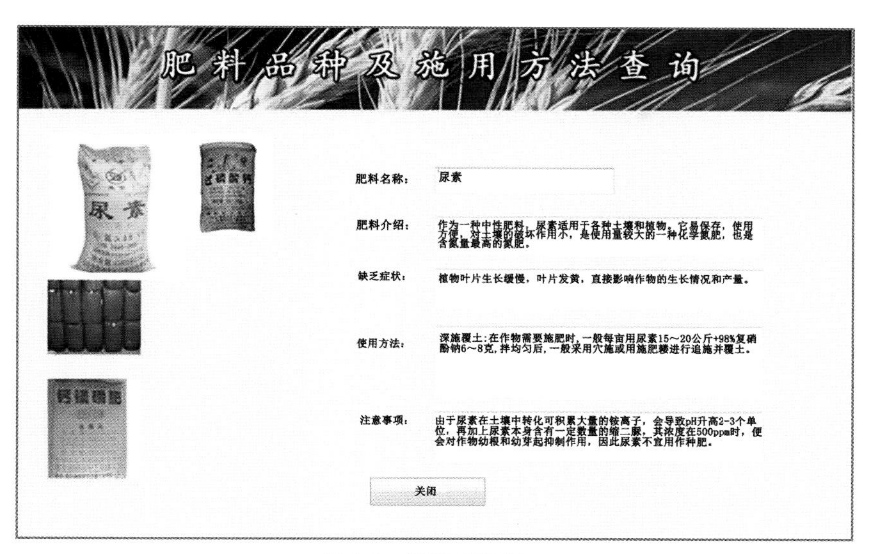

图4-8　肥料查询窗口

3.病虫害查询　病虫害查询提供了常见病虫害图片。用户根据发生症状，对比系统显示的病虫害图片，点击相近图片，获取病虫害防治信息。病虫害信息包括病虫害名称、病虫害简介、病虫害症状、病虫害防治和相关病虫害的注意事项，如图4-9所示。

图4-9　病虫害查询窗口

4.3.3　氮肥决策

1.播前决策　用户输入去年亩产和选用化肥等数据，计算施肥量，生成决策处方。

（1）作物播前决策。用户选择地块，输入目标产量，系统读取土壤数据库和模型参数库，生成氮肥基施处方。

（2）作物播后决策。根据测得的光谱数据，估算作物生长状况，调用氮肥调控模型，生成追氮量处方。

点击“播前决策”，弹出如图4-10所示界面。处方显示地块编号、目标产量、养分数据和施肥建议，如“根据您选择的数据，为达到您的目标产量，每亩地应施的肥量。

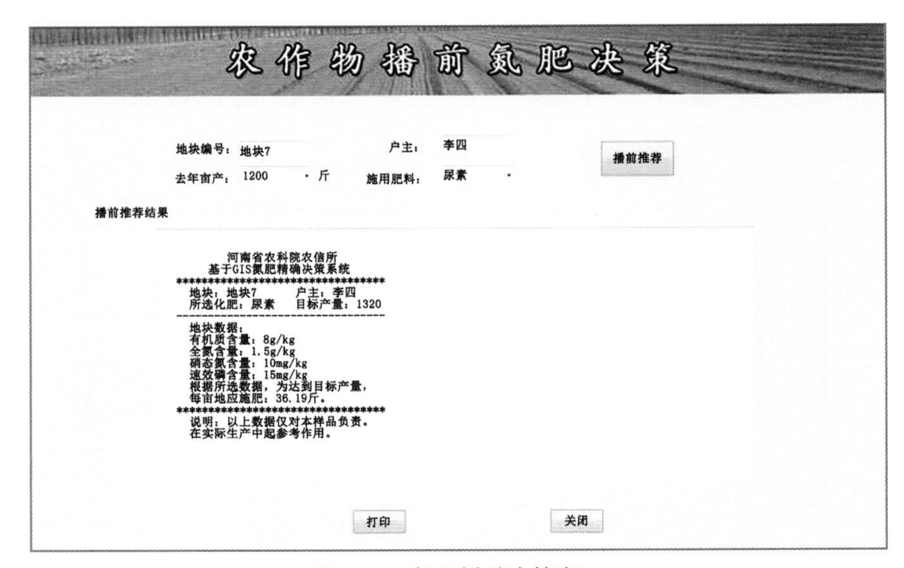

图4-10　氮肥播前决策窗口

注：斤为非法定计量单位，2斤＝1kg。下同。

2.播后决策　通过夏玉米氮肥调控模型，以RVI比值光谱指数分析氮肥积累量，准确地预测出当前积累量与目标产量之间的差值，并通过模型计算出所需施用的肥料量。点击“播后决策”，弹出如图4-11所示界面。用户选择前一年亩产，选用肥料，并输入RVI950和RVI670。点击“播后推荐”，结果以处方形式显示。

图4-11　氮肥播后决策窗口

4.3.4　经济效益分析

在图4-12中输入每亩地播种量、每亩地施肥量、种植面积和每亩地农药的费用，计算出当年总体收益。

4.3.5　地图切换

系统具有较好的扩展性。在新区域应用本系统时，只需将该地图的数码影像绘制到不同地块编号的分布图中。如果已经录入本系统，通过地图切换即可快速实现在当地使用。

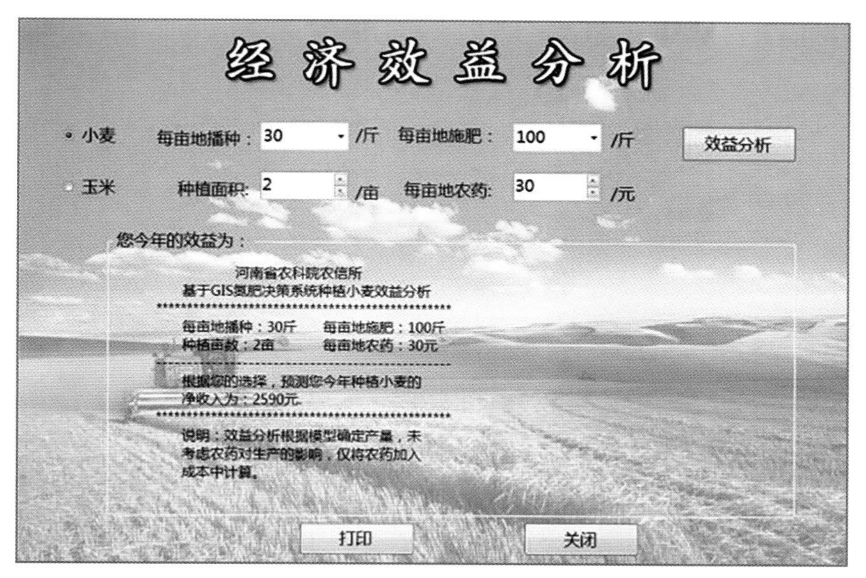

图4-12　氮肥决策效益分析窗口

4.4　系统测试应用

4.4.1　系统测试

于2013年，在河南省延津县农业科学研究所试验地安排验证试验。前茬为冬小麦，土壤类型为潮土。0 ~ 30cm土层中，硝态氮0.95 ~ 10.87mg/kg，碱解氮40.58 ~ 88.35mg/kg，全氮0.73 ~ 1.08mg/kg，有机质0.92% ~ 1.79%，速效磷2.76 ~ 32.29mg/kg，速效钾251.19 ~ 496.98mg/kg。玉米品种为郑单958，种植密度为8.25万株/hm^2。试验地分为变量施肥区和传统施肥区，各30个地块，每块地17m × 17m。变量施肥区的氮肥于播前和大喇叭口期分次施入，总施氮量见图4-13。传统施肥区的氮肥于大喇叭口期施入，各地块的施氮量均为350kg/hm^2。播前每地块均一次性施入五氧化二磷72kg/hm^2和氧化钾78kg/hm^2。生长期间按常规管理模式统一管理。

播前，每小区按0 ~ 20cm和20 ~ 40cm取土，采用酚二磺酸比色法测定硝态氮含量。结果如图4-14所示。采用MSR-16R型多光谱便携式辐射计（美国Cropscan）测量冠层光谱。仪器波段为460 ~ 1 260nm，有16个波段，仪器视场角为31°。于夏玉米大喇叭口期，选择晴朗无云的天气，测量各小区玉米冠层光谱反射率，测量时间为10：00—14：00。测量时探头垂直向下，距冠层垂直高度约1m。每个小区测量3点，每点重复3 次，取平均值作为该小区的光谱测量值。

于拔节期、大喇叭口期和成熟期，选择有代表性的植株样品20 株，按器官分开，在105℃杀青30 min，再在75℃下烘干至恒质量，称质量并记录，粉碎后采用凯氏定氮法测定各器官氮含量。于成熟期，各小区内收获20 株进行测产和考种。

施氮量计算流程如下：①基施氮肥处方生成。用户选择目标产量和地块，系统根据地块基础肥力，生成播前氮肥基施处方。②追氮量处方生成。于大喇叭口期，采用MSR-16R型多光谱便携式辐射计（美国Cropscan公司）测量冠层光谱。每个田块选择5 ~ 10个决策点，每点测量10次，取平均值作为该田块的光谱测量值。用户将光谱数据输入系统，选择“长势反演”，获取该田块的生物量、叶面积指数等信息，之后选择“追氮决策”，生成追氮处方。按照施肥处方，在相应决策田块施入氮肥。

通过分析，发现变量施肥区土壤硝态氮积累量平均值为29.75kg/hm^2，变异系数为87.11%，而传统施肥区土壤硝态氮积累量平均值为23.89kg/hm^2，变异系数为69.32%（表4-1）。可见，变量施肥区和传统施肥区的土壤肥力空间分布不均。

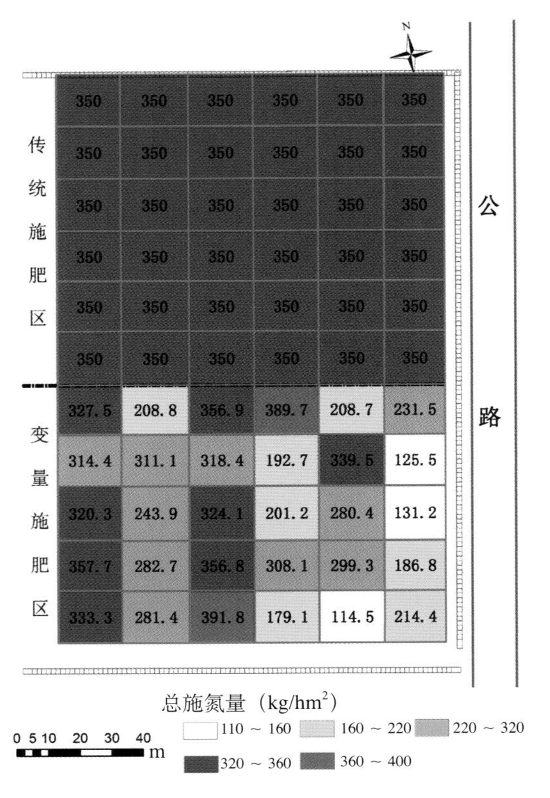

图4-13　不同施肥区玉米施氮量分布

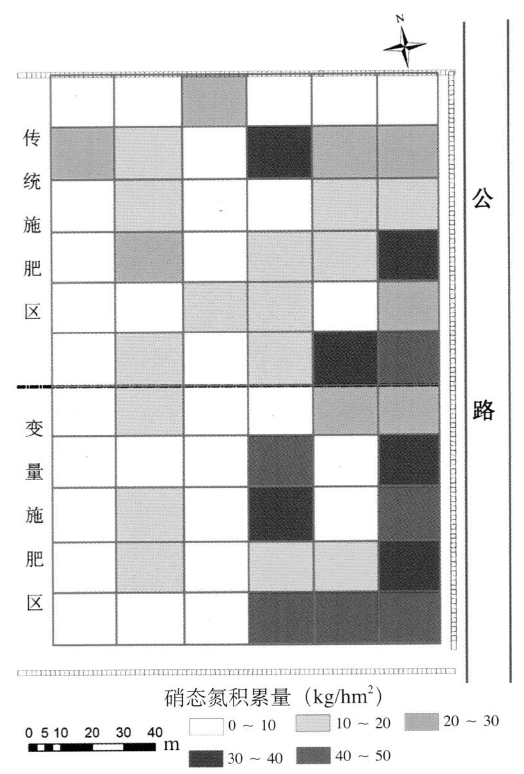

图4-14　播前土壤硝态氮积累量分布

表4-1　播前0 ~ 60cm土层硝态氮积累量的统计特征值

处理	最大值（kg/hm²）	最小值（kg/hm²）	平均值（kg/hm²）	标准差	变异系数（%）
变量施肥区	75.57	5.23	29.75	25.92	87.11
传统施肥区	75.57	8.41	23.89	16.56	69.32

由表4-2可知，氮肥调控前，于拔节期和大喇叭口期，变量施肥区地上部植株氮积累量的变异系数分别为24.78%和20.29%，而传统施肥区的变异系数分别为18.84%和17.28%。氮肥调控后，于成熟期，变量施肥区地上部植株氮积累量变异系数为14.83%，而传统施肥区为18.67%。变量施肥区地上部植株氮积累量平均值为237.53kg/hm²，而传统施肥区为231.35kg/hm²。可见，变量施肥区成熟期地上部植株氮积累量变异系数比传统施肥区明显下降。

表4-2　夏玉米地上部植株氮积累量统计特征

处理	生育期	最大值（kg/hm²）	最小值（kg/hm²）	平均值（kg/hm²）	标准差	变异系数（%）
变量施肥区	拔节期	75.14	21.58	47.61	11.8	24.78
	大喇叭口期	175.76	80.48	130.31	26.44	20.29
	成熟期	296.8	181.81	237.53	35.22	14.83
传统施肥区	拔节期	70.86	33.82	52.28	9.85	18.84
	大喇叭口期	169.48	81.29	130.47	22.54	17.28
	成熟期	305.11	161.74	231.35	43.2	18.67

变量施肥区的氮肥利用率、氮肥农学效率、氮肥偏生产力和氮素吸收量均高于传统施肥区（表4-3）。其中，变量施肥区的氮肥利用率比传统施肥区高11.82个百分点，氮肥农学效率提高3.95kg/kg，氮肥偏生产力提高9.76kg/kg，氮素吸收量提高0.43kg/t。

表4–3 夏玉米地上部吸氮量及氮肥效率比较

处理	氮肥利用率（%）	氮肥农学效率（kg/kg）	氮肥偏生产力（kg/kg）	氮素吸收量（kg/t）
变量施肥区	43.34	16.21	41.23	21.44
传统施肥区	31.52	12.26	31.47	21.01

变量施肥区玉米平均产量、最高产量、最低产量比传统施肥区分别提高67.53kg/hm^2、0.99kg/hm^2、1 755.27kg/hm^2，且产量变异系数降低7.27个百分点（表4-4）。按肥料市场价格行情，尿素为2.2元/kg，玉米收购价为2.2元/kg，变量施肥区产量收入24 377.9元/hm^2，比传统施肥区增加148.6元/hm^2，而尿素投入1 285.42元/hm^2，比传统施肥区节省388.49元/hm^2。

表4–4 夏玉米籽粒产量和经济效益比较

处理	最高产量（kg/hm^2）	最低产量（kg/hm^2）	平均产量（kg/hm^2）	变异系数（%）	产量收入（元/hm^2）	尿素投入（元/hm^2）	节本增效（元/hm^2）
变量施肥区	12 809.4	9 340.7	11 080.89	8.04	24 377.9	1 285.42	537.09
传统施肥区	12 808.41	7 585.43	11 013.36	15.31	24 229.3	1 673.91	—

4.4.2 系统应用

为了加快成果转化步伐，通过提供种子、补贴化肥等方式，与示范区的种植户建立互惠互利的合作关系，减轻农户对新技术的顾虑，从而保证农户严格按照系统生成种植方案实施，提高示范效果。同时，制作了宣传展板、培训材料及学习光盘，通过举办培训班、制定田间地头现场技术指标等措施，培植了一批科技示范户，培养了一批技术骨干。

课题组在河南省延津县小潭乡和高寨乡共建设夏玉米氮肥精确管理决策技术示范基地2 000亩，辐射推广累计2.6万亩。以延津县农业科学院和农技推广站技术人员为培训对象，系统培训6名系统操作技术人员，负责石婆固乡和小潭乡精确栽培处方生成工作，举办培训班10次，培训农户570余人次，发放技术资料2 000余份。

4.5 小结

如何做出科学决策、获得科学处方指导生产是精确农业中的关键技术环节。本研究以气象因子、土壤特性、品种参数、化肥施用方法、病虫害防治方法和GIS地图等数据为依托，实现了数据查看、数据基础分析、作物播前基肥决策、作物播后追肥决策、小麦玉米的种植效益分析和地图切换等功能。该系统为农户种植作物提供了高效的氮肥施肥方案，提高了氮肥利用效率，形成了高产出、低消耗、收益高的新型种植模式。根据指定地块的基础信息和目标产量，模拟计算地块的合理施肥量，并且根据光谱信息，确定合理追肥量。本系统包括气象、土壤、品种、肥料和病虫害防治查询功能，作物播前施肥量和播后追肥量计算功能，以及小麦和玉米作物效益分析功能。在播后决策时，需要配套使用多光谱仪，具备RVI 950和RVI 670波段。

与类似的决策支持平台相比：①本系统利用光谱指数的夏玉米氮肥精准管理技术，结合GIS和软件工程等技术，实现了土壤肥力查看、作物长势反演、播前和播后施肥决策等功能。其应用效果达到了氮素效率和产量协同提高的目的，获得了良好的经济效益。②本系统开发采用目前流行的二次开发方式，提高了系统开发效率，并可脱离GIS软件平台独立运行。③本系统支持大量空间数据的管理与计算功能，操作简单、人机界面友好。

本项技术综合考虑了植株实时生长状况和土壤供氮状况等，具有较好的可靠性和实用性，是一种具有良好应用前景的夏玉米追氮调控技术。但在本项技术推广过程中存在以下问题：①决策效率有待提高。最佳决策田块面积为50 ～ 100亩，最佳光谱监测点为5 ～ 10个，从光谱监测到生成决策处方需要15 ～ 20min时间。在基础肥力均一的情况下，决策田块面积可扩大到200 ～ 500亩，最佳光谱监测点为20 ～ 30个，从光谱监测到生成决策处方需要30 ～ 40min时间。按每天工作8h计算，一台光谱仪一天生成2 400 ～ 8 000亩的处方，远不能满足农忙季节的需求。②光谱仪价格较高，给每个市县配发不现实。目前光谱仪的价格较高，国内还没有同等质量的光谱仪，本技术的后续工作将考虑如何将光谱传感器与物联网结合，实现远程便捷监测，决策处方的远程传送。

随着移动端技术的快速发展，下一步将针对智能移动端，研制基于Android智能端的夏玉米氮肥精确管理系统，实现随时随地决策。随着大疆光谱无人机等产品的出现，利用无人机进行大范围的光谱监测与诊断将成为现实。

本系统获得了计算机软件著作权登记证（登记号：2014SR043050）。

➤ 参考文献

陈桂芬，王越，王国伟，2006. 玉米精确施肥系统的研究与应用[J]. 吉林农业大学学报，28 (5)：586-590.

陈鹏飞，梁飞，2019. 基于低空无人机影像光谱和纹理特征的棉花氮素营养诊断研究[J]. 中国农业科学，52 (13)：2220-2229.

陈青春，田永超，姚霞，等，2010. 基于冠层反射光谱的水稻追氮调控效应研究[J]. 中国农业科学，43 (20)：4149-4157.

陈蓉蓉，周治国，曹卫星，等，2004. 农田精确施肥决策支持系统的设计和实现[J]. 中国农业科学，37 (4)：516-521.

何萍，徐新朋，仇少君，等，2014. 我国北方玉米施肥产量效应和经济效益分析[J]. 植物营养与肥料学报，20 (6)：1387-1394.

隽英华，汪仁，孙文涛，等，2013. 基于土壤硝态氮测试的春玉米氮肥实时监控技术[J]. 植物营养与肥料学报，19 (5)：1248-1256.

李国强，张素青，胡峰，等，2015. 基于光谱指数的夏玉米氮肥调控效应研究[J]. 河南农业科学，44 (9)：156-160.

李国强，王猛，胡峰，等，2016. 基于GIS的夏玉米氮肥精确管理系统设计与实现[J]. 贵州农业科学，44 (2)：186-189.

梁红霞，赵春江，黄文江，等，2006. 利用光谱指数进行冬小麦变量施肥的可行性及其效益评价[J]. 遥感技术与应用，20 (5)：469-473.

刘露，2019. 基于高光谱与模拟多光谱数据的夏玉米氮素营养诊断[D]. 北京：北京林业大学.

宋晓宇，王纪华，薛绪掌，等，2004. 利用航空成像光谱数据研究土壤供氮量及变量施肥对冬小麦长势影响[J]. 农业工程学报，20 (4)：45-49.

孙占祥，邹晓锦，张鑫，等，2011. 施氮量对玉米产量和氮素利用效率及土壤硝态氮累积的影响[J]. 玉米科学，19 (5)：119-123.

汪新颖，彭亚静，王玮，等，2014. 华北平原夏玉米季化肥氮去向及土壤氮库盈亏定量化探索[J]. 生态环境学报，23 (10)：1610-1615.

武继承，杨永辉，康永亮，等，2011. 氮磷配施对玉米生长和养分利用的影响[J]. 河南农业科学，40 (10)：68-71.

杨小梅，刘树伟，秦艳梅，等，2013. 中国玉米化学氮肥利用率的时空变异特征[J]. 中国生态农业学报，21 (10)：1184-1192.

叶优良，黄玉芳，刘春生，等，2010. 氮素实时管理对冬小麦产量和氮素利用的影响[J]. 作物学报，36 (9)：1578-1584.

张学治，郑国清，戴廷波，等，2010. 基于冠层反射光谱的夏玉米叶片色素含量估算模型研究[J]. 玉米科学，18 (6)：55-60.

赵福刚，2007. 玉米冠层光谱氮营养诊断追肥模型的研究[D]. 长春：吉林农业大学.

赵巧丽，郑国清，段韶芬，等，2008. 基于冠层反射光谱的玉米LAI和地上干物重估测研究[J]. 华北农学报，23 (1)：219-222.

Barker D W, Sawyer J E, 2010. Using active canopy sensors to quantify corn nitrogen stress and nitrogen application rate[J]. Agronomy Journal, 102 (3) : 964-971.

Dellinger A E, Schmidt J P, Beegle D B, 2008. Developing nitrogen fertilizer recommendations for corn using an active sensor[J]. Agronomy Journal, 100 (6) : 1546-1552.

Ferguson R, Hergert G, Schepers J, et al., 2002. Site-specific nitrogen management of irrigated maize: yield and soil residual nitrate effects[J]. Soil Science Society of America Journal, 66 (2) : 544-553.

Holland K, Schepers J, 2010. Derivation of a variable rate nitrogen application model for in-season fertilization of corn[J]. Agronomy Journal, 102 (5) : 1415-1424.

Kitchen N R, Sudduth K A, Drummond S T, et al., 2010. Ground-based canopy reflectance sensing for variable-rate nitrogen corn fertilization[J]. Agronomy Journal, 102 (1) : 71-84.

Koch B, Khosla R, Frasier W, et al., 2004. Economic feasibility of variable-rate nitrogen application utilizing site-specific management zones[J]. Agronomy Journal, 96 (6) : 1572-1580.

Lukina E, Freeman K, Wynn K, et al., 2001. Nitrogen fertilization optimization algorithm based on in-season estimates of yield and plant nitrogen uptake[J]. Journal of Plant Nutrition, 24 (6) : 885-898.

Scharf P C, Shannon D K, Palm H L, et al., 2011. Sensor-based nitrogen applications out-performed producer-chosen rates for corn in on-farm demonstrations[J]. Agronomy Journal, 103 (6) : 1683-1691.

Teal R, Tubana B, Girma K, et al., 2006. In-season prediction of corn grain yield potential using normalized difference vegetation index[J]. Agronomy Journal, 98 (6) : 1488-1494.

Tubana B, Arnall D, Walsh O, et al., 2008. Adjusting midseason nitrogen rate using a sensor-based optimization algorithm to increase use efficiency in corn[J]. Journal of Plant Nutrition, 31 (8) : 1393-1419.

农业技术推广信息服务平台

5.1 研发背景

农业作为国民经济的基础产业，其信息化程度直接关系到我国信息化的进程，没有农业的现代化就没有全国的现代化。近年来，为加快我国农业信息化建设，推动信息技术与农业农村全面融合（王亮等，2014；汪浩等，2015），国家相继出台了一系列的政策。2016年中央1号文件指出，大力推进“互联网+”现代农业，应用物联网、云计算、大数据、移动互联网等现代信息化技术，推动农业全产业链改造升级。2019年农业农村部网络安全和信息化会议也提出，要大力推进数字农业建设，以信息化带动农业现代化，提升运用信息化推进工作的能力水平，推进各类涉农信息平台互联互通、资源数据整合共享。2020年中央网信办、农业农村部、国家发展改革委、工业和信息化部联合印发的《关于印发〈2020年数字乡村发展工作要点〉的通知》要求，加快以信息化推动农业农村现代化，优化提升“三农”信息化服务水平。因此加快推进农业信息技术研究与应用，推动信息技术与农业农村全面深度融合，是提高农民素质、促进农村经济发展的重要手段（黄钊贞等，2011；衡泽昊，2020），对提高我国的农业农村现代化水平，实现乡村全面振兴具有重大意义（王亮等，2015）。

农技推广信息化作为农业信息化的重要组成部分，是提升农业生产效率，促进农业实现精细化管理，推动农业现代发展的重要技术支撑（尹国伟等，2015）。推进农技推广信息化，有利于加快农业信息化进程，提高农技服务质量，对促进农业现代化发展起着积极作用（杨勇等，2014）。早在20世纪，欧美发达国家就已经利用信息技术手段服务于农业生产，为农户提供农产品价格、气象信息、新技术应用等与农业生产密切相关的信息（司志恒，2017）。且随着信息技术的发展，国外研究者的研究也更加细化和深入，信息化服务模式也在不断创新（尹国伟等，2014）。与发达国家相比，我国的农业信息化服务水平仍处于起步阶段。虽然随着互联网技术的普及，农村信息基础设施不断完善，农技推广机构和体系已经初步形成，但农业信息化强度较西方发达国家仍有较大差距，农业信息服务相对滞后，产销矛盾日益突出，农业科技和科研成果转化率低，农民整体素质不高，这些都严重阻碍了我国农村经济的发展（于合龙等，2019）。

河南作为我国重要的粮食生产基地，提高农业发展质量、实现农业现代化，是维护国家粮食安全的重要举措。因此，建立农业技术推广信息服务平台，推动农技推广信息化，打破科学技术与农业生产之间的壁垒，加速农业生产技术及科研成果的转化是河南省推动农业信息化的重要手段。

本平台在设计之初是本着为河南省农业科学院院县共建项目服务的宗旨，立足于河南省农业资源优势，以Web端和移动端设计为切入点，构建丰富的农业信息资源和专家资源数据库，打通专家和农户之间的交流沟通渠道，集成科研成果转化、网络教学、智能决策、专家咨询等多种信息传输手段，为农户和农民提供系统科学的技术服务，为推广农业科技下乡和成果转化奠定基础。

5.2 软件概述

5.2.1 功能需求分析

农业技术推广信息服务平台是为农技人员提供咨询服务、经验交流、自主学习的平台。通过搭建信息交流通道，实现各区域农技人员紧密联系、农技推广组织有效沟通，构建农技人员的交流网络，在交流中共享农技知识，互相促进共同提高；通过搭建农技人员自主学习通道，为农技人员提供专家咨询、农技问答、农技课堂等资源，帮助农技人员解决工作中遇到的问题，完善农技人员知识结构，提高农技人员技能水平，提高农技人员自身素质和服务质量。

在平台功能上，农技推广平台整合了种植业和养殖业的现有信息资源，并提供了自动采集行业资讯的功能。包含通知公告、成果推介、农技课堂及专家咨询等信息对外发布功能，便于科研人员或农技人员解答农户遇到的疑难问题，同时具有信息定制及个性化推送服务。

本平台用户可以分为3类：机构管理员、游客和注册用户。机构管理员可以发布通知公告，负责平台所有信息的维护。游客则仅有浏览和查看权限。注册用户具有留言、咨询专家和上传农情的权限。用户作为不同角色访问的模块也不同，本平台在逻辑上可分为前端发布和后台管理两部分。系统前端发布可以分为三大类：第一类是注册用户参与的信息发布；第二类是系统用户参与的信息发布；第三类是个性化信息服务。这3种不同类型的发布方式运行机制是不同的。

5.2.2 系统总体设计

为了充分发挥农业专家在农业生产中的指导作用，提高农技人员解决问题的能力，同时为用户提供一个学习交流、知识共享的平台，课题组人员共同构建了农业技术推广信息服务平台。

该平台由Web端和移动端组成，采用客户层、功能层和数据层3层架构（图5-1）。客户层是平台的用户接口部分，主要通过Web浏览器和移动端实现用户与应用层间的对话，用于接受用户的请求，显示返回的结果。功能层作为系统的业务处理层是系统的核心部分，通过对用户权限、图片、视频、文本数据的生成和转化以及对用户的请求进行处理，实现知识检索、视频服务、智能决策等功能。数据层是信息服务平台的基础，主要用于存放农业政策法规、农技知识、病虫害数据和专家信息等基础数据，为系统实现信息服务提供数据。

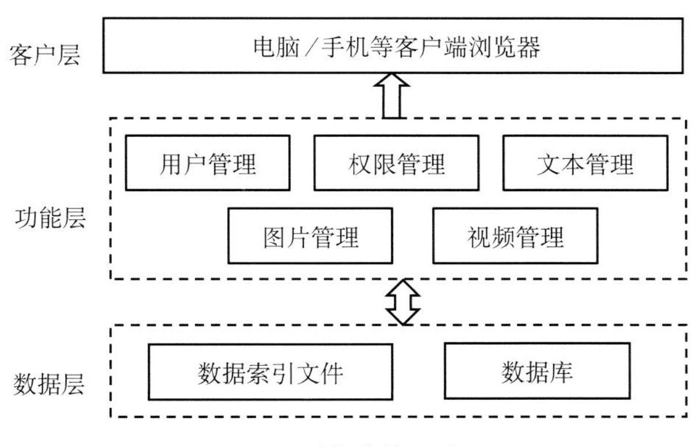

图5-1　系统总体设计图

围绕信息的处理展开研究，从本质上，可以划分为信息获取、信息处理和信息发布3个层次，如图5-2所示。

在信息获取层面上，主要通过信息采集模块和信息上传模块完成。信息采集模块，按照系统的实际需求将网络上相关资源采集到本地数据库；信息上传模块为信息员及系统用户提供将各类信息上传

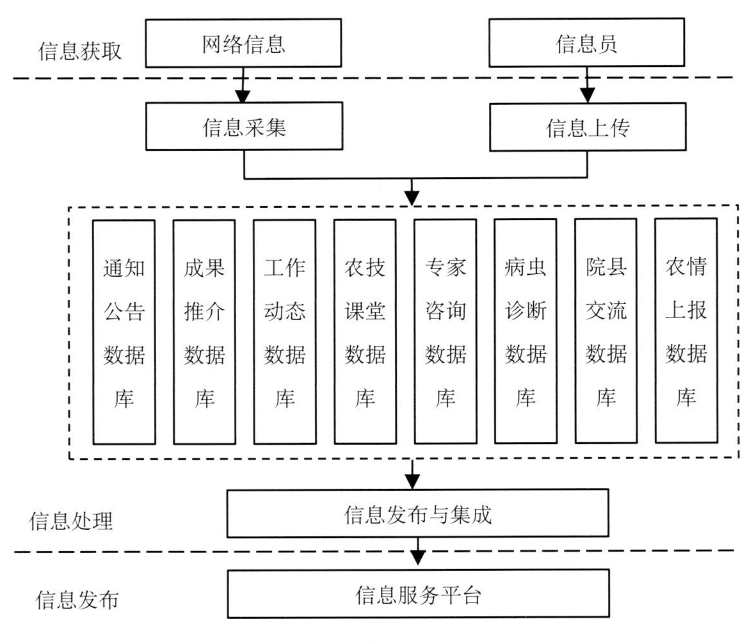

图5-2　信息处理流程

到数据库的功能。

在信息处理层面上，接到客户端浏览器的请求后，业务层通过调用功能性组件，对用户的请求进行处理，若需要访问系统数据库，则调用数据访问接口对数据库中的记录进行操作，最后返回结果集。

在信息发布层面上，通过系统提供的功能模块页面对用户展现平台的服务功能，用户进入相关的模块即可获取这些信息。同时，用户还可以通过信息定制及浏览器更方便地获取个性化的信息。

5.2.3　系统功能设计

通过分析用户的需求，结合信息服务的内容及信息服务的模式，打造一个集信息采集、信息发布、个性化信息服务于一体的信息服务平台。系统包括前台发布和后台管理两部分，功能结构如图5-3所示。

1.前台发布功能模块

（1）通知公告。该模块主要用于发布农业部门颁布的各项农业政策、法律法规信息。

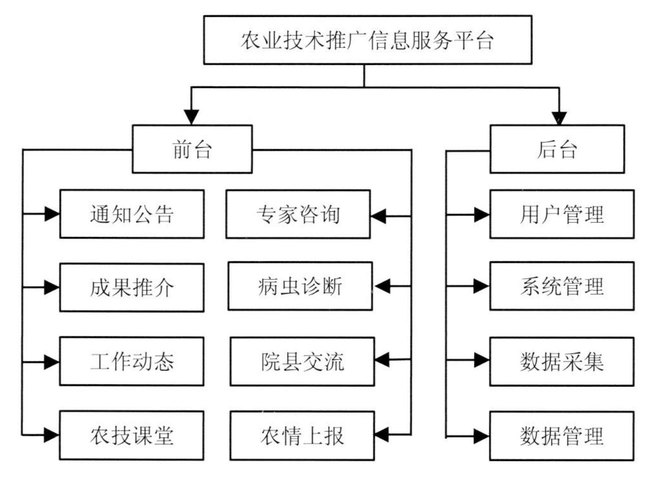

图5-3　系统功能结构

（2）成果推介。该模块面向农业企业以及种养业的大户推介科研院所的科研成果和产品，用以提高科研单位研究成果的转化率。

（3）工作动态。该模块主要发布农业科研院所在各县市进行的农业科技服务工作动态。

（4）农技课堂。该模块以视频或文本方式向用户提供各类种养殖技术。

（5）专家咨询。面向基层的农业生产者在农业生产过程中遇到的各方面的难题，用户根据问题类别在专家信息库中选择相应的专家，通过短信、电话咨询或视频对话等方式向专家提出问题，专家给予一对一的解答。

（6）病虫诊断。该模块主要以不同作物为病虫害分类标准，分别介绍不同作物的病虫害特征。根据用户选择的作物病虫害特征做出智能诊断，给出合理的解决方案。

（7）院县交流。该模块是为用户提供的一个交流平台，用户可以根据自己的见解回答提问者的问题。

（8）农情上报。该模块便于用户及时上报某地发生的农业灾害，系统可根据卫星定位确定其发生位置，便于相关部门及时做出相应的治理措施。

2.后台管理功能模块　主要是对系统用户、系统参数和系统数据的维护，以及信息采集的管理等。包括以下功能：

（1）用户管理。主要用于管理注册用户的信息，包括用户的添加、删除、用户注册、用户信息维护、用户权限以及用户的身份审核，用户有效性的管理。

（2）系统管理。主要包括系统参数管理和系统信息的维护。系统参数指通知公告和实用技术的分类，系统信息包括政策法规信息、工作动态信息和专家信息等。

（3）数据采集。考虑到政策法规信息、实用技术信息等信息量大及更新速度快的特点，而且各大网站都有相关的栏目，因此，运用信息采集技术，有针对性地把这些相关网站的信息采集到本系统的后台数据库中，然后发布出来，从而增加系统的数据量，提高服务效率。

（4）数据管理。基础数据的管理维护。包括数据的备份和恢复，数据的查询、统计分析及数据的增删改等功能的实现。

5.2.4　数据库设计

数据库是系统实现技术服务的核心部分，本系统Web端采用SQL Server关系型数据库，移动端采用SQLite轻型数据库。针对系统功能设置创建了9类数据表，如表5-1所示。

表5-1　数据库表格主要字段

编号	表名称	表字段
1	用户管理表	包括用户类型、姓名、邮箱、联系电话、受教育程度等字段
2	通知公告表	包括公告标题、内容、发布时间、来源、发布者等字段
3	成果推荐表	包括成果类别、作物类别、成果推荐时间、成果来源等字段
4	工作日志表	包括日志时间、标题、内容及图片的管理
5	农技知识表	包括农技知识针对的作物类别、标题、关键词、内容、来源等字段
6	专家数据表	包括专家姓名、职称、学历、研究领域、联系方式等字段
7	交流日志表	包括交流时间、交流标题、交流内容
8	病虫害数据表	包括作物类别、发病时期、病虫害类别、病虫害部位、病虫害特征、防治方法等字段
9	农情统计表	包括农情上报时间、地点、内容

5.2.5 开发环境

Web版是在Microsoft Visual Studio 2017集成开发环境开发的，开发框架为ASP. net。安卓版是在Android Studio开发环境开发的，适用于Android 4.0.3以上。

5.2.6 运行环境

Web版兼容支持IE、Firefox等主流网页浏览器，但达不到界面的最佳显示效果，推荐使用谷歌浏览器。安卓版适用于Android 4.0.2及以上版本的手机或者平板电脑。

5.3 系统实现

5.3.1 Web端系统实现

1. 用户注册和登录　系统的操作流程如图5-4所示。

用户打开浏览器（推荐使用谷歌浏览器），在地址栏中键入本平台的网址，回车后转至系统首页，如图5-5所示。

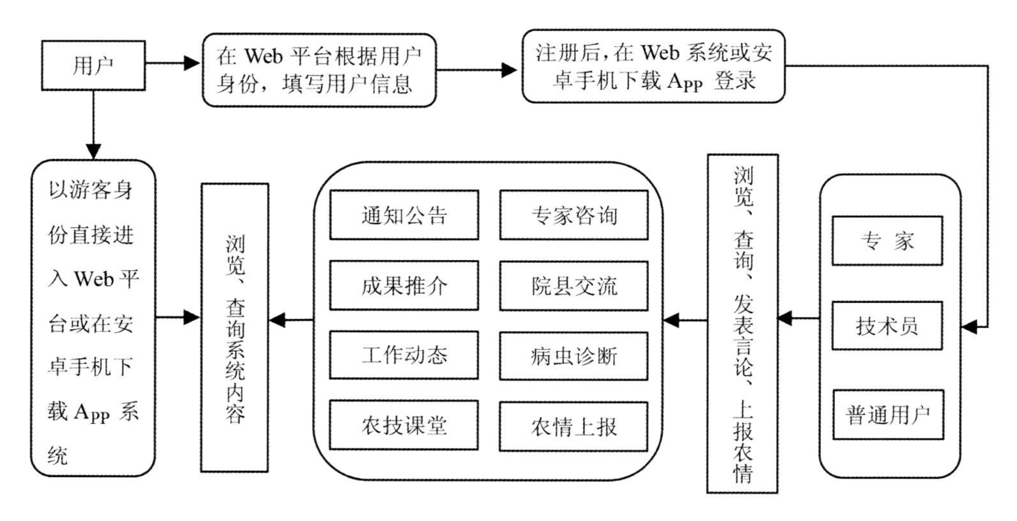

图5-4　系统操作流程

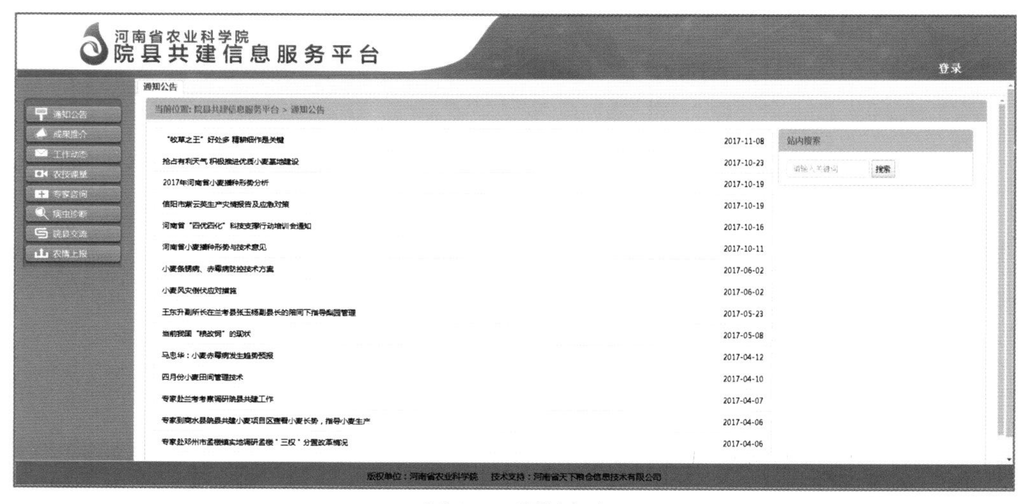

图5-5　系统界面

系统界面左侧为功能导航栏，点击左侧的功能按钮即可进入相应的功能模块。在右侧的站内搜索栏，选择分类或输入关键词，点击“搜索”按钮，进行目标查询。

游客用户无须输入账号密码，可查看系统各模块的所有内容。如果需要参与院县交流、咨询专家或农情上报，则需点击系统界面右上角的“登录”按钮，跳转至平台登录界面，如图5-6所示。

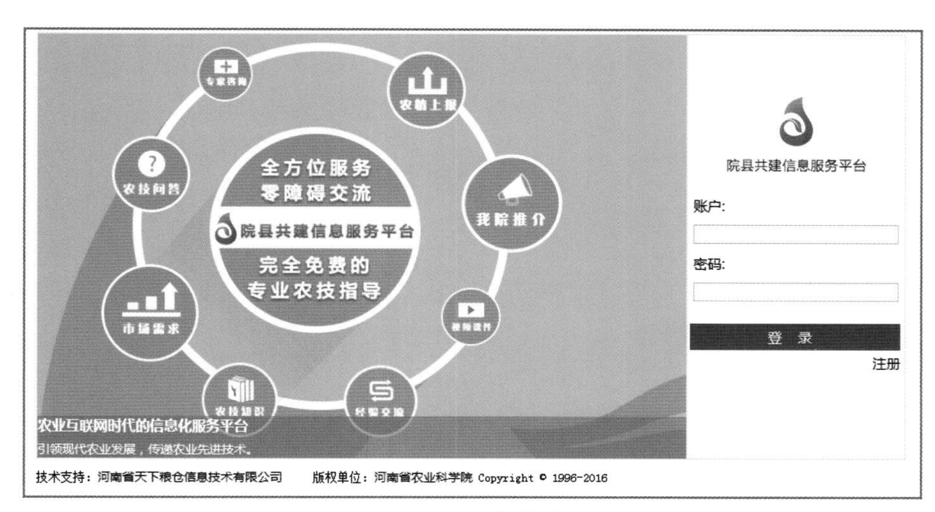

图5-6　系统登录

注册信息如图5-7所示。根据用户类型，选择“专家”“技术员”或“普通用户”进行注册。

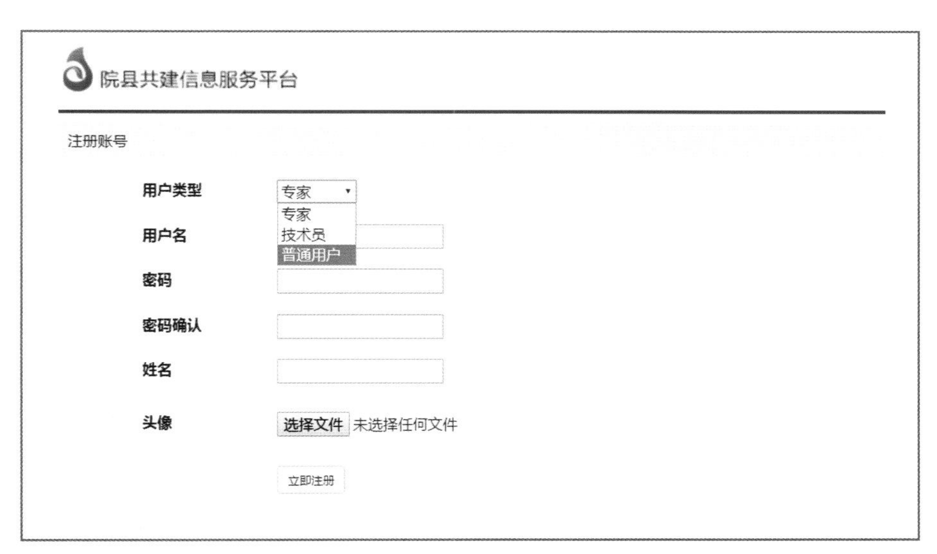

图5-7　用户注册

2.通知公告　通知公告主要发布国家和河南省关于农业的最新政策和新闻。用户点击标题链接，可以查看该通知或新闻的详细内容，如图5-8所示。

3.成果推介　成果推介主要对用户介绍河南省农业科学院近几年推出的小麦、玉米、花生等的新品种，作物生产、加工等的新技术和新产品，如图5-9所示。

4.工作动态　工作动态主要介绍农业科学系统科研人员开展农业项目研究及推广工作的进展情况，为用户提供农业发展动态，如图5-10所示。

5.农技课堂　农技课堂模块根据动植物种类分成粮食作物、经济作物、果树、蔬菜、园林花卉、畜禽和水产7个类别，分门别类介绍不同类别涵盖的育种、栽培和病虫害防治等方面的农技知识。

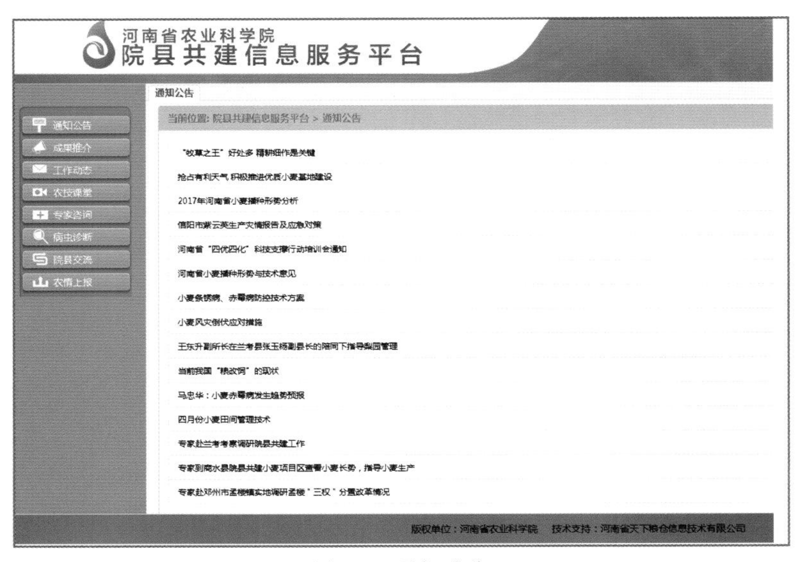

图5-8　通知公告

图5-9　成果推介

图5-10　工作动态

如图5-11所示，用户选择相应的类别，例如想要了解小麦方面的农技知识，则选择粮食作物。

图5-11　农技课堂

在图5-12中点选小麦，跳转进入图5-13界面，根据需要选择相关文档或视频学习了解关于小麦的农技知识，也可在右侧的搜索栏输入关键词进行目标检索。

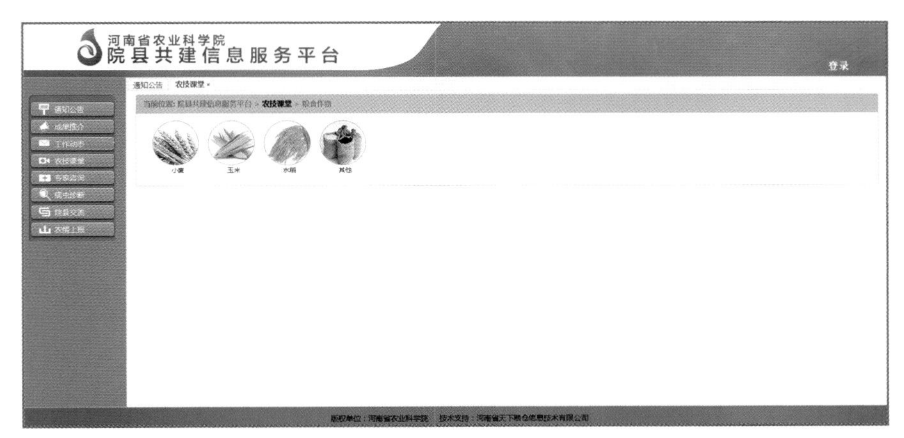

图5-12　农技课堂-粮食作物

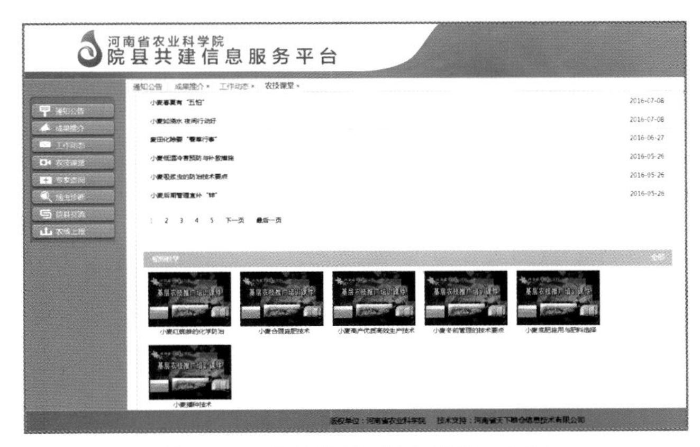

图5-13　农技课堂-粮食作物-小麦

6.病虫诊断　病虫诊断模块主要以大田作物为病虫害分类标准，对玉米、小麦、花生、水稻、棉花和大豆的病虫害特征进行病害查询和病害诊断，如图5-14所示。

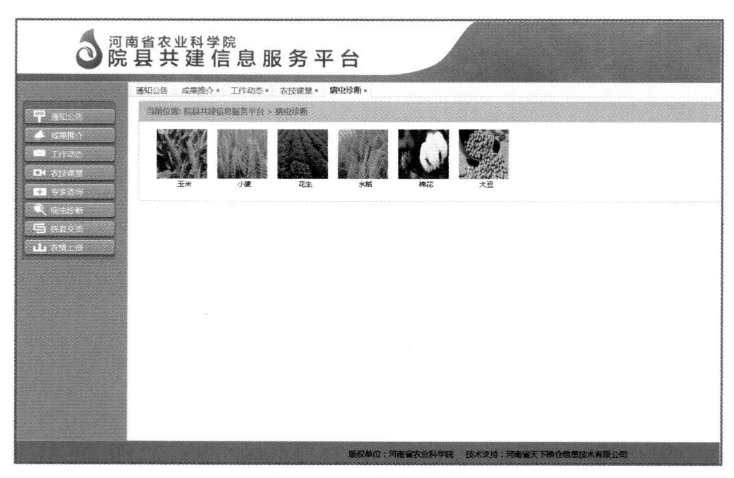

图5-14　病虫诊断

以玉米为例，点击玉米作物图片链接进入图5-15界面，在页面右侧的站内搜索栏里，可根据病虫害类别选择病害/虫害，左侧页面则以列表的形式展现玉米常见病害/虫害名称。

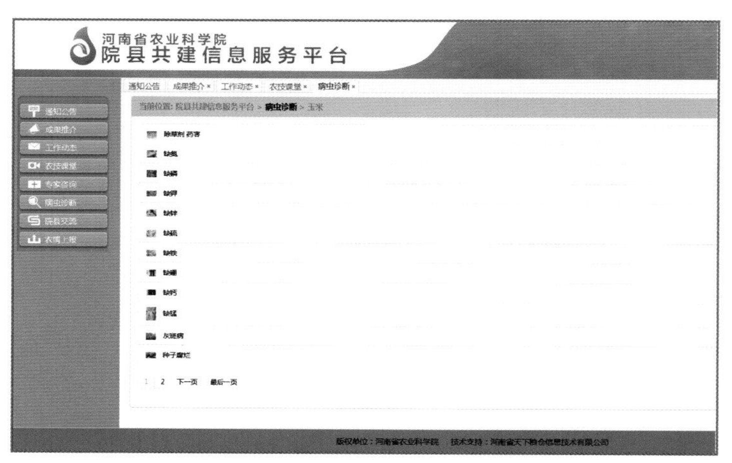

图5-15　病虫诊断-玉米

用户可根据病害/虫害列表选择具体病害/虫害名称，进入图5-16，查看病虫害症状、产生原因、危害时期及部位，并为农户提供相应防治方法。

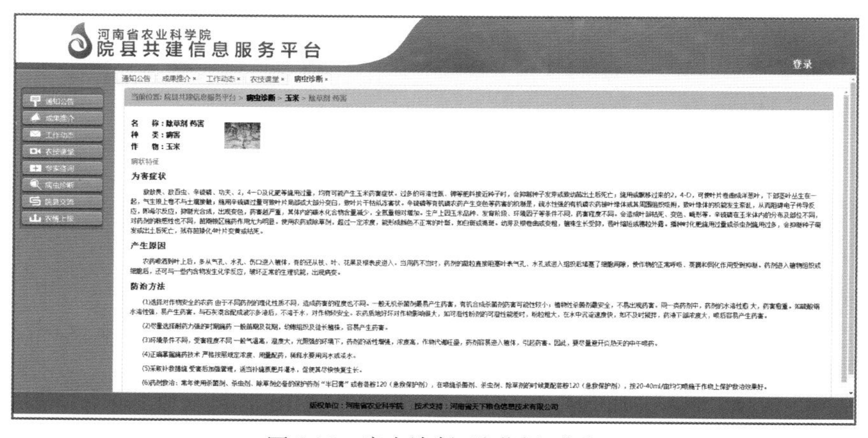

图5-16　病虫诊断-除草剂 药害

如用户对作物病虫害不确定，可在病虫害类别里选择病害，并点击诊断方式下的病害诊断按钮，进入病害诊断模式，见图5-17。图5-18中针对作物植株特点显示病害具体发生部位。

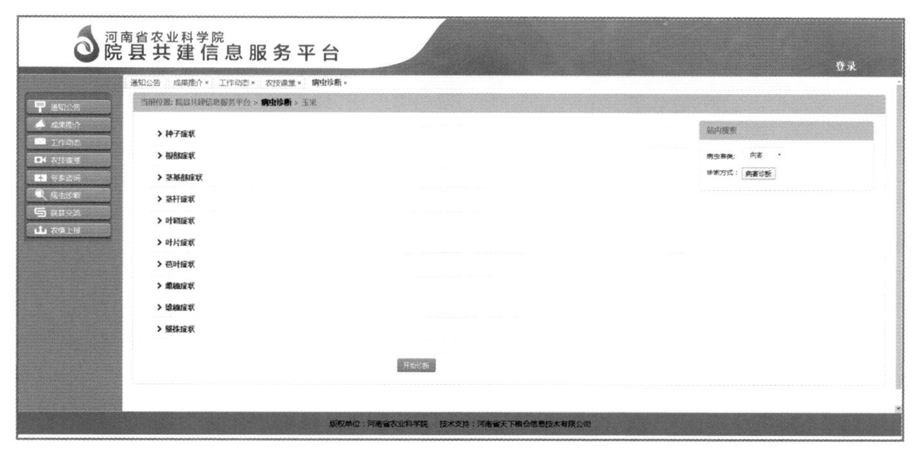

图5-17　玉米病害诊断

图5-18　玉米病害部位

用户确定病害部位的具体症状（可单选或多选），点击“开始诊断”按钮，平台则自动提供诊断报告，见图5-19。

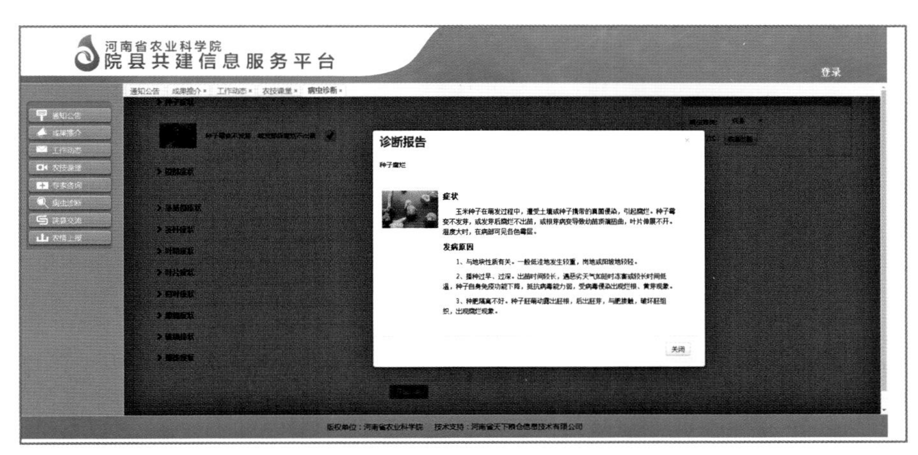

图5-19　诊断报告

当在右侧病虫害类别选择虫害时，如图5-20所示，用户可在诊断方式中选择按植株诊断或按虫体诊断，按植株诊断与病害相似，按虫体诊断可根据卵、幼虫、蛹和成虫的特点进行分类，如图5-21所示。

图5-20　玉米虫害诊断

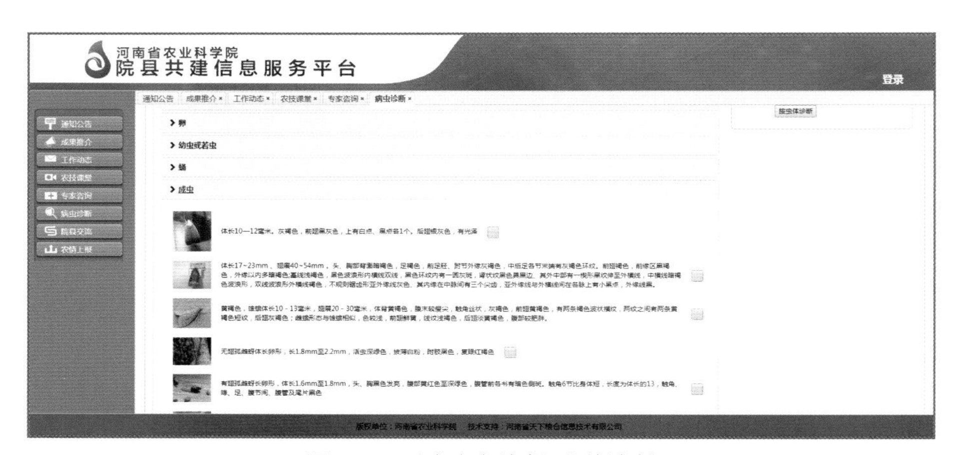

图5-21　玉米虫害诊断-虫体诊断

7.专家咨询　为了提高农业技术推广信息服务水平，系统建立专家库，为用户提供与专家交流的平台。该模块主要按照专家研究作物类别和研究领域进行分类，用户登录后可根据需要选择作物类别，如图5-22所示。

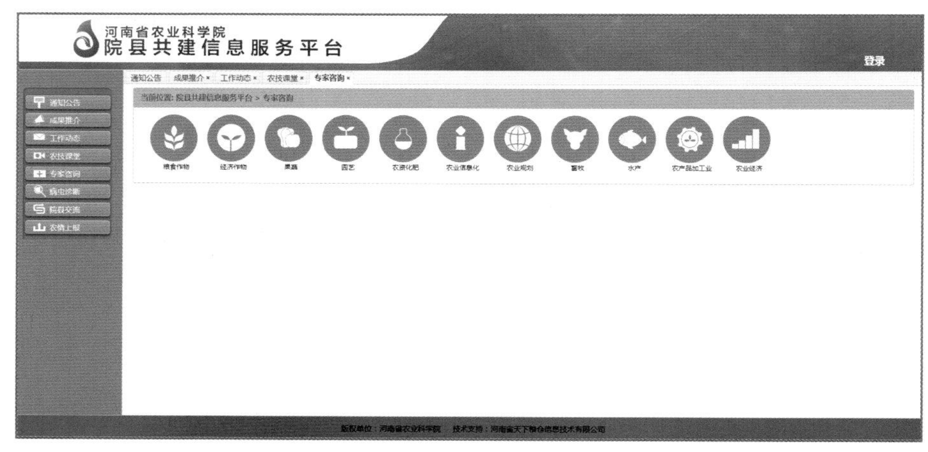

图5-22　专家咨询

用户可根据想了解的方面，选择对应的类别，如图5-23所示。如用户想了解农业物联网等方面的信息，可点击“农业信息化”，从专家列表中选择专家，点击“专家详情”进入咨询页面如图5-24所示，进一步了解专家的研究方向及擅长领域。并通过点击QQ咨询或在线咨询按钮，直接与专家进行线上交流。

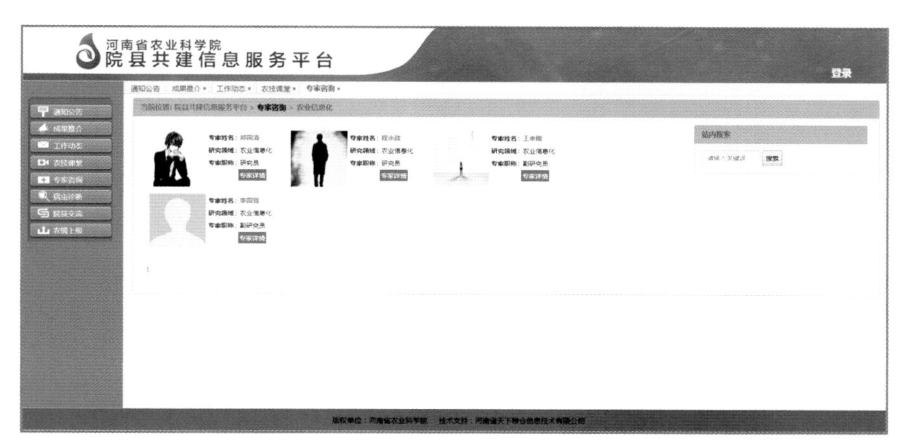

图5-23 专家咨询-农业信息化

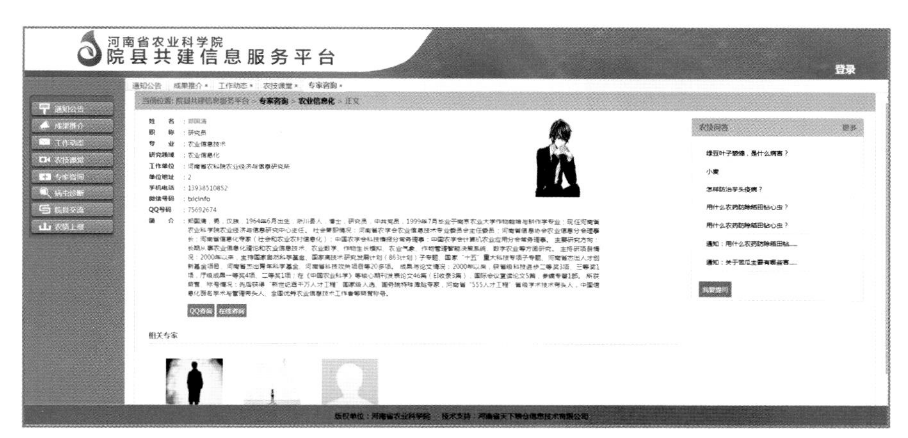

图5-24 专家咨询-农业信息化-专家

8.院县交流 用户登录后进入经验交流界面，见图5-25，可在文字编辑栏中输入预发布信息的具体内容，然后点击框内右下角“发布”按钮。用户可以点击发布内容下的评论按钮，对其他用户已发布的内容进行回复。

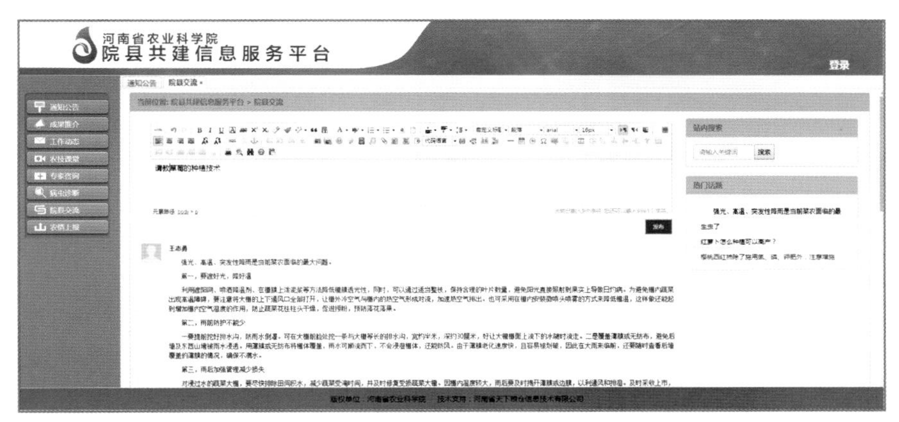

图5-25 经验交流

9.农情上报　农情上报模块通过上传田间作物生长情况及病虫害发生情况，为农业部门对当地可能发生的病虫害危害提供预警。选择农情所在地区的坐标点，上传图片，再添加农情描述，描述尽可能要详细，包括病虫害危害部位和特征，并上传不同角度的图片，以便于专家对病虫害做出准确判断。最后点击“上报”按钮，完成农情上报，如图5-26所示。

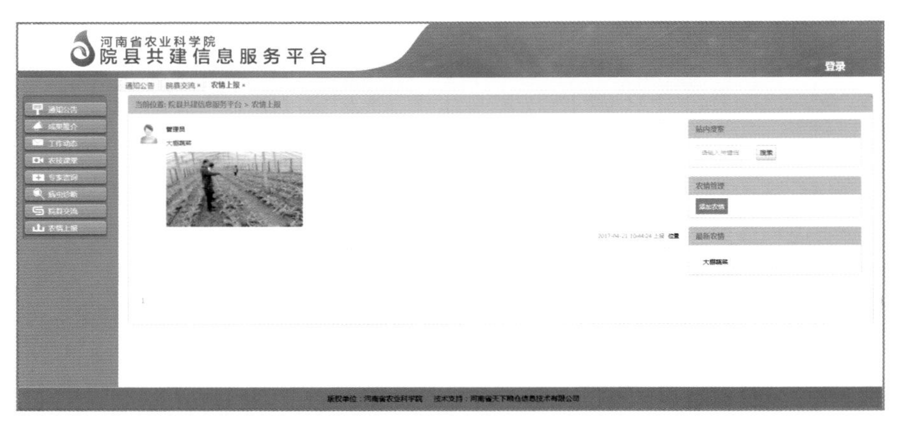

图5-26　农情上报

用户登录系统，进入农情上报模块，点击右侧“添加农情”按钮，弹出农情添加页面，如图5-27所示。

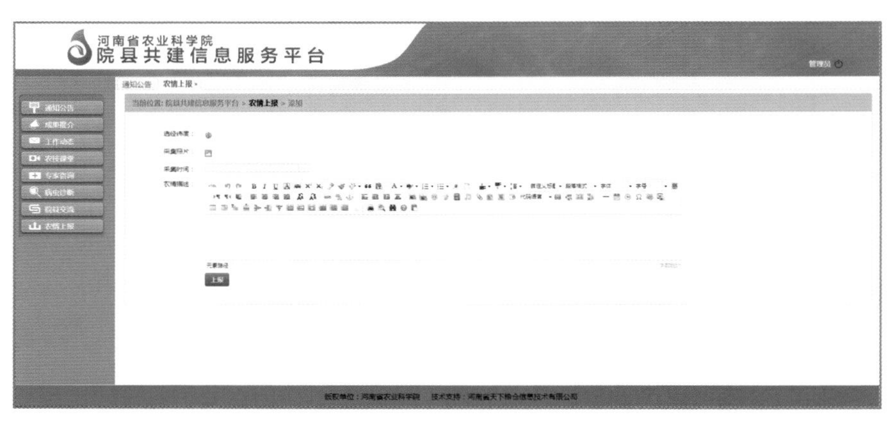

图5-27　农情上报添加

在农情添加页面上，点击选择经纬度的图标，选定农情所在坐标后，点击右下方的“确认”按钮，如图5-28所示。

图5-28　农情上报地区选择

在采集时间里，选择具体采集日期，并在下方的文本框内添加农情描述，如图5-29所示。

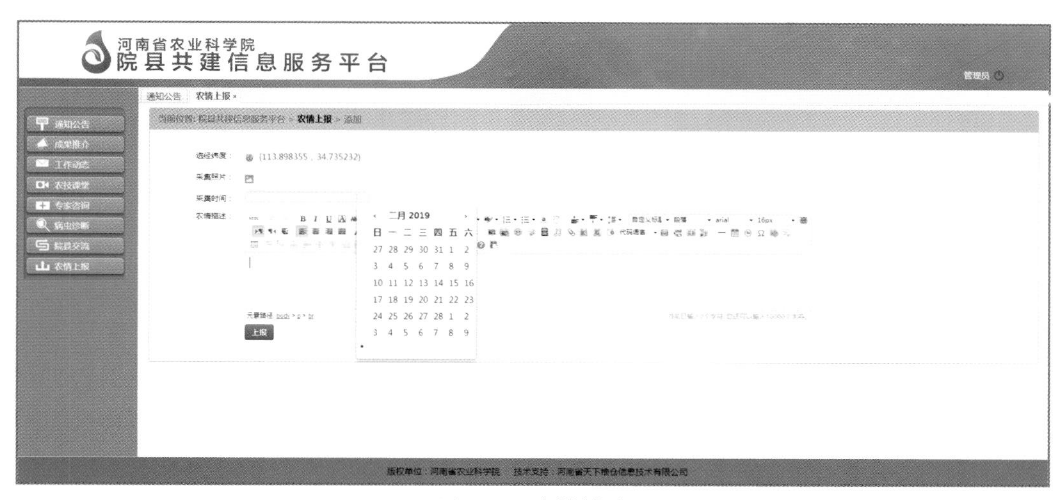

图5-29　农情描述

5.3.2　移动端系统实现

1. 安装和初始化　下载移动端安装包，点击“安装”后，进入系统首页，以游客身份可查看各模块的所有内容。通过点击各个模块的链接即可进入相应的功能操作部分，见图5-30。

注册用户和游客无须登录即可查看信息。注册用户登录后，可使用留言、专家咨询、农情上报等功能。未注册用户需先登录Web版进行注册，注册流程见图5-4。注册成功后，从“设置”进入，选择“登录”，进入移动系统登录页面，如图5-31所示，输入账号和密码进行登录，如图5-32所示。

2. 查看通知公告　通知公告和工作动态需在Web端发布，移动端仅具有查看功能，如图5-33所示。

3. 查看成果推介　成果推介介绍河南近几年推出的新品种、新技术和新产品。如图5-34所示，点击标题下的链接，可以查看其详情。

图5-30　移动端系统界面

图5-31　登录页面

图5-32　用户登录

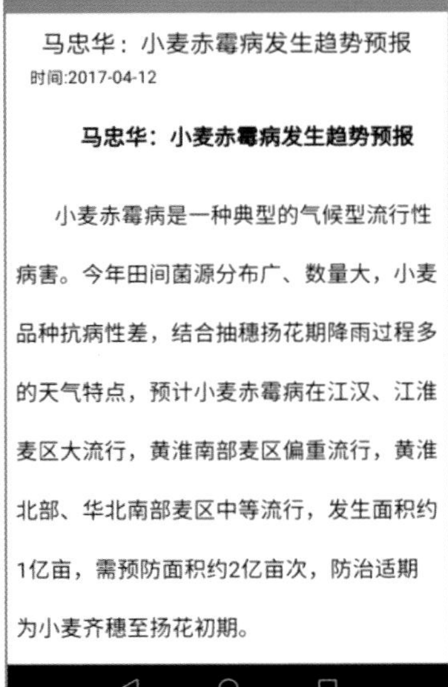

图5-33　通知公告

图5-34　成果推介

4.查看工作动态　工作动态主要介绍河南省农业科学院与地市开展科技推广工作的院县合作项目进展情况，汇总专家的工作动态。具体操作为：点击标题链接，可以查看其详情，如图5-35所示。

5.查看农技课堂　农技课堂选择作物种类，进入模块。具体操作为：点击粮食作物进入二级分类，选择作物，例如小麦，可以在种植技术文本和视频教学中，查看其详情，如图5-36所示。

6.咨询农技专家　用户登录后可根据专家研究领域选择相关专家，如图5-37所示。在专家咨询界面，选择想要咨询的专家，进入专家咨询界面，点击屏幕下方“我要提问”，进入提问界面。输入问题标题、内容，点击“+”号，添加图片，如图5-38所示。

图5-35　工作动态

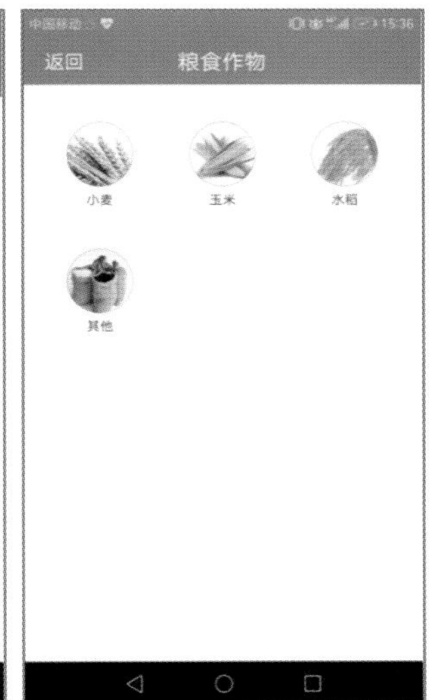

图5-36　农技课堂

图5-37　专家咨询

图5-38　专家咨询界面

7.病虫诊断　病虫诊断分为病害查询和病害诊断两部分，收集整理主要大田作物的病虫害数据，并根据病虫害特性进行分类。在病害查询界面，用户可查询小麦、玉米等主要作物常见病害的表现特征。如图5-39所示，点击玉米进入病害查询，查询除草剂药害详情，点击文本下方的“症状特征”，可查看详细的发病特征。

病害诊断如图5-40所示，点击作物玉米进入病害诊断界面，通过选择病害部位的发病症状，点击界面下方“开始诊断”按钮，系统根据病症做出诊断报告。

图5-39　病虫诊断-病害查询

图5-40　病虫诊断-病害诊断

8.院县交流　院县交流是为用户之间提供的一个交流互动平台，用户登录后，进入院县交流界面，可浏览不同用户的交流内容，如想发表言论，可点击下方“发表”按钮，用户可自行添加内容和图片后，点击右上角“提交”。用户也可以点击发布内容查看用户的回复记录和内容，可点击“回复”按钮，发表言论，如图5-41所示。

图5-41　院县交流

9.农情上报　农情上报模块可上传田间作物生长情况及病虫害发生情况，如图5-42所示。点击农情上报界面下方的“添加”按钮，进入添加界面，点击“选择经纬度”按钮，在地图上点击“地点”，点击“确定”按钮，确定经纬度，然后输入具体描述信息和图片，点击“上报”按钮，完成农情上报。

图5-42　农情上报

5.4　系统应用

本系统建成后已经在河南省十几个示范县进行了推广应用。该系统收录了各种作物的农技知识2

万余条，视频5 000余个；建立了主要农作物病虫害知识库，为用户提供河南省农业科学院推出的新技术、新品种等300余项。利用本系统创新了“云+端”相结合的新型推广模式，向涉农企业以及种植大户主动推送涉农部门的涉农政策、法律法规信息。在该平台上，可以通过远程专家视频诊断系统，远程协助农技人员解答实际问题。该推广模式通过浏览器和移动端获取信息服务，为新型农业经营主体和广大农户提供“全天候、保姆式”农技信息服务。从2015年至2018年，项目相关技术已在河南省南阳市、驻马店市、周口市、商丘市、许昌市、开封市、安阳市等12个市进行大面积推广应用，累计培训人员50 000余人次。

5.5 小结

针对我国农村信息化基础设施薄弱、服务模式不完善、技术推广效率低和信息资源分散等问题，利用现代信息技术，设计和开发了“农业技术推广信息服务平台”Web端和移动端，并示范应用。

本平台具有以下特点：①通过系统平台，管理者与农技专家之间、管理者和农户之间可以利用计算机和智能手机等终端，方便快捷地获取通知公告、工作动态、专家咨询、农技知识等信息。②本平台有Web版和安卓版，两者同步更新农技信息。③本平台操作方式灵活，具有良好的可扩展性。

该平台的建立与推广，不仅是为农技专家与农户提供了一个农技推广交流互动的平台，也为提高农产品的生产能力与国际竞争力奠定了良好的基础，有效地促进了农村经济社会的发展。从农技数据管理角度，利用互联网收集、整理河南省主要农作物栽培技术、政策法规等农业信息资源，以及河南省农业科学院近年来研发的新产品、新技术和新品种等数据，促进了农业信息资源的共享，提高了科研成果的转化效率，为用户提供了农业生产全过程的农业信息服务，实现了对作物产前、产中和产后整个生产链的技术指导，有效解决了农业信息服务进村入户的难题。专家与用户的互通交流，有效提高了农技人员的技术素养和服务水平，也进一步推进了农村农业信息化的进程。移动端系统的研发与推广，为用户提供了便捷、高效的农业信息服务方式。平台病虫害数据库及定位功能的建立为农田病虫害防治和田间农情上报等应急措施提供了数据支持。

随着农技平台的推广和应用，与农业相关的数据量不断增加，如何在这些海量数据中快速精准地找到有效信息，并利用海量数据促进农技推广服务的质量和效率，将是要进一步开展的研究。

本系统已获得计算机软件著作权登记证书（V1.0登记号：2016SR129315，安卓版：2017SR407516）。

➤ 参考文献

陈维榕，彭志良，李莉婕，等，2020. 基于微信小程序的贵州12316三农服务系统设计与实现[J]. 农技服务，37 (5)：46-48.

苟超群，刁永锋，刘义诚，等，2010. 基于Sakai平台的农技推广人员远程培训研究[J]. 中国农学通报，26 (4): 304-309.

衡泽昊，2020. 基于PHP技术的农业科技学习推广平台的设计与实现[D]. 武汉：华中师范大学.

黄钊贞，唐卫红，赵卫东，2011. 农技推广人员在线培训系统的设计与实现[J]. 农业网络信息 (2)：21-22，29.

刘洪艳，2019. 智慧农技推广平台系统框架研究[J]. 农业科技与装备 (2)：35-38.

司志恒，2017. 农业技术推广微平台的设计和实现[D]. 广州：华南农业大学.

孙朝云，刘洁晶，邢春燕，等，2020. 基于Android的农业技术推广平台设计[J]. 现代农村科技 (8)：9-10.

孙志国，王文生，冀智强，等，2014. 视频优化算法在农技云平台中的应用[J]. 江苏农业科学，42 (9)：400-401.

汪浩，王文生，冯阳，2015. 基于Hadoop的农技推广数据存储平台设计[J]. 农业展望，11 (3)：66-69.

王亮，李秀峰，王文生，2015. 农技云平台知识地图的设计与实现[J]. 中国农业科技导报，17 (2)：87-93.

王亮，王文生，李秀峰，等，2014. 全国农技推广云平台及其应用前景分析[J]. 农业网络信息 (2)：5-7.

吴小兵，蒋明，张玲，等，2019. 农技耘APP在基层植保服务体系中的推广与应用[J]. 现代农业科技 (19)：124-125.
杨勇，季佩华，董薇，等，2014. 基层农技推广服务云平台应用——江苏通州应用案例分析[J]. 农业网络信息 (12)：16-19.
尹国伟，王文生，孙志国，等，2015. 基于Android的农技推广信息化平台设计、实现及示范应用[J]. 农学学报，5 (1)：106-114.
尹国伟，2014. 基于Android的农技推广数据可靠采集系统研究[D]. 北京：中国农业科学院.
于海礁，2018. 基于Android的农业信息推广平台设计与实现[D]. 哈尔滨：东北农业大学.
于合龙，陈程程，林楠，等，2019. 互联网+农业科技服务云平台构建与农业时空推荐算法研究[J]. 吉林农业大学学报，41 (4)：495-504.
张华千，滕桂法，刘小利，2013. 智能应答农技推广短信平台的设计[J]. 农机化研究，35 (2)：197-200.

农产品安全生产全过程溯源系统

6.1 研发背景

近年来，国内外重大食品安全问题屡见不鲜，农产品质量安全问题也随之成为目前社会关注的焦点问题，保证农产品安全生产是食品安全的重点（葛艳等，2021）。农产品的质量安全不仅关系到农业的可持续发展，更关系到人类的身心健康，是亟待解决的社会问题之一。现阶段，在商业诚信体系未构建或完善之前，建设农产品质量安全追溯体系、构建农产品质量安全追溯平台，是解决我国农产品安全问题的有效途径之一（臧贺藏等，2013）。溯源系统作为保障食品安全的一种有效手段，能够高效地实现“从农场到餐桌”的源头信息追溯和质量控制（杨信廷等，2008；杨磊等，2018；于合龙等，2020）。因此，研发农产品质量安全追溯系统，建立覆盖农产品初级产品到最终消费品的数据库，不仅有利于保障农产品质量，还能够及时有效地解决农产品安全问题，最终提高农产品安全水平。

利用互联网技术在农产品生产、加工、物流、仓储及销售等环节上进行信息采集、处理、追踪和溯源以保障农产品的质量安全，是国内外学者重要的研究方向（李国强等，2021）。近几年溯源系统与RFID（射频识别）、物联网、移动互联网等新兴信息技术相互融合成为研究热点（董玉德等，2016；凌康杰等，2017）。一是与RFID、NFC技术结合，适用于高价值、移动、周转环节多的畜牧养殖（如羊和猪等）应用场景（张京京等，2016；张艳等，2015）；二是与物联网技术结合，适用于养鸡场（马彬彬等，2015）、蔬菜大棚（白红武等，2013）、蔬菜冷链转运（刁海亭等，2015）等闭合可控的应用场景；三是与RFID、物联网、视频、Web GIS等多种技术结合，适用于省市级农产品安全预警与追溯综合平台等区域性综合应用场景（刁海亭等，2015；邢斌等，2015）；四是与区块链技术结合，适用于对溯源信息准确性要求非常严格的应用场景（孙俊等，2018）。

在应用实践过程中，这些系统均表现出较好的稳定性，但在系统功能设计上，存在溯源链条涉及环节多、采集信息过于周密、使用成本高等问题，造成使用效果不佳。武尔维等、杨磊等、毛林等设计和实现了基于智能终端的农产品溯源系统，使农产品追溯信息的收集、管理、查询等更加便捷和高效，但生产过程没有完整的记录（武尔维等，2011；毛林等，2014；杨磊等，2018）。

以中小规模企业为应用主体，以兰考蜜瓜、三门峡苹果、信阳茶叶等高附加值农产品为溯源对象，以低成本的二维码为信息载体，采用文字点选和拍照等便捷录入手段，以移动端为操作平台，构建一套数据可靠、操作简便、成本低廉、具备溯源档案自动生成、随时随地可打印追溯标签等功能的农产品溯源系统，提高溯源系统的体验和应用效果，有效保障农产品的质量和安全。

6.2 软件概述

6.2.1 功能需求分析

实地调研了兰考蜜瓜、三门峡苹果、信阳茶叶、焦作山药、有机果蔬等河南省知名农产品的生产企业或合作社。这些企业具有自主品牌或在当地有良好口碑，有稳定的销售渠道和稳定的客户群体。在调研过程中，收集了企业田间生产操作、人员管理、农资采购等流程信息，收集了《农产品质量安全追溯操作规程 通则》（NY/T 1761—2009）、茶叶（NY/T 1763—2009）、谷物（NY/T 1765—2009）、蔬菜（NY/T 1993—2011）、水果（NY/T 1762—2009）等技术标准。

农产品质量安全追溯管理信息平台或系统根据功能可分为生产档案管理、溯源信息管理、质量安全检测管理三部分。生产档案管理，主要是对种植生产过程进行全程监管，从种植、施肥、灌溉、喷药等每个环节进行详细记录，自动生成电子档案，并可打印存档。溯源信息管理，主要是对包括生产、加工、包装、销售、运输等各环节的管理，以及追溯码的生产及打印。与生产档案管理系统结合，可实现全程追溯。质量安全检测管理，是利用农残检测设备检测农产品农药残留，并上报上级监管部门。本系统侧重于生产档案管理和溯源信息管理。

6.2.2 系统架构设计

本系统由Web端和移动端组成，采用3层开发框架，底层为对象关系映射框架Hibernate，直接连接数据库；数据访问对象层（data access object，DAO），提供数据库访问接口；中间层为服务层（service），提供各类业务操作；应用层为监管部门、企业管理员、合作社管理员、员工和其他用户等提供各项功能，如图6-1所示。

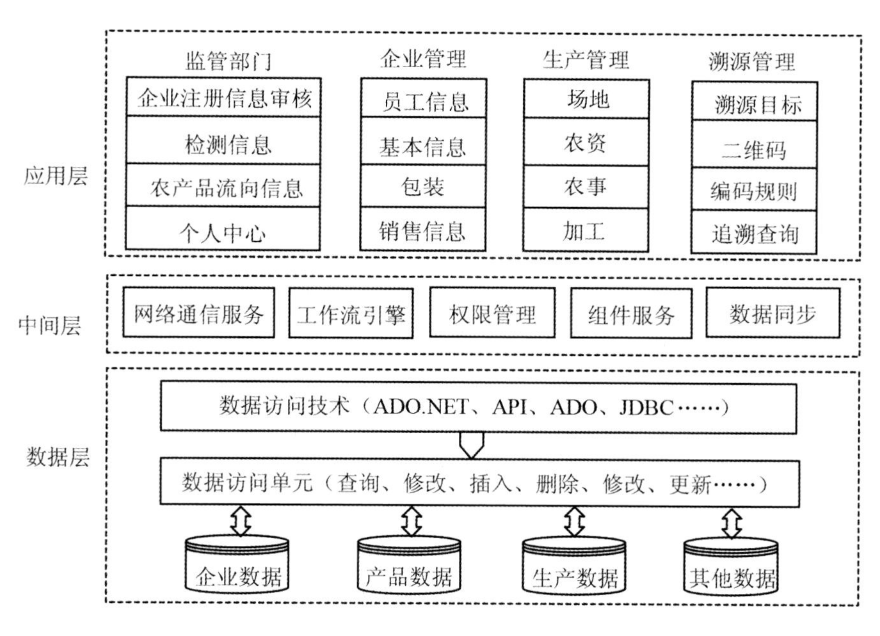

图6-1　系统框架

本系统采用三级权限管理：总管理员、企业管理员和企业员工。总管理员负责管理并监督所有注册企业及用户，企业管理员负责管理和监督本企业员工，企业员工即为一线工作人员，负责记录农产品田间生产管理措施数据。

6.2.3 系统功能设计

1. 需求分析 根据前期调研，本系统用户限定为管理相对规范、有较完善的生产加工销售等链条的中小经营规模企业或合作社；采集边界为农产品种植、生产加工、包装物流三个环节，其中生产加工为重点环节。业务流程：根据各用户经营活动，制定规范的业务流程，将地块进行编号，记录各地块基础肥力；整理常用农资；制订种植计划，安排前茬和后茬；记录施肥、打药、灌溉过程和采收过程；打印追溯标签或绑定印刷好的标签；产品销售。

根据需求分析及业务逻辑，系统设计为6个功能模块，如图6-2所示。

（1）账号管理功能模块，包括企业账号、员工账号、密码修改和微信绑定。

（2）场地管理功能模块，分为地块管理和肥力管理两个模块。

（3）农资管理功能模块，分为种子管理、肥料管理、农药管理3个模块。用于记录各项农资名称、类型、规格、生产企业等信息。

（4）农事管理功能模块，分为生长季管理、灌溉记录、施肥记录、用药记录、生长记录和采摘记录6个模块。

（5）加工管理功能模块，用于记录加工工艺参数，包括加工工艺、时间地点、批次和包装4个模块。具体字段包括原料批次、包装批次、加工工艺、加工车间、加工时间、净含量、包装材质、照片上传等。

（6）溯源档案管理功能模块，包括溯源目标、纸张规格、标签绑定与标签打印4个模块。

在实地调研中，发现部分合作社没有固定的办公地点，如果配备电脑、台式条码打印机等设备，需要考虑防盗等问题。为此，本系统有Web版和安卓版2个版本。对于办公条件较好的合作社，其中Web端负责用户注册、权限分级管理，移动端负责田间数据采集、上传，标签打印等。

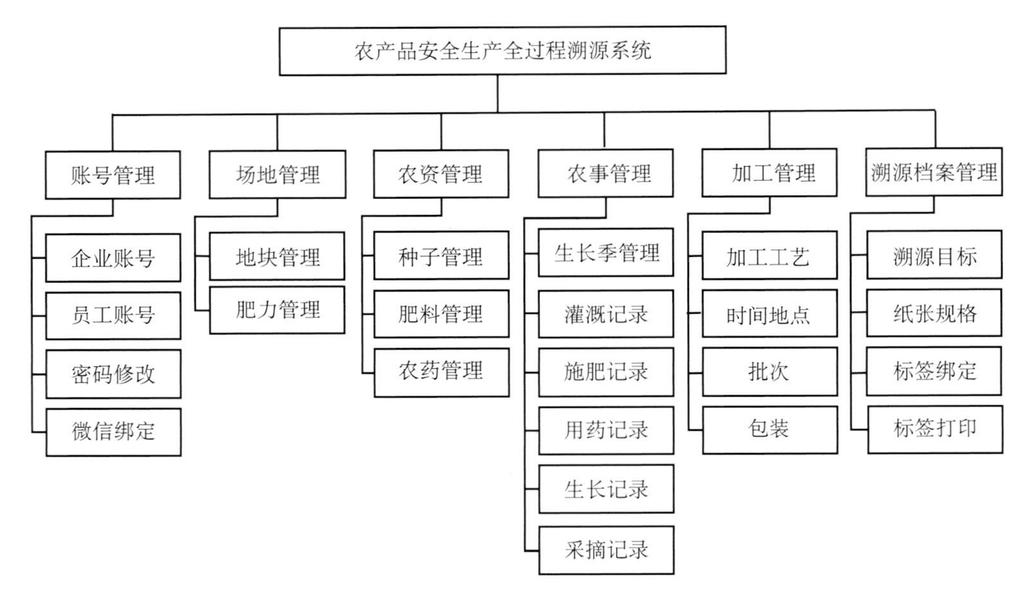

图6-2 功能模块结构设计

2. 功能模块 Web版包括用户管理、场地管理、农事管理、农资管理和溯源档案管理5个模块。

（1）用户管理模块。包括用户注册、账号管理和权限分配3个模块，其中账号管理分为账号查询和密码重置。企业用户注册涉及企业名称、位置、联系方式、生产经营信息、营业执照及认证证书等信息。员工用户是企业账号下发的子账号，其注册信息包括姓名、联系电话等。

（2）场地管理模块，包括田块管理和土壤肥力两大模块，田块管理模块方便用户管理不同田块，用户可根据自己农作物的栽培方式选择露天、拱棚或者日光温室等模式。土壤肥力模块是记录农作物种植前田块的基础肥力和重金属含量等情况，为保证农作物种植前土壤中无有害物质残留。

（3）农事管理模块，包括生长季管理、施肥记录、用药记录、灌溉记录、生长记录和采摘记录6个模块。用以记录农作物从播种到收获整个生育期各项农事记录，为确保农事记录的真实性，该模块增加了照片上传功能。

（4）农资管理模块，分为肥料管理、农药管理和种子管理3个模块。该模块用以记录各项农资名称、类型、规格、生产企业信息等，并具有照片上传功能，方便用户记录农资使用的真实情况。

（5）溯源档案模块，即二维码管理模块。

安卓版包括肥力管理、地块管理、农资管理、生长季管理、农事管理、农事记录和溯源管理7个模块。肥力管理、地块管理和农资管理模块功能同Web版。生长季管理在手机版本中作为单独一个版块列出是为了方便农事管理模块中生长季选择的调取；农事管理基本同Web版，增加了一个生长农事类型，可以上传农作物不同时期的观察数据和照片；农事记录是一个展示模块，用来展示农事管理中施肥、用药、灌溉、生长和采摘记录等。溯源管理是生成溯源目标、选择打印标签纸张规格、生成溯源二维码，质量溯源标签预览溯源档案，也可以连接打印机打印标签贴在农产品上方便使用者扫码查看。帮助模块中具有手机版用户操作指南，方便新手用户使用。

6.2.4 数据库设计

移动端采用SQLite轻型数据库，Web端采用MySQL关系型数据库。移动端通过应用程序接口（application program interface，API）访问远程服务器数据库，采用物件表示法（JavaScript object notation, JSON）数据格式进行数据交换。根据系统功能设置，数据库设计8类表格，如表6-1所示。

表6–1 数据库表格主要字段

编号	表名称	表字段
1	用户管理表	包括所属企业、省份、地市、姓名、手机号等字段
2	地块管理表	包括地块名称、栽培方式、面积、位置等字段
3	土壤肥力数据表	包括测定日期，土壤类型，有机质含量、碱解氮含量、有效磷含量、速效钾含量，pH，以及铅、汞、镉、铜、锌等重金属含量
4	农资数据表	包括商品名、商品类型、生产企业、销售商铺、包装规格等字段
5	生长季数据表	包括地块编号、品种、播种时间、预计收获时间等字段
6	农事数据表	包括肥料名称、施肥方式、施肥量、喷药方式、喷药量、灌溉方式、灌溉量、采摘量、采摘时间等字段
7	加工管理数据表	包括原料来源、加工工艺、加工车间、加工时间等字段
8	溯源档案表	包括产品信息、土壤成分、生长记录、灌溉数据、施肥数据、用药数据等字段

6.2.5 开发环境

Web端以Visual Studio 2017为开发平台，运用ASP.NET MVC 5 + Web API 2 + C# 5.0开发编程技术。前端采用Html 5和Angular 4，基于Web UI开源框架Metronic UI。移动端以Android Studio为开发平台，Java作为开发语言，采用模块化设计进行开发。

6.2.6 运行环境

本应用适用于4.3寸*及以上手机屏幕，操作系统为Android 4.0.3以上。

* 寸为非法定计量单位，1寸≈3.33cm。——编者注

6.3 系统实现

6.3.1 Web端系统实现

1.系统登录与注册　Web端系统操作流程如图6-3所示。

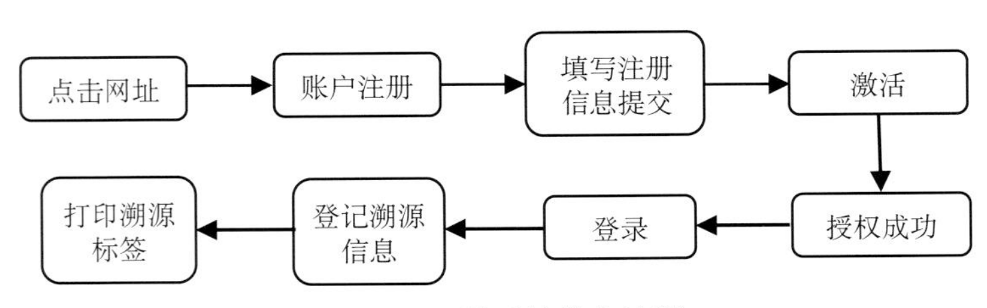

图6-3　Web端系统操作流程

在网络浏览器中输入网址，如图6-4所示。

图6-4　登录界面

点击右上角“登录”进入登录界面，如图6-5所示。

企业用户需先进行注册，提交注册信息后，由总管理员审核通过后，企业用户才能输入账号和密码登录。企业注册需提供：企业名称、企业账号、管理员邮箱、管理员密码和手机号，如图6-6所示。在线补充企业详细信息：企业基本信息、联系方式、生产信息、营业执照照片、认证证书照片、地图定位等，如图6-7所示。

已注册用户凭借账号密码登录，左侧各模块内容如图6-8所示，包括场地管理、农事管理、二维码管理和农资管理4个模块。

2.田块管理　在“田块管理”界面，如图6-9所示，点击右上角“添加田块”按钮，在“新增信息”对话框依次填写地块名、选择肥力、栽培方式、位置、面积等信息，然后点击“保存”按钮，完成新增田块。

图6-5　登录界面

图6-6　企业注册界面

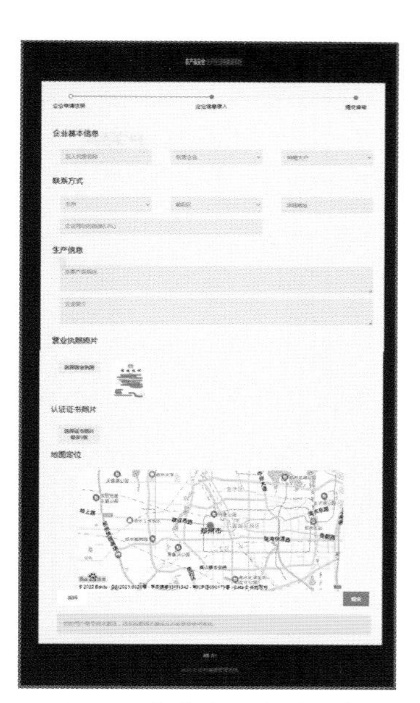

图6-7　企业注册审核信息

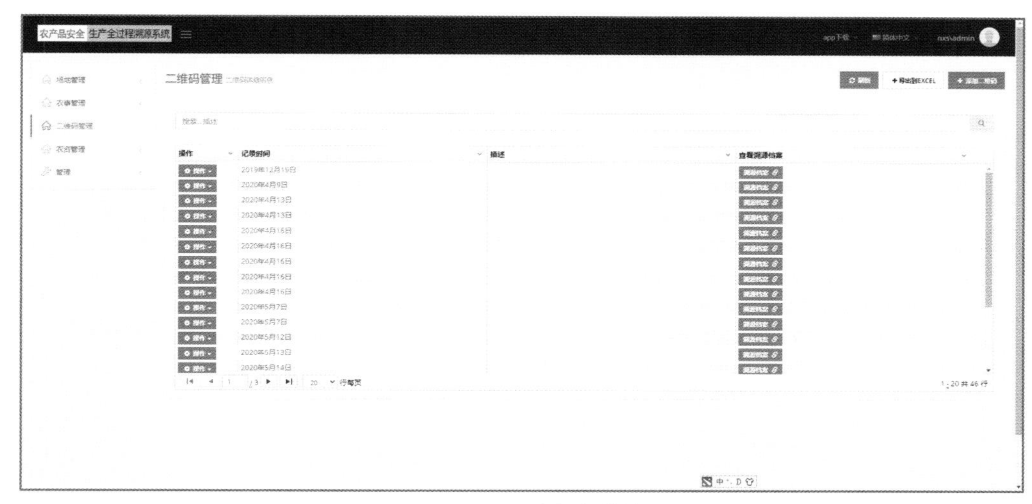

图6-8　Web端包含模块

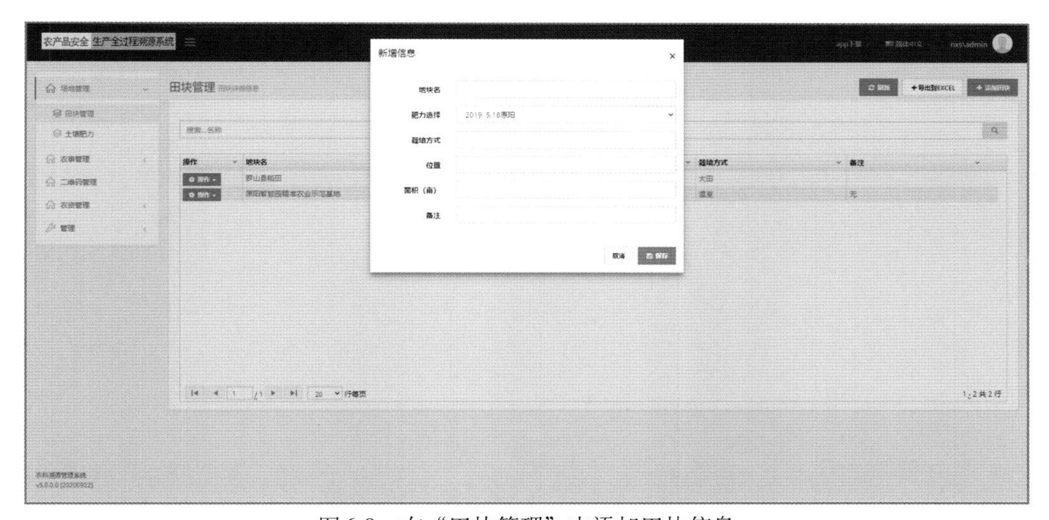

图6-9　在“田块管理”中添加田块信息

3.土壤肥力管理　在“土壤肥力”界面，如图6-10所示，点击“添加土壤肥力”按钮，弹出“新增信息”对话框。依次填写名称、土壤类型、土壤有机质、碱解氮、有效磷、速效钾、pH、重金属等的含量，然后点击“保存”按钮，完成新增土壤肥力信息输入。

图6-10　田块管理添加土壤肥力数据

4.农事管理　农事管理包括：生长季管理、施肥记录、用药记录、灌溉记录、生长记录和采摘记录，如图6-11所示。

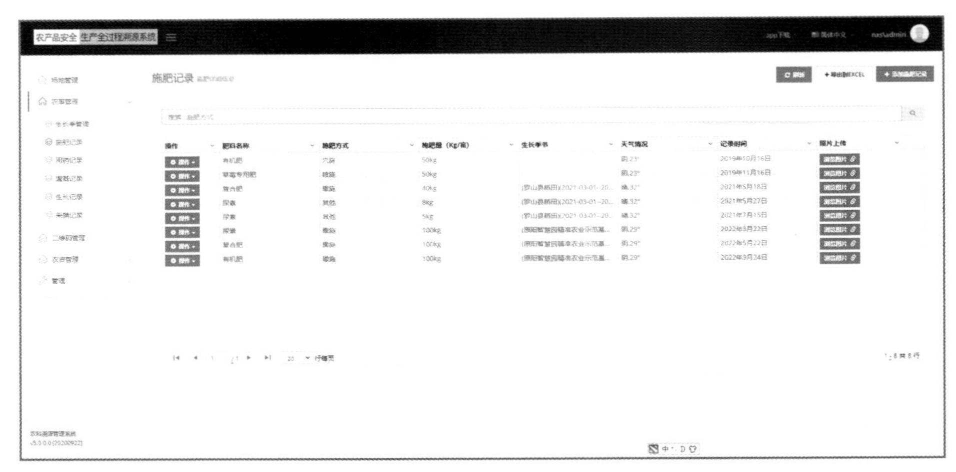

图6-11　农事管理包含内容

在“生长季管理”界面，如图6-12所示，点击右上角“添加种植记录”按钮，在弹出的对话框“新增信息”中依次输入年份、地块、种植品种、拟播种时间、拟收获时间以及记录时间，然后点击右下角“保存”按钮，完成添加种植记录。

在“施肥记录”界面，如图6-13所示，点击右上角“添加施肥记录”按钮。在弹出的对话框中依次填写生长季选择、肥料名称、施肥方式、施肥量、施肥日期、天气情况并上传施肥时的工作照片，点击“保存”按钮，完成添加施肥记录。

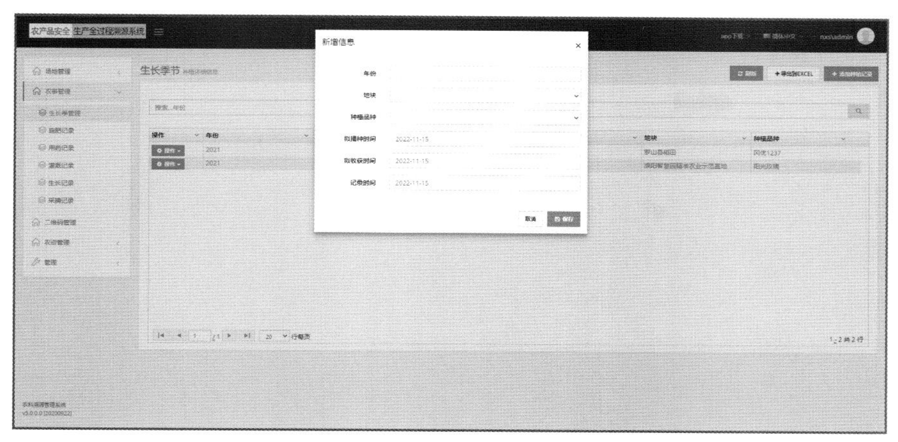

图6-12　生长季管理中种植记录添加

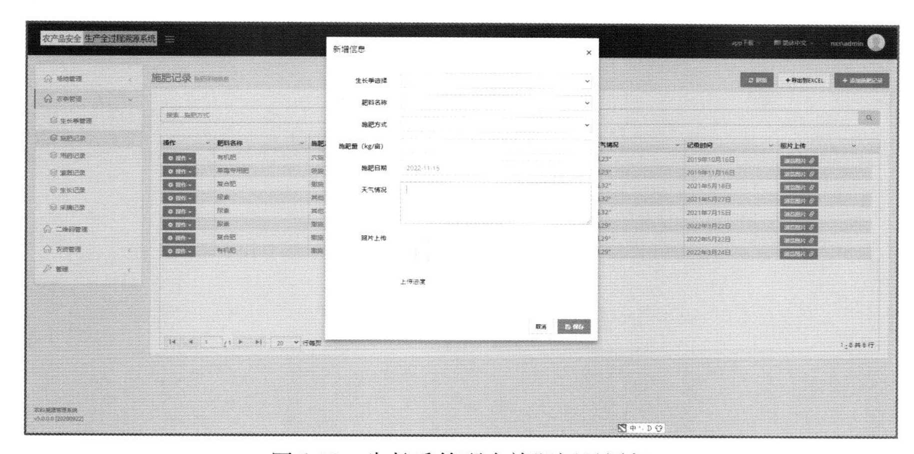

图6-13　生长季管理中施肥记录添加

在“用药记录”界面，如图6-14所示，点击右上角“添加用药记录”按钮。在新弹出的对话框“新增信息”中依次填写生长季选择、药品名称、喷药方式、喷药量、喷药日期、天气情况并上传喷药时的工作照片，点击右下角“保存”按钮，保存用药记录。

图6-14　生长季管理中用药记录添加

在“灌溉记录”界面，如图6-15所示，点击右上角“添加灌溉记录”，在“新增信息”对话框中依次填写生长季选择、灌溉方式、灌溉量、灌溉日期和天气情况，并上传灌溉时的工作照片，然后点击右下角“保存”按钮，完成添加灌溉记录。

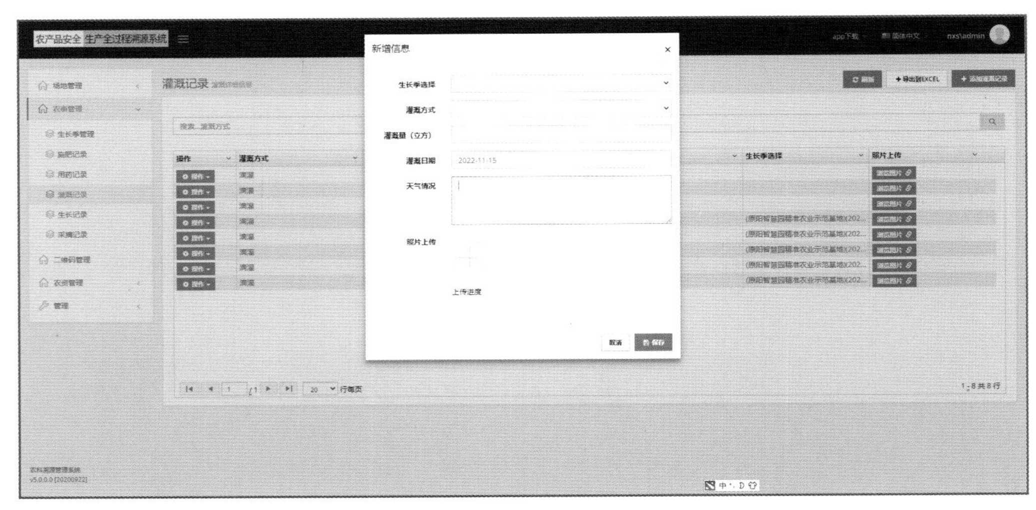

图6-15　生长季管理中灌溉记录添加

在“生长记录”界面，如图6-16所示，点击右上角“添加生长记录”按钮，在“新增信息”对话框中依次填写生长季选择、生长阶段、观测目标、观察日期和天气情况，并上传作物生长照片，点击右下角“保存”按钮，完成添加生长记录。

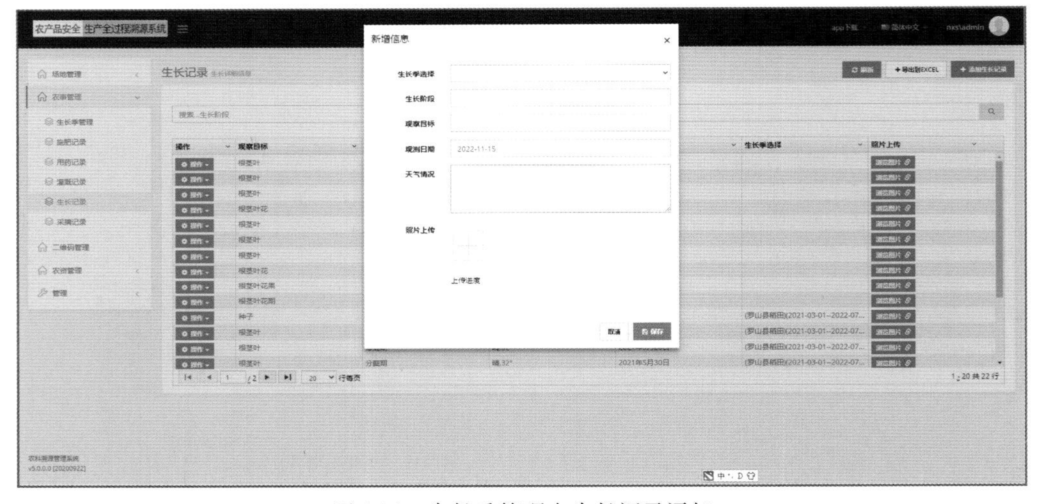

图6-16　生长季管理中生长记录添加

在“采摘记录”界面，如图6-17所示，点击右上角“添加采摘记录”按钮，在“新增信息”对话框中依次填写生长季选择、收获数量、收获时间、天气情况、包装方式、产品图片，并上传作物采摘时的工作照片，然后点击右下角“保存”按钮，完成添加采摘记录。

5. 农资管理　农资管理包括化肥管理、农药管理和种子管理，如图6-18所示。

在“化肥管理”界面，如图6-19所示，点击右上角“添加化肥”按钮，在“新增信息”对话框中依次填写肥料名称、肥料类型、规格、条码、生产企业、售价、备注，并上传肥料包装照片，然后点击右下角“保存”按钮，完成化肥添加记录。

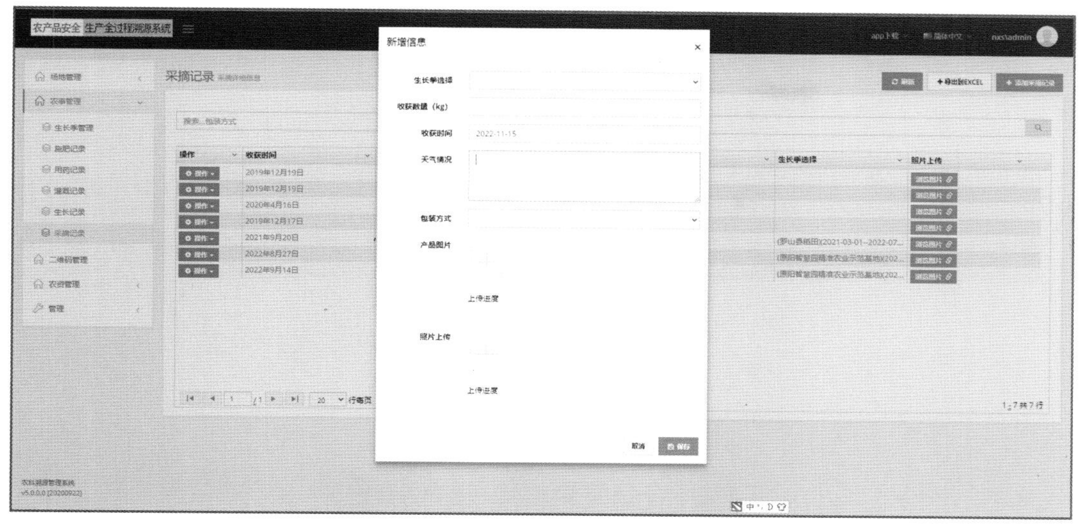

图6-17　生长季管理中采摘记录添加

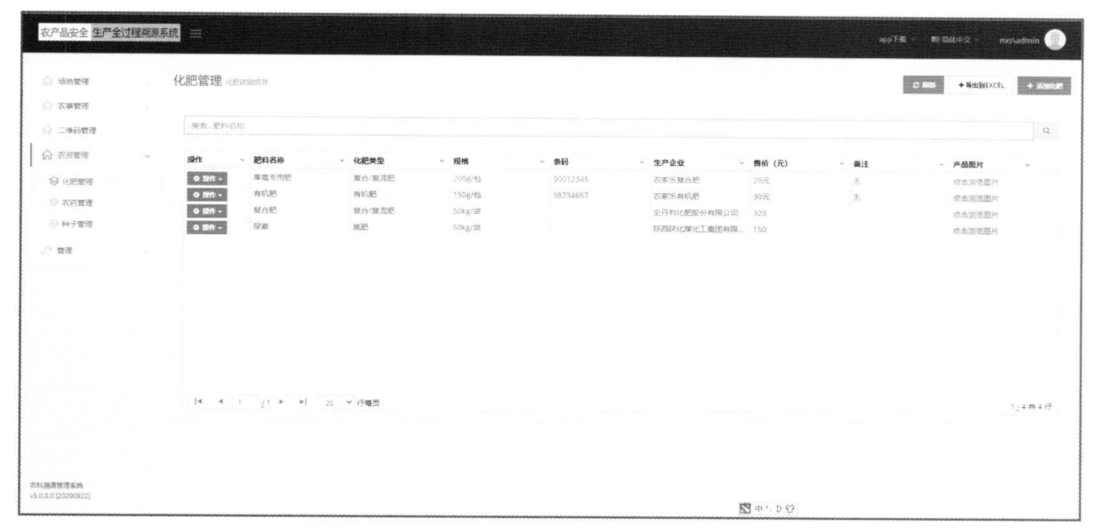

图6-18　农资管理界面

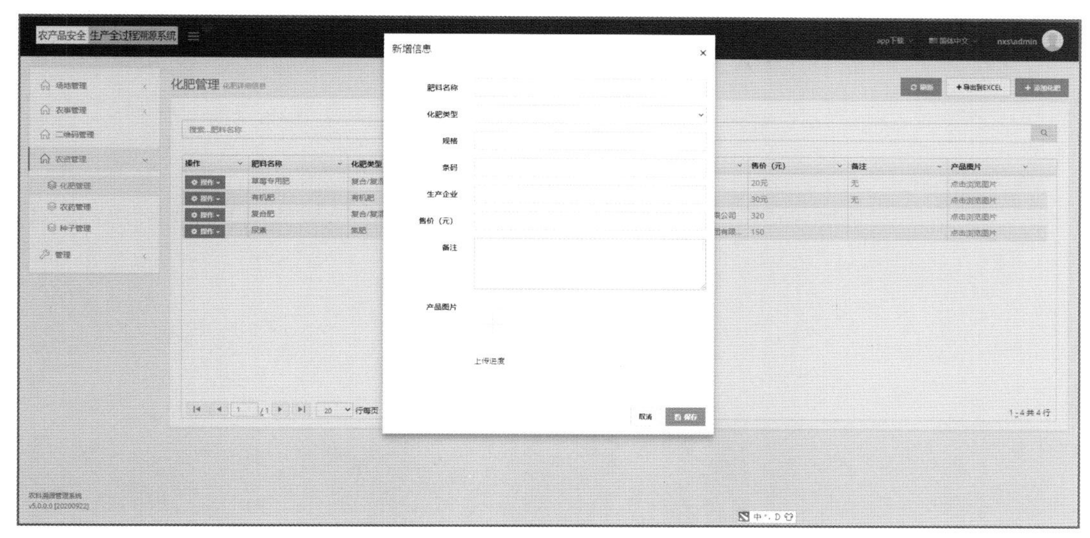

图6-19　农资管理添加肥料记录

在“农药管理”界面，如图6-20所示，点击右上角“添加农药”按钮，在“新增信息”对话框中依次填写名字、农药类型、规格、生产企业、条码、售价、备注，并上传农药包装照片，然后点击右下角“保存”按钮，完成农药添加记录。

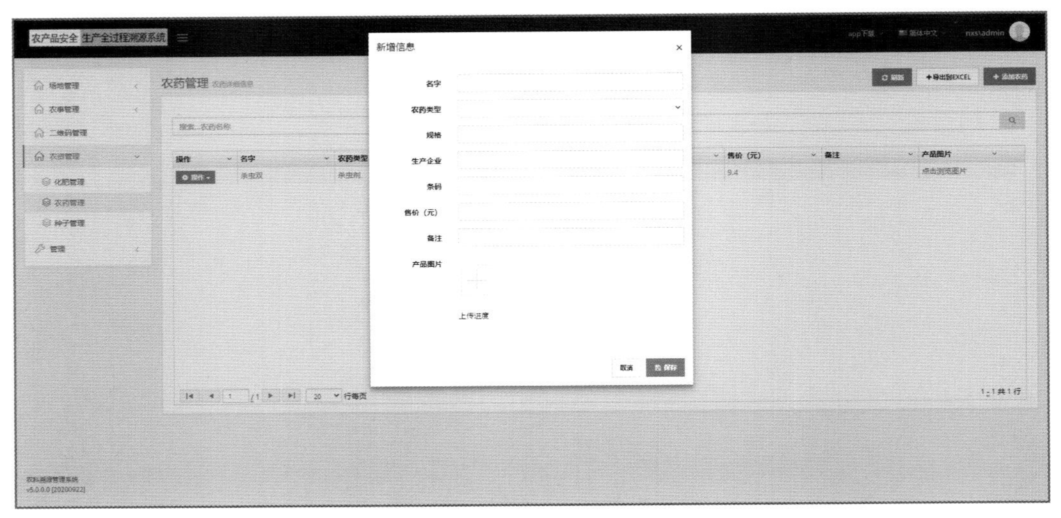

图6-20　农资管理添加农药记录

在“种子管理”界面，如图6-21所示，点击右上角“添加品种”按钮，在“新增信息”对话框中依次填写名字、品种类型、生产企业、条码、规格、售价、备注，并上传种子包装照片，然后点击右下角“保存”按钮，完成种子添加记录。

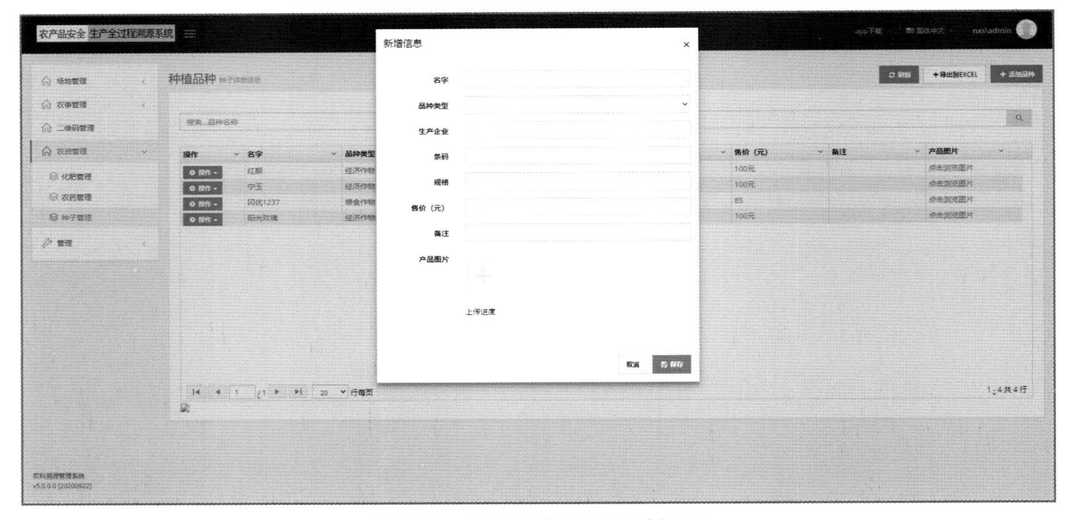

图6-21　农资管理添加品种记录

6.溯源管理　二维码管理是溯源系统生成产品溯源档案的模块，具有查看溯源档案和打印产品二维码的功能，如图6-22和图6-23所示。

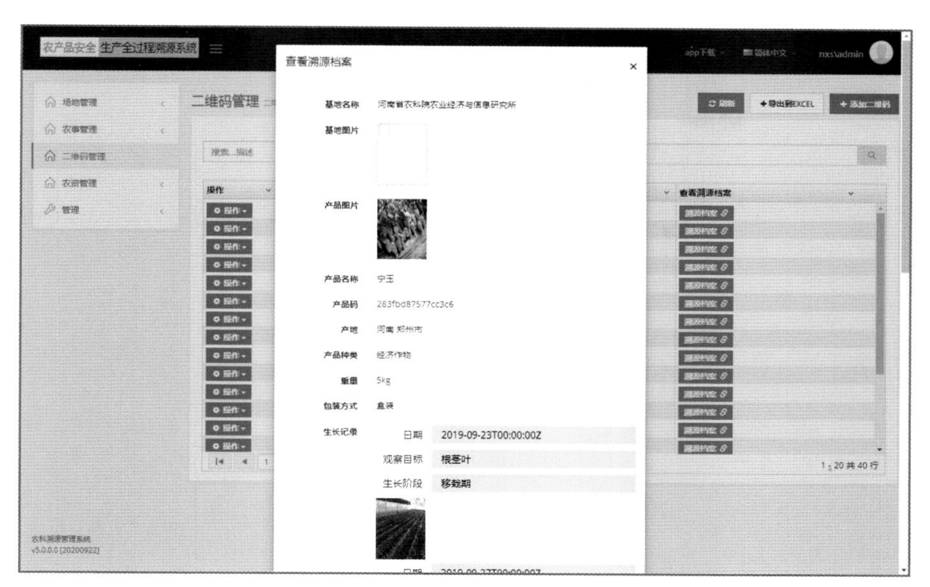

图6-22　溯源档案

图6-23　产品追溯标签

6.3.2　移动端系统实现

1. 移动端登录　移动端App已经升级至V2.1版本，如图6-24和图6-25所示。安卓版比Web版功能更强大，独立运行，不受Web端影响。第一次使用本App，需先进行“企业注册”（图6-26），有了企业账号后，再进行“用户注册”。企业注册需填写公司的基本信息，用户只是企业下面的一个实际操作人员。注册了用户账号后，可以绑定微信，不用每次录入账号和密码。注册成功，输入账号和密码，登录后看到主界面，见图6-25。

2. 肥力管理　按照肥力管理、地块管理、农资管理、生长季管理、农事管理、农事记录、溯源管理、加工管理（茶叶等需要填写加工环节信息）的顺序依次填写。在“肥力管理”界面，点击右上角加号图标，添加肥力档案。“肥力名称”建议按“年份＋地点”命名，如：2018年新县茅屋冲。填写土壤肥力数据后，点击“新增”按钮，新增肥力填写数据如图6-27所示。基础肥力数据通常2～3年测定1次，每次测定后，更新数据即可。也就是说这个模块更新间隔是2年/次。

图6-24　移动端登录界面　　　　图6-25　主界面

图6-26　注册首页、企业注册、用户注册

图6-27　新增肥力

3. 地块管理　地块管理即对园区内的地块进行统一编号，然后记录每个地块基础肥力信息。编号尽量固定，不要随意更改地块编号。在“地块管理”界面，点击右上角加号图标，添加地块数据（图6-28）。依次输入地块名称、栽培方式、肥力选择、地块面积和地块位置，点击“新增”按钮。在“新增地块”界面，“肥力选择”从肥力管理列表进行点选已输入的肥力档案。

图6-28　新增地块

4. 农资管理　在“农资管理”界面，点击右上角加号图标（图6-29），新增农资信息，包括肥料、农药、种子或种苗3类。依次输入商品条码、商品名称（格式：公司+商品名）、类型、包装规格、售价、生产企业、包装照片。点击“新增”按钮，完成信息保存。

图6-29　新增农资

5. 生长季管理　生长季即茬口，比如黄瓜每年要种植3茬，那么每茬就是1个生长季。因为本软件是通用软件，所有播种和收获可以理解为茬口的启始和终止时间。

在“生长季管理”界面，点击右上角加号图标，填写新生长季数据（图6-30）。在地块列表中选择田块，在农资列表中选择品种，填写“播种时间”和“收获时间”，点击“新增”按钮，完成信息保存。

图6-30　生长季管理

6. 农事管理　在“农事管理”界面，依次选择“生长季”“农事类型”等，填写农事操作信息。如图6-31所示，以施肥为例，选择“肥料名称”和“施肥方式”，填写施肥量和施肥时间，上传施肥过程照片，最后点击“新增”按钮。

图6-31　施肥、喷药和灌溉

在图6-32中，“生长季管理”就是记录该生长阶段的名称和时间记录，如抽蔓期、结果期等。如果树、茶叶等有整枝等修剪工作，需要在“其他”中记录一下。只有“采摘”后才能生成溯源档案。

图6-32　生长阶段、其他和采摘

在本软件中，采用了“批次管理”的概念。即对于甜瓜等一次成熟的，只在“采摘”记录一次，也就是一个批次。对于黄瓜等需要多次采收的，需要每次都在“采摘”中记录，每采收一次，就是一个批次。软件根据生长季的不同，自动匹配采收字段。图6-32显示的是茶叶的采收字段，有鲜叶等级、采收标准、采摘面积等字段。图6-33是有机蔬菜采摘，在“采摘”界面，只有采摘量、采摘时间和包装方式。农事管理中的所有操作均可在“农事记录”中查看，见图6-34。

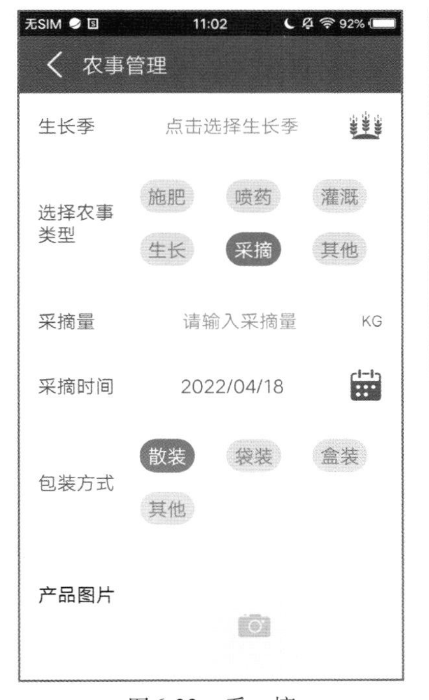

图6-33　采　摘

图6-34　农事记录

7.加工管理　针对茶叶加工环节多、工艺要求高等特点，增加了“加工管理”功能。仅适用于茶叶企业，见图6-35。

8.溯源管理　本软件支持两种溯源标签生成方式：现场打印和预先印制标签。

（1）现场打印。点击“溯源管理”模块（图6-36），依次选择“溯源目标”“纸张大小”和“生产基地”，最后“生成溯源二维码”见图6-37和图6-38。目前仅支持80mm × 60mm和60mm × 40mm两种规格的标签。在打印标签之前，可以先预览详细溯源档案，确认无误后，选择打印。

图6-35　加工管理

图6-36　溯源管理界面和目标选择

溯源目标即采摘批次，是自动生成的。一个生长季采摘1次，即生成1个溯源目标，采摘2次，即生成2个溯源目标，以此类推。

在打印标签之前，需连接打印机，接通电源，安装打印纸。点击“生成溯源二维码”后，显示溯源标签版面，核对信息，点击“打印”按钮，设置“打印张数”。首次使用时，需按照软件提示，打开手机蓝牙功能匹配打印机，配好后直接打印（图6-37、图6-38）。

图6-37　溯源档案标签预览

图6-38　溯源档案标签打印

在“溯源管理”中提供了新增生产基地的功能。对于大型的农业生产企业，有多个基地，在这里可以增加不同的基地信息（图6-39）。

（2）预先印制标签。即标签粘贴到包装箱或包装盒后，标签与溯源档案一对一绑定。图6-40为印刷好的标签，带有防伪功能。比如，一个批次有50个包装盒，把第1张标签和第50张标签的编号填写到移动端，点击“绑定”，即可完成标签与溯源档案的配对。

图6-39　生产基地管理

图6-40　部分农产品防伪二维码标签

6.4　系统应用

该溯源系统自2015年开始研发，先后迭代3个版本。截至2021年12月31日，共入驻溯源平台的有150多家企业及合作社。目前兰考蜜瓜、三门峡苹果、信阳茶叶等农产品取得了较好的应用效果。为进一步规范溯源系统的应用，参与制定了《蔬菜质量安全追溯操作规程》（DB41T 1776—2019）等地方标准。实施该技术后，合作社社员利用移动端制订和执行生产计划，记录生产过程及各类投入品使用情况，实现了优质农产品种植环境信息采集、监测、控制和溯源，引导种植者进一步规范管理技术，实现标准化的种植管理。平台的访问量达到3万人次。建立较完善的溯源系统，实现优质果蔬的批次化溯源管理。部分示范基地或企业的溯源标签见图6-40。

消费者利用微信、网页浏览器或其他带有“扫一扫”功能的App，扫描包装盒上的溯源标签，跳转到溯源档案。溯源档案由农事记录等内容自动生成，包括产品、溯源、认证和更多四部分，见图6-41和图6-42。

图6-41　部分溯源档案界面1

图6-42　部分溯源档案界面2

6.5 小结

建立农产品溯源系统是保障消费者食用农产品安全和提升农产品竞争力的重要手段。本研究以中小规模生产企业为应用主体，从企业实际使用出发，采用B/S架构，C#和Java分别为Web端和移动端开发语言，以MySQL和SQLite为数据库，构建了基于智能终端农产品安全生产全过程溯源系统，实现了田块整理、农事操作和销售环节的全程记录。本系统综合不同农产品相关追溯需求，适用于粮食作物、经济作物、叶菜类蔬菜、根茎类蔬菜、豆类蔬菜、茄果类蔬菜、薯类、瓜类水果、落叶水果和茶叶等。

本系统涉及三项关键技术。①智能手机照片信息隐藏及认证溯源技术。主流智能手机通常在手机拍摄的原始照片信息写入照片的EXIF（exchangeable image file）数据，包括拍摄时间、地理位置、使用的设备等。直接读取照片的EXIF数据，可提高录入效率，又规避了部分溯源档案篡改等问题。②溯源编码技术。参照杨信廷等制定的追溯编码规则，即采用农产品商品属性编码与种植生长过程编码相结合的UCC/EAN-128编码方式。③批次管理技术。按照“批次管理”的思路，在农作物种植（播种）至收获（采摘）时间段内，具有相同收获（采摘）时间为同一批次，每一个批次生成不同的二维码，保证不同批次溯源信息的准确性。

与其他溯源系统相比，本系统具有以下特点：①操作简单，灵活方便。在田间地头可随时采集数据，随时打印溯源标签。②使用成本低。以“点选”和拍照为信息录入方式，提高了信息录入效率，减少了重复工作。③可扩展性强。兼容农业物联网、大数据等信息化平台，允许第三方监管部门调用数据。增加环境数据采集和生产环境视频数据功能，兼容农药残留快速检测仪，实现农残在线检测，进一步完善溯源档案内容。

本系统已获得4项计算机软件著作权证书（2019SR0953117；2018SR602217；2017SR157341；2020SR1217244）。

➤ 参考文献

白红武，孙爱东，陈军，等，2013. 基于物联网的农产品质量安全溯源系统[J]. 江苏农业学报，29 (2)：415-420.

刁海亭，聂宜民，2015. 基于现代信息技术的蔬菜安全预警与追溯平台建设[J]. 中国农业科学，48 (3)：460-468.

董玉德，丁保勇，张国伟，等，2016. 基于农产品供应链的质量安全可追溯系统[J]. 农业工程学报，32 (1)：280-285.

葛艳，黄朝良，陈明，等，2021. 基于区块链的HACCP质量溯源模型与系统实现[J]. 农业机械学报，52 (6)：369-375.

李国强，陈丹丹，赵丰华，等，2021. 基于智能终端的轻简型农产品安全生产溯源系统构建与应用[J]. 河南农业科学，50 (2)：173-180.

凌康杰，岳学军，刘永鑫，等，2017. 基于移动互联的农产品二维码溯源系统设计[J]. 华南农业大学学报，38 (3)：118-124.

马彬彬，柳平增，赵丽，等，2015. 鸡蛋安全生产可追溯系统设计[J]. 山东农业大学学报：自然科学版，46 (3)：445-449.

毛林，程涛，成维莉，等，2014. 农产品质量安全追溯智能终端系统构建与应用[J]. 江苏农业学报，30 (1)：205-211.

邱荣洲，池美香，陈宏，等，2016. 基于溯源技术的蔬菜基地管理系统开发与应用[J]. 中国农业科技导报，19 (4)：51-58.

孙俊，何小东，陈建华，2018. 基于区块链的农产品追溯系统架构研究[J]. 河南农业科学，47 (10)：149-153.

武尔维，郜鲁涛，杨林楠，等，2011. 基于 Android 智能终端的农产品安全追溯系统架构设计[J]. 云南大学学报：自然科学版，33 (S2)：273-278.

邢斌，连槿，谢海波，等，2015. 广州市蔬菜质量安全监管与追溯平台构建[J]. 广东农业科学，42 (15)：142-147.

杨磊，肖克辉，吴理华，等，2018. 基于 NFC 的农产品移动溯源系统开发与应用[J]. 南方农业学报，49 (3)：612-618.

杨信廷，钱建平，孙传恒，等，2008. 蔬菜安全生产管理及质量追溯系统设计与实现[J]. 农业工程学报，24 (3)：162-166.

于合龙，陈邦越，徐大明，等，2020. 基于区块链的水稻供应链溯源信息保护模型研究[J]. 农业机械学报，51 (8) : 328-335.
臧贺藏，王来刚，李国强，等，2013. 物联网技术在我国粮食作物生产过程中的应用进展[J]. 河南农业科学，42 (5) : 20-23.
张京京，李志刚，2016. 基于 NFC 的新疆牛羊肉质量安全可追溯系统的设计与开发[J]. 河南农业科学，45 (4) : 155-160.
张茂松，冯睿，刘英豪，等，2021. 云南农产品气候品质评估暨溯源系统设计与实现[J]. 农业工程，11 (4) : 54-58.
张学旺，冯家琦，殷梓杰，等，2021. 基于区块链的数据溯源可信查询方法[J]. 应用科学学报，39 (1) : 42-54.
张艳，柳平增，于群，等，2015. 基于物联网的莱芜黑猪全产业链安全溯源平台构建[J]. 中国农机化学报，36 (2) : 141-144.

作物表型性状采集与管理系统

7.1 研发背景

作物表型是基因型与环境因素作用下的作物外在表现形式，体现为作物生长发育过程中物理、生理、生化特征和性状，是试验研究非常重要的性状指标（张文英等，2018）。如何快速、准确地获取与作物生长密切相关的农艺性状信息，依然是数据采集技术研究的热点问题（臧贺藏等，2019；李国强等，2021）。因此，研究作物表型性状数据采集与管理系统，对提高数据采集工作效率、降低采集人员的劳动强度具有重要的实际应用意义。

在当前试验过程中，涉及作物栽培和育种试验过程各关键环节的表型性状数据采集与管理，大多停留在人工操作阶段，存在以下三方面的问题。①采集方式单一。数据采集方式仍然普遍采用手工测量、纸质记录、经验决策等工作方式，然后回到室内进行二次数据整理（陈桂鹏等，2014；官晓敏等，2016；戴建国等，2017）。这种方式存在数据采集手段落后、采集数据耗时耗力等问题，容易造成人为误差大、纸质记录不易保存等问题。②数据管理方式单一。数据管理普遍采用Excel表格为主，存在数据管理不规范、标准不统一等问题。传统的试验数据往往基于Excel进行管理和分析，无法对数量庞大的试验数据进行批量校正和逻辑判断等预处理工作，这给后期的数据分析结果的准确性带来极大隐患（黄锦等，2014；赵庆展等，2015）。③数据挖掘方式单一。数据分析上存在数据量大、数据利用率低等问题，不能快速获取数据统计结果（张小斌等，2016）。

随着数据采集技术的深入发展，作物农艺性状数据采集在一定程度上也得到发展，但仍无法满足作物研究的实际需求（郭瑞林等，2018）。近年来，国内外专家学者已在作物上开展了一些数据采集技术研究工作。牟伶俐等（2006）开发基于Java手机的野外农田数据采集与传输系统，实现了野外数据采集、图形浏览、定位与导航、数据传输与查询等功能；李文闯（2013）开发基于Android的移动GIS数据采集系统，实现了采集对象相关数据的实时高度整合；王虎等（2010；2013）设计基于Windows Mobile手机平台的作物品种田间测试数据采集系统，实现了数据的实时采集；叶思菁等（2015）设计作物种植环境数据采集系统原型，实现了用户自定义录入界面及动态适应空间数据类型、数量和范围的变化。

本研究经过长期实地调研，以改变传统数据采集方式、提高表型性状数据管理效率为研究目标，围绕作物表型性状数据采集和管理等关键技术，归纳总结科研单位一线科技人员的实际需求，构建了作物表型性状采集与管理系统，实现了作物表型性状数据的快速采集、高效管理和自动分析，解决了作物生产过程数据采集任务繁重、手工记载错误率高、数据分析费时费力等问题。

7.2 软件概述

7.2.1 功能需求分析

针对当前作物试验过程中数据采集存在的诸多问题，课题组通过大量的走访调研，并结合多年从事作物（小麦、玉米等）栽培和育种试验的经验，掌握了田间数据采集的难点和痛点。为从事农业田间试验的一线科技人员提供了一套完整高效的数据采集解决方案，彻底解决了作物生产过程中数据采集任务繁重、手工记载错误率高、数据分析费时费力等问题。

农业试验数据采集和管理涉及两个环节：田间数据采集、室内数据整理和分析。田间数据采集即根据项目试验设计或上级部门下发的试验任务，保质保量完成表型性状采集任务。室内数据整理和分析即汇总和整理采集到的数据，检查数据质量，剔除异常值，并根据不同试验目的，做好数据的制图和制表任务，借助专业的统计分析软件，进一步挖掘数据内在关系。

据此可获得农业调整数据采集和管理概念模型，如图7-1所示。本系统由软件和硬件两部分组成。软件部分包括作物表型性状数据采集移动端和作物表型数据管理Web系统。硬件部分包括移动端和条码打印机。作物表型数据管理Web系统负责管理试验设计、任务下放、存储表型性状数据和条码管理。数据采集移动端负责采集和检索数据。

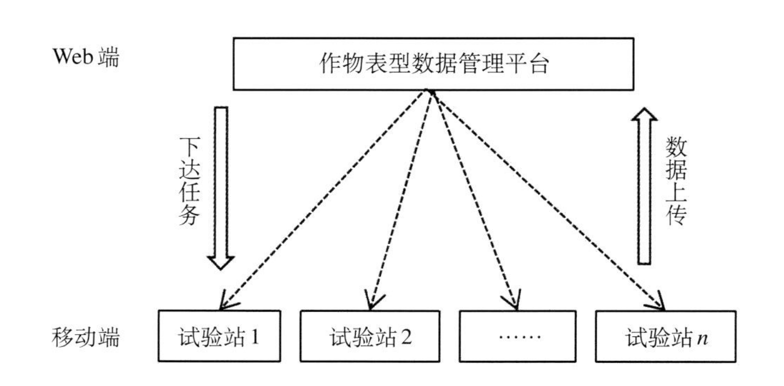

图7-1 农业试验数据采集和管理概念模型

将参与试验的科技人员分为3类：项目总负责人、试验站负责人和试验采集员。项目总负责人负责试验设计、制订采集计划和方案等。试验站负责人承担项目总负责人下派的试验任务，负责管理本试验站的试验采集员。试验采集员只负责本站试验数据的采集和上报。

由此可知，本系统分为三级权限管理。项目总负责人拥有最高权限。试验采集员可审核和修改移动采集终端上传的数据，其他角色无权限修改数据。各试验站数据上传后，自动汇总提供给项目总负责人。试验采集员用户在移动端可同时多人登录，数据独立上传。同一个试验站可以接受多项试验任务。

系统具体操作流程，如图7-2所示。①用户根据权限登录管理系统。②设置试验任务，试验任务下发到移动端。③移动端根据试验任务生成田间布局，田间布局的小区编码无线上传至服务器。④条码打印机从服务器获取需打印的小区编码信息后，按顺序打印条码。⑤将按顺序打印好的条码根据试验布局顺序依次悬挂在玉米植株上。⑥移动端通过扫码进行数据采集。

每个试验小区均有唯一的ID。利用这个ID实现不同试验点、不同品种等数据的汇总。按照试验布局，按试验小区编码规则依次打印条码，然后将小区条码悬挂在试验小区植株上。扫描植株悬挂的条码，实现数据的快速检索和录入，如图7-3所示。

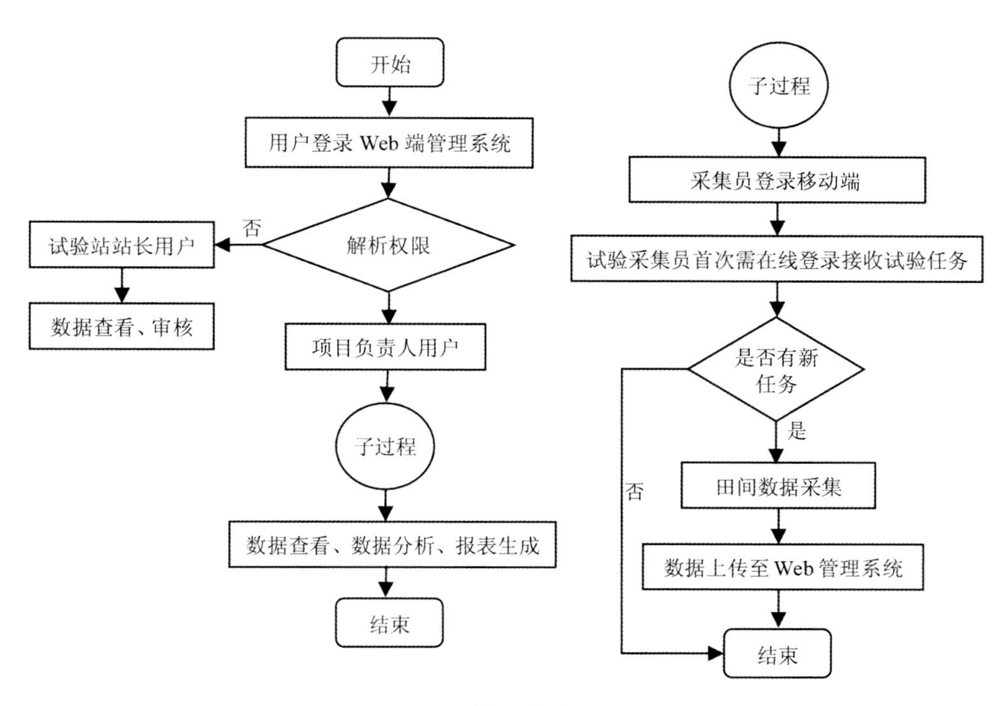

图7-2 系统操作流程图

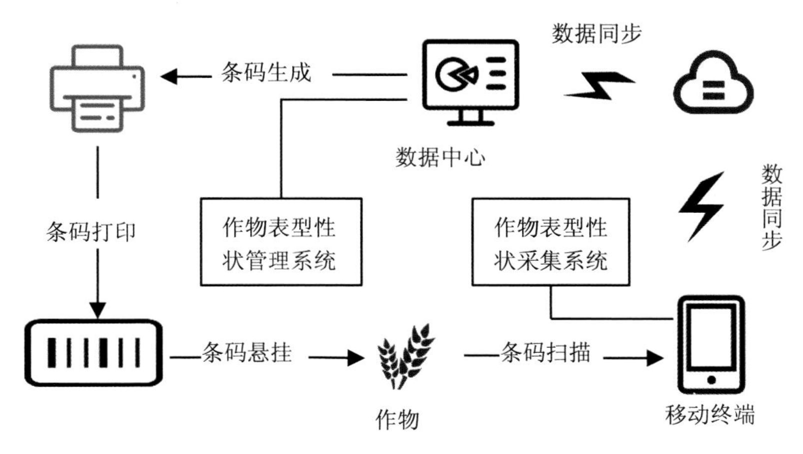

图7-3 采集和管理工作流程

7.2.2 系统总体设计

以提高数据采集工作效率、降低采集人员的劳动强度为目标，本系统采用C/S与B/S混合开发架构。从开发技术架构的角度，本系统分为数据层、业务逻辑层和用户层，其总体结构如图7-4所示。

1.数据层　数据层位于数据库服务器端，为业务逻辑层提供数据服务。Web端由分布于各试验站上传的基础信息数据和业务数据组成，下达的试验任务实时更新至服务器。移动端可实时获取Web端下发的试验任务，根据试验任务进行数据采集，采集数据上传至服务器，为Web端和条码打印机提供数据来源。

2.业务逻辑层　业务逻辑层是本系统功能实现的核心部分。用户在浏览器页面提交表单操作，向服务器发送请求，服务器接收并处理请求，然后把用户请求的数据（网页文件、图片等）返回至浏览器。移动端从服务器接收用户任务，并将采集数据通过无线方式上传至服务器，为浏览器提供所需数据。

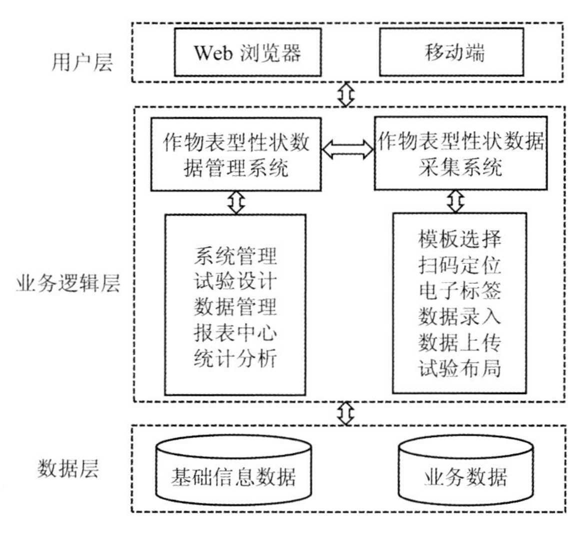

图7-4　系统总体结构

3.用户层　用户层是用户与系统的交互窗口，用于接收用户的输入，对数据层数据进行显示和操作。

7.2.3　系统功能设计

1.作物表型数据管理Web系统　作物表型数据管理Web系统负责整个试验过程的人员管理、试验管理、数据管理和分析。具体包括任务下发，即将各试验点承担的任务同步分发到移动端；数据审核，即收集各试验点利用移动端采集的数据，并对数据进行审核、查询和分析。

根据业务逻辑和需求分析，系统的核心功能包括系统管理、试验设计、数据管理、报表中心和统计分析，如图7-5所示。

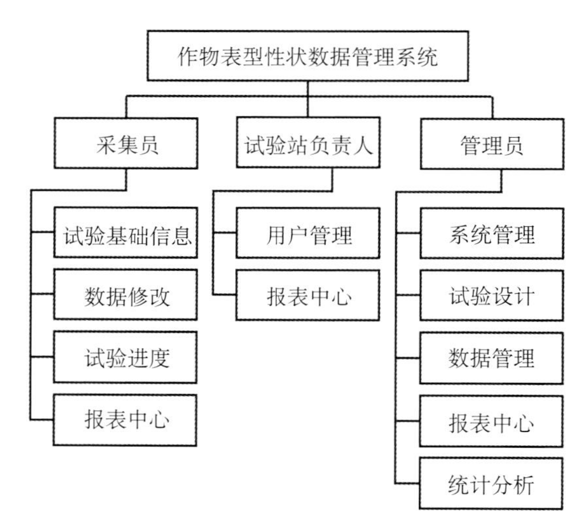

图7-5　作物表型性状管理系统Web端系统功能结构

（1）系统管理模块。系统管理模块包括行政区域、性状管理、用户管理和用户组管理。行政区域用于选择试验所在的省、市、县区域；性状管理用于对各类数量性状和质量性状的自定义添加；用户管理用于设置各类用户的角色权限；用户组管理用于对用户角色权限进行管理。

（2）试验设计模块。试验设计模块包括试验基础信息、地块布局和试验任务。试验基础信息以试验地块为单元，记录土壤基础肥力、气象数据、田间管理等信息；地块布局是基于试验目的不同，根据试验任务自动生成田间布局；试验任务具有制定试验采集的性状指标，实现多点试验任务的实时分发，并同步到移动端。

（3）数据管理模块。数据管理模块提供全部数据、数量性状数据和质量性状数据自动汇总。针对试验报告所需各类汇总表，将数据按物候期、抗逆性调查、病害调查、形态特征、主要性状和产量性状汇总分类报表。包括全部数据汇总表、数量性状汇总表和质量性状汇总表。通过设置查询条件，可查看该试验不同类型采集性状数据，具有数据查询、审核、修改、检索、导出、打印等功能。

（4）报表中心模块。报表中心模块将报表包含的信息按照管理单位提供的模板和数据库关联。自动完成信息的统计和汇总，生成相应的报表，具有数据查询、检索、导出、打印等功能。

（5）统计分析模块。统计分析模块是选择需要分析的试验名称和数据采集时间，输出某时间段内该试验所测性状数据列表，实现对各类性状数据的统计分析。

2.移动端　移动端仅供试验采集员使用，用于快速查询和定位试验材料，实时采集田间观察观测性状数据。移动端支持自定义采集性状模板，满足不同作物不同试验小区布局数据采集需求。既可以按试验小区顺序依次采集小区数据，也可以采集某指定小区的数据。对已录入的数据，还应提供数据修订功能。通过扫描植株上悬挂的条码，或者手动录入小区编号，能够快速定位到小区，并展示已录入数据。

据此，移动端应包括模板选择、扫码定位、电子标签、数据录入、数据上传和试验布局6个模块，如图7-6所示。

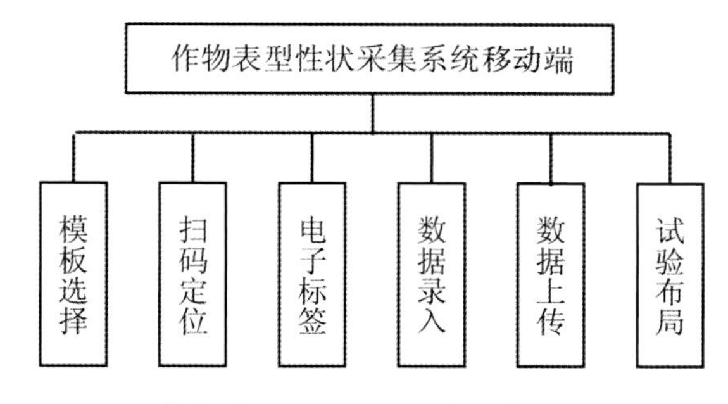

图7-6　作物表型性状采集系统移动端功能结构

（1）模板选择。模板即记录表型指标的表单。作物生长是个动态的过程，不同时期采集的性状指标也不尽相同，例如开花时间这个指标，仅在开花期需要记录。那么，就需要根据不同生育时期或采集时间调用不同的表单。这种设计方式，可以大大提高数据录入效率。根据试验设计，可以设定各性状指标采集次数。制作好的模板，可以根据数据采集习惯调整顺序，可同时制定多个模板。模板可删除，不可修改。

本系统将性状指标分为主要性状、物候期、抗逆性、病害调查、产量性状和田间采集性状6类（景蕊莲，2017），保存形式为指标字典。模板制作时，直接读取指标字典，轻松实现不同模板制作。

（2）扫码定位。如果试验小区悬挂了条码标识，通过移动端自带的激光扫描枪识别试验材料上的条码信息，快速定位小区，随机录入小区采集的性状指标。这个功能既可以用于数据录入，也可以用于田间巡检。

（3）电子标签。通过手持终端自带的超高频UHF，可以对作物试验材料进行定位查询。

（4）数据录入。按照小区编号顺序采集性状指标，具备数据修改、查看和即时保存功能。用户可以任意设置小区编号，按照当前使用模板录入数据。在数据录入过程中发现小区错误或者数据有误的情况下，可在手动录入模块中及时进行修改和保存。作物表型性状主要包括两大类：质量性状和数量性状。在数据录入模块中，质量性状提供所有选项，在录入时直接通过点选完成数据采集。数据录入模块中设计了快捷录入界面，质量性状提供所有输入值选项，通过点选采集数据，提高录入效率，缩短录入时间。数量性状提供阈值提示，保证录入的准确性。小区编号自动给出，小区没有数据记录的，可跳转到下一个。如果数据录入需要采集图片，移动端将图片作为一个性状指标，实现图片的同步采集，可以备注图片信息，备注可填写，也可语音录入。

（5）数据上传。数据上传模块包括数据查询和数据上传，性状采集数据上传至Web端。为保证数据采集的完整性，一个模板的性状数据在上传到服务器之前，数据录入停留在上次采集终止处，可继续录入，不能更换模板。如果数据上传完成，不论该模板性状指标是否全部采集结束，需重新选择模板。在数据上传确认之前，可以查看采集数据详情。确认无误后在线上传，上传完成后，保存在移动端的数据将自动删除。

（6）试验布局。移动端接收到作物表型管理系统下发的试验任务后，根据试验项目的品种数或处理数和重复数，以试验地块为单元，默认采用随机区组设计方法自动生成试验布局图。

7.2.4 数据库设计

数据库设计是系统数据存储与业务数据处理的重要保证，需要严格遵循安全性设计原则，保证数据安全。数据库包括系统管理数据表、基础数据表和表型性状数据调查表。系统管理数据表包括用户表及用户组表，主要用于用户登录以及管理员进行用户角色管理。基础数据表包括行政区域数据表、试验站管理数据表、作物信息数据表、品种数据表、性状管理数据表等。表型性状数据调查表包括物候期记载表、抗逆性记载表、病虫害调查表、主要性状调查表、产量性状调查表等。

7.2.5 开发环境

作物表型性状数据管理系统Web端采用MVC 5 + Entity Framework 6架构，以Visual Studio 2017为开发平台，采用C#语言、jQuery脚本及Html标签语言开发。Web服务器使用稳定可靠的IIS7.5服务器。Web系统采用Entity Framework技术对数据库进行操作，使用Linq和Lambda表达式实现对数据库的增删改查，用户层采用Telerik前端框架、jQuery、Kendo UI、Bootstrap等脚本技术。

移动端以Android Studio为开发平台，数据库为Android自带的SQLite数据库。采用JSON数据格式，实现Web API与服务器之间的通信。

7.2.6 运行环境

运行环境推荐配置为安卓4.0以上版本的移动端，7英寸* 屏幕，此配置显示效果最佳，并需内置UHF、1D/2D扫描等。

7.3 系统实现

7.3.1 Web端系统实现

1. 网址登录　在浏览器地址栏输入网址，进入系统登录界面，如图7-7所示。在“系统登录”界面，输入用户名和密码，点击“登录”按钮。

图7-7　系统登录

* 英寸为非法定计量单位，1英寸=2.54cm。——编者注

根据该用户的权限，系统自动加载相应的系统主界面，如图7-8所示。

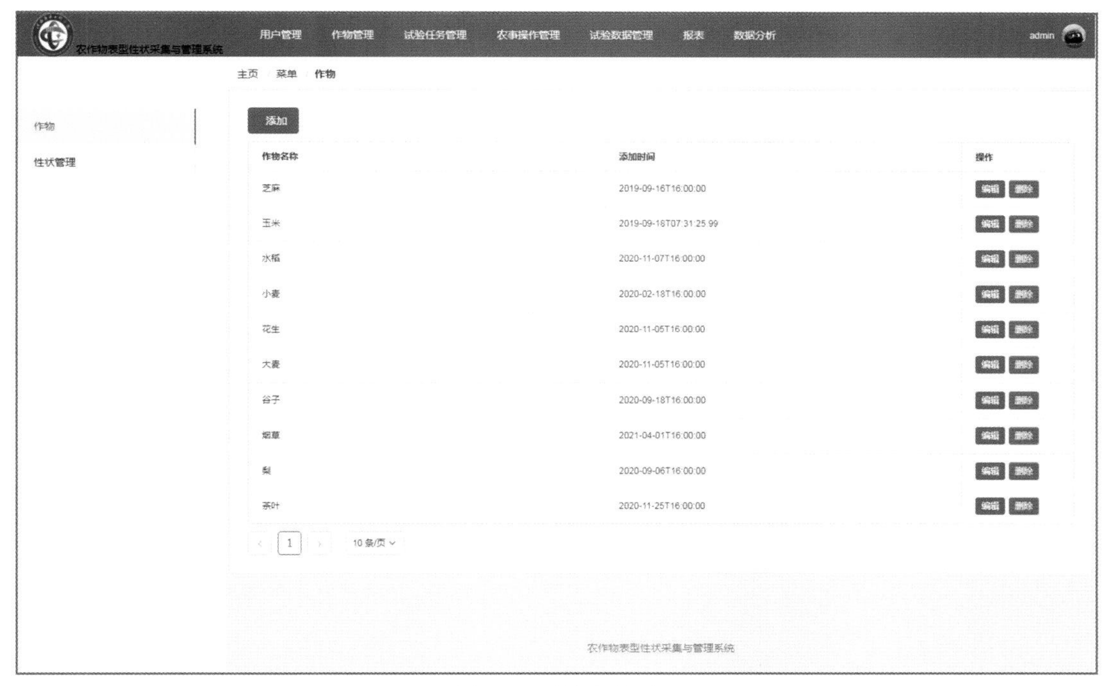

图7-8　系统主界面

2.用户管理　用户管理是对通过申请的用户账号进行管理，如图7-9所示，用户的角色可根据项目实施的需要添加，角色的权限采用模块化管理。

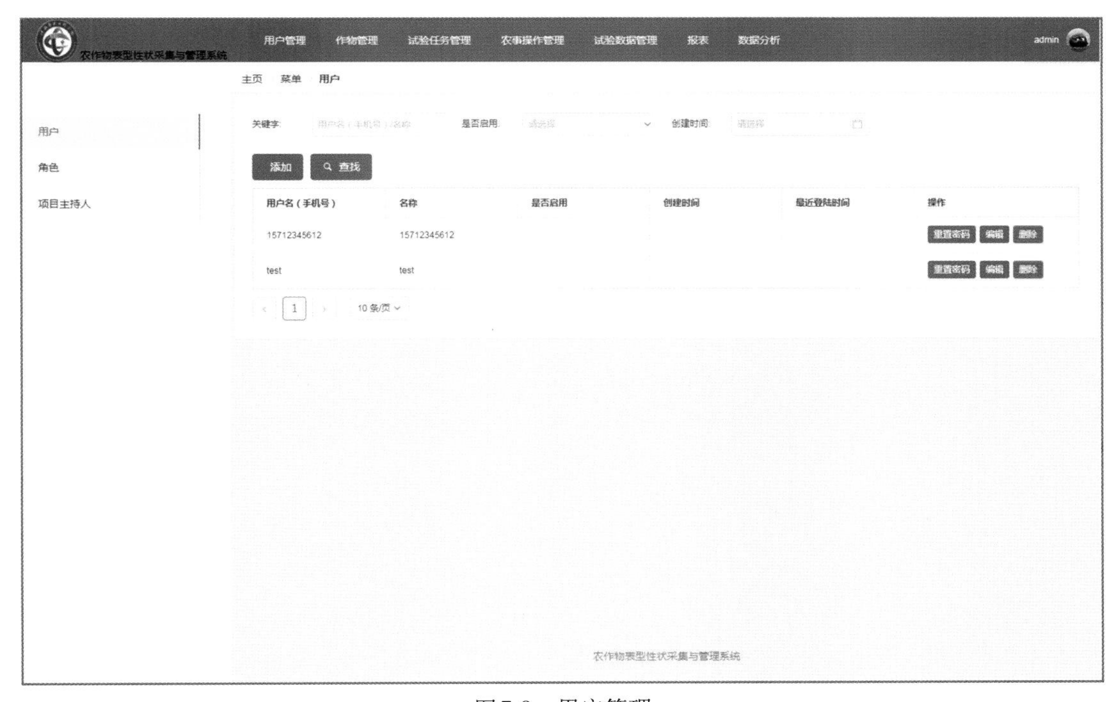

图7-9　用户管理

在角色模块中，可以添加用户使用系统需要的角色类型，如图7-10所示，每个角色的系统操作权限可自主选择组合进行分配，如图7-11所示。

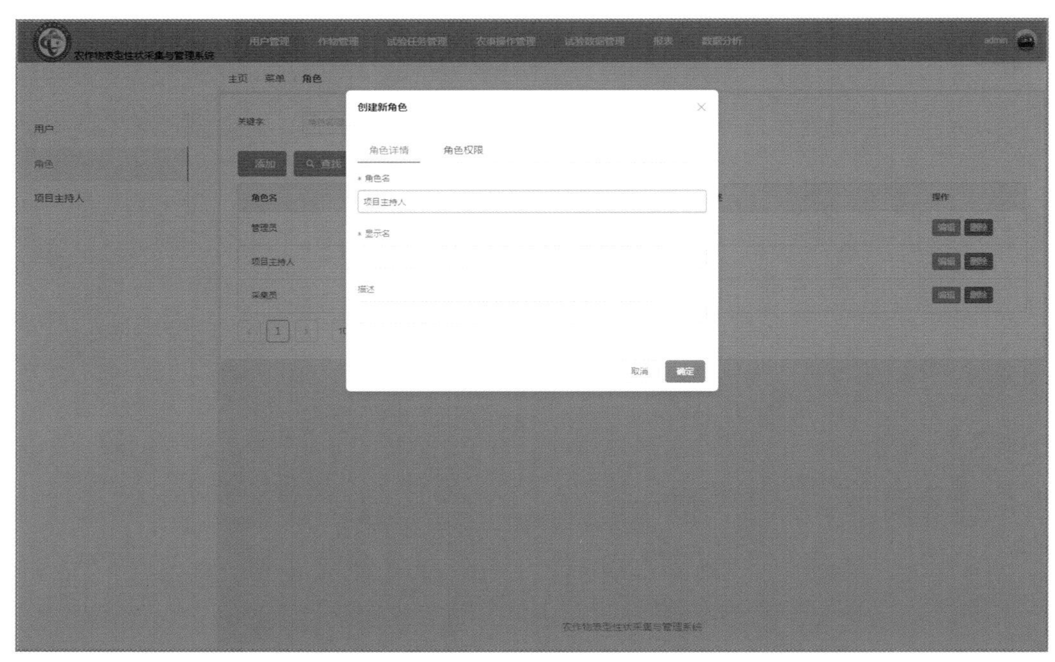

图7-10　添加用户角色类型

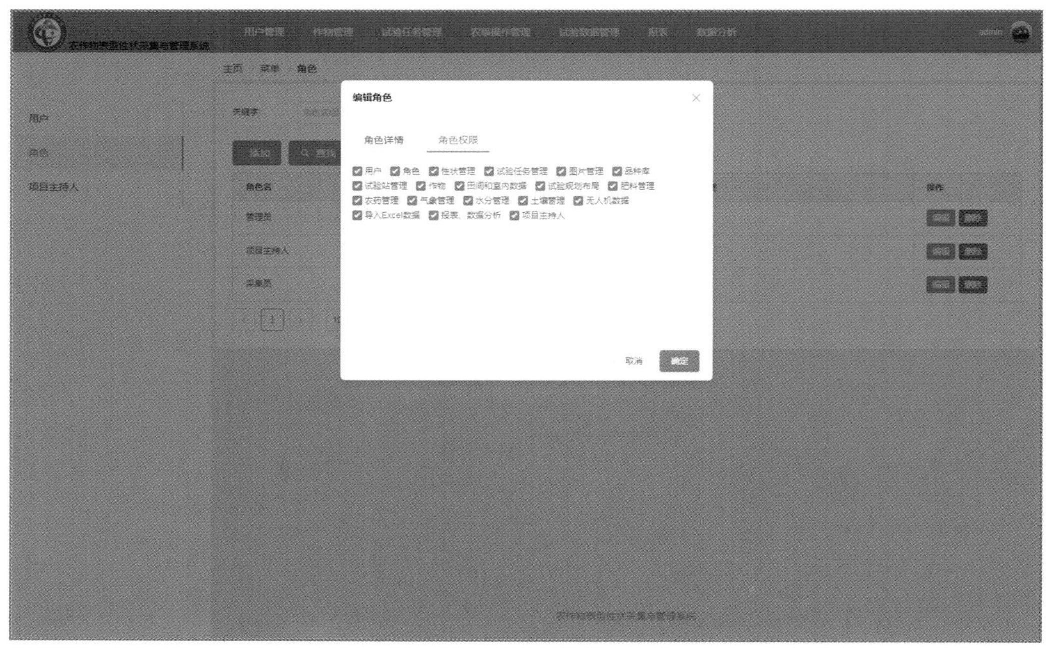

图7-11　角色权限分配

3.作物管理　系统中包括了常见的作物类别，主要为粮食作物类、经济作物类、特色作物类等，系统管理员可以对作物类别进行添加、删除等管理。

性状管理指对性状指标进行增加、修改和删除等管理，并对性状指标属性进行设置。性状指标分6类，包括主要性状、物候期、抗逆性记载、病虫害调查、产量性状和田间采集性状。6类性状指标包含质量性状和数量性状，在属性中，添加质量性状的具体内容和数量性状的阈值，以上性状指标属性的设置可以在数据采集时减少录入错误，提供更高效的录入。性状指标覆盖作物可能涉及的所有性状指标，若在使用过程中发现缺少性状指标，可联系系统管理员添加，如图7-12所示。目前小麦、玉米性状指标比较完整。

图7-12　性状管理

4.试验任务管理　试验任务管理模块包括品种库、试验站管理和试验任务点管理。品种库是主要对作物品种信息进行管理。试验站管理是对试验地点信息进行管理，试验任务点管理记录试验的名称、实施年份、试验类型、试验因素、参试试验站、小区处理重复次数以及作物全生育期需要采集的性状指标。试验内容可同步下发多个参试试验站，试验站也可以接收多个项目负责人下发的试验任务。试验管理中可供选择的性状指标取决于性状管理添加的性状。如果使用过程中缺少性状指标，则需先通过性状管理添加。

（1）品种库。品种库是对参试品种的信息进行管理，主要包括名称、品种编码、组合、选育单位、联系人和操作等，如图7-13所示。

图7-13　品种库

（2）试验站管理。添加参试的试验站名称和地址等，如图7-14所示。

图7-14　试验站管理

（3）试验任务点管理。项目负责人设计项目采集指标、重复数等。点击“试验任务管理”，如图7-15所示，填写试验名称、试验年份、试验类型、试验因素、参试试验站、重复数和试验需要采集的性状指标，性状指标包括主要性状、田间采集性状、虫害调查、产量性状、物候期、病害调查和抗逆性记载。试验任务完成后，点击“更新”，即完成任务分发。试验因素分两种：处理为品种和处理为客观因素。处理为品种，即系统提供品种名称供选择。处理为客观因素，即输入处理数即可。试验站选择承担试验内容的试验站点，可多选，试验任务同步下发各站点，确保试验内容一致。

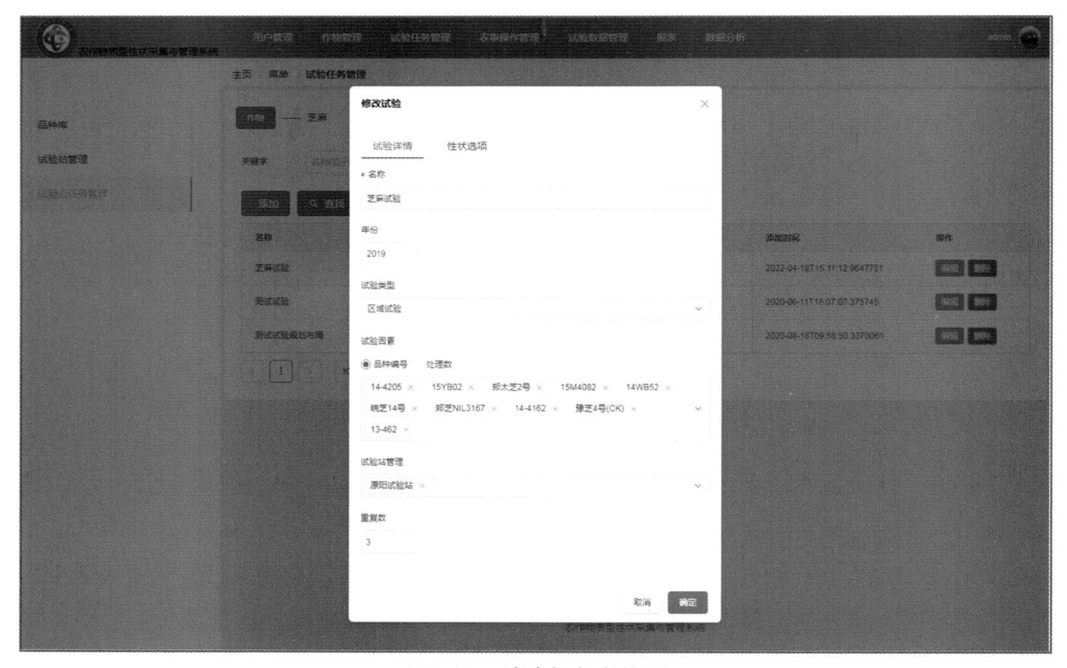

图7-15　试验任务点管理

5.农事操作管理　农事操作管理模块是对试验全过程中的农事操作及环境基础信息进行记录和管理，主要包括肥料、水分、农药等的使用时间、使用方式、施用量等信息，气象、土壤、试验规划布局等基础信息，如图7-16和图7-17所示。试验规划布局已有的可以以图片格式导入，也可以在系统中按照随机区组的设计方法生成田间设计图。

6.试验数据管理　在田间和室内数据模块下，可以查看移动端上传的性状采集数据。图片管理中查看移动端上传的田间采集图片。可以导入已有的Excel表格数据或无人机分析数据，如图7-18所示。

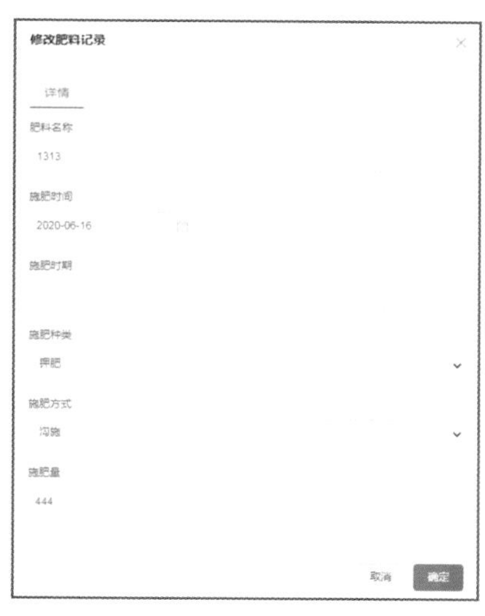

图7-16　肥料管理

图7-17　农事操作管理

条形码	品种	株高（cm）	始蒴部位（cm）	空梢尖长（cm）	主茎果轴（cm）	单株蒴数（个）	每
t000001	14-4205	128	47.5	3.2	77.3	53.1	62
t000002	15YB02	125.7	47.1	3.6	74.9	53	59
t000003	郑太芝2号	122	44.3	4.8	72.9	52.9	60
t000004	15M4092	140.1	55.2	4.4	80.6	56.3	60
t000005	14WB52	130.5	46	3	81.5	54.6	61
t000006	皖芝14号（杂交种）	119.9	43.4	3.5	73.1	56	60
t000007	郑芝NIL3167	129	50	4.3	74.8	55.1	58
t000008	14-4162	137.6	53.8	4.9	79	55.8	62
t000009	豫芝4号(CK)	132.1	49.9	4.5	77.6	53.7	61
t000010	13-462	142.1	56.7	6.9	78.5	60	57

图7-18　试验数据管理

7.报表　在报表中，显示试验所采集的所有性状指标，勾选其中的性状指标，可以生成相应的报表，报表可导出，可打印，如图7-19所示。

图7-19　试验数据报表

8.数据分析　Excel数据分析模块主要分析通过Excel导入系统的数据，先选出参与数据分析的性状指标，再对正逆指标进行选择，如图7-20所示。系统给出品种评价分析结果和排名，如图7-21所示。

图7-20　数据分析指标选择

119.9	43.4	3.5	73.1	56	60.5
129	50	4.3	74.8	55.1	58.2
137.6	53.8	4.9	79	55.8	62.2
132.1	49.9	4.5	77.6	53.7	61.4
142.1	56.7	6.9	78.5	60	57.3

序号	品种	S+	S-	C值	排名
1	14-4205	0.315546673160569	0.316640856432333	0.499134605460765	9
2	15YB02	0.310066105046478	0.311179559929942	0.499103852995493	7
3	郑太芝2号	0.304315314955767	0.305449733894344	0.499069790125953	2
4	15M4082	0.308713642895195	0.309831958211415	0.499096012230772	6
5	14WB52	0.320645425188992	0.321722267979896	0.499161817443222	10
6	晓芝14号（杂交种）	0.313097169649215	0.314199883293817	0.499121059441115	8
7	郑芝NIL3167	0.305501434664227	0.306631465445736	0.499076972679213	3
8	14-4162	0.306721597908707	0.307847149805174	0.499084275029723	4
9	豫芝4号(CK)	0.307129343732776	0.308253406795812	0.499086695993615	5
10	13-462	0.300683561034112	0.301831630045051	0.499047269655655	1

图7-21　品种评价结果

7.3.2　移动端系统实现

移动端首次使用时需联网登录，下载Web端分发的试验任务，接收试验任务后，可以离线采集，联网上传数据。

1.App安装　在安卓手机中安装表型采集App后，点击打开App，如图7-22所示，在登录界面输入账号和密码，如图7-23所示。

点击图7-23“登录”按钮，即可出现图7-24界面，该界面包含了各试验站承担的试验项目。当点击任一承担试验项目时，进入数据采集主界面，如图7-25所示。在田间采集时可离线登录，登录后，作物表型性状采集系统移动端显示承担单位所承担的试验项目，选择当前需采集的试验项目数据即可。

图7-22　系统首页

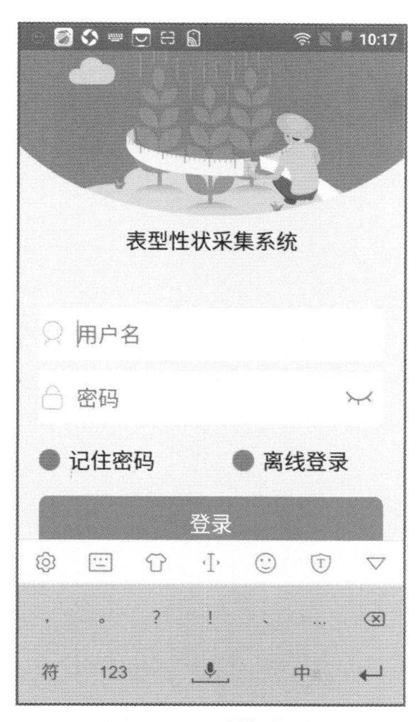

图7-23　系统登录

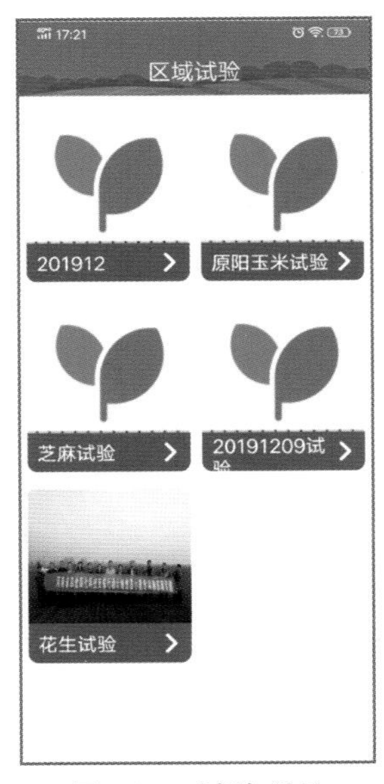

图7-24　试验项目

图7-25　试验站点数据采集

2.模板选择　模板选择即制作数据录入表格。在数据录入之前，根据项目需要和作物生长阶段，制作不同的数据录入模板（表格）。建议制作多个模板（表格），在数据录入前，选择本次使用的模板。模板可以共享，也可以多人同时登录。选择使用同一模板，既保证采集数据的一致性，也省去了多人共同完成数据采集时，每个人都需要制作模板的麻烦。由于试验地田间小区设置顺序不同，以及采集员采集顺序习惯不同，采集员可以调整模板中性状指标顺序。

点击“模板选择”模块，可以快速地添加试验需要采集的性状指标，如图7-26所示。在图7-26中，根据试验需求设置性状指标采集次数，每个性状指标的采集次数可以不相同。添加出来的性状形成该试验的模板，输入模板名称，如图7-27所示。保存模板，模板可以显示当前日期，展示了制作的所有模板列表，如图7-28所示。点击任一模板，可以查看模板所包括的指标信息，如图7-29所示。

点击进入某模板，展示该模板的详细指标，如图7-25所示。确认性状指标无误后，点击“使用该模板”，数据录入时，性状指标录入顺序就按照模板性状指标顺序，也可以选择某指标，上下拖动，调整性状指标顺序。

图7-26　模板性状添加

图7-27　输入模板名称

图7-28 保存模板

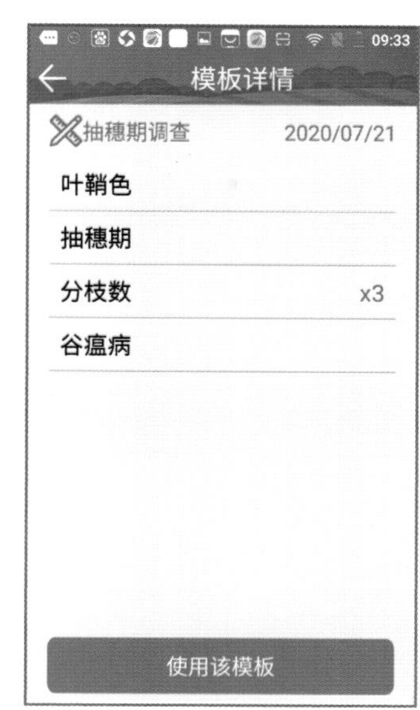

图7-29 模板详情

3.数据录入 点击当前保存的模板，选择使用模板，可以按照模板详情中的性状指标进行数据录入，点击“数据录入”模块，按照小区编号顺序录入性状指标数据，如图7-30所示。数据录入之前，需选择数据模板。如果不选择，即默认使用上次的模板。按田间采集顺序，自动给出每小区的采集项目。采集项目没有数据记录的，可为空。在数据录入过程中，中途退出后，再次登录可继续录入，具备数据查询、修改、即时保存功能等。数据采集还提供手动录入和扫码录入，如图7-31所示。数据录入时，及时自动保存，防止App假死造成数据丢失。

图7-30 数据录入

图7-31 手动录入

以玉米为例，选择物候期中的散粉期，确定输入模板名称“散粉调查”，该系统可同时制定多个模板，需点击某一模板，确认使用该模板，该模板才生效。主要性状中的株高和穗位，采集次数设定为5。数据录入按照模板进行，小区没有数据或者某一指标没有数据的，此处可为空。本实例中，数据录入小区编号为3时，没有数据，因此，直接进入下一小区。在数据上传模块中，查看数据详情，可看到区号3 中数据为空。如果小区3 需要采集数据，可输入小区编号3 后手动录入。数据采集结束后，再次在数据上传中查看数据详情，3号小区数据已补充完整。数据上传至服务器需要网络支持。

数据采集因作物性状指标种类多、试验小区数量多、试验目的各不相同、作物发育进程差异等原因，导致数据采集过程复杂多变。试验项目在作物试验数据采集系统中建立后，系统根据试验品种数/处理水平、重复数生成采集小区编号总数。为满足采集形式多样化要求，数据采集提供扫码录入、数据录入和手动定位3种数据采集方式，同时提供图片采集功能。扫码录入在试验小区采用条码标识的情况下使用；数据录入默认按照自然序列依次采集；手动定位可以任意选择小区开始数据采集。数据录入过程中，性状指标除数量性状外，录入键盘提供该指标可能出现的所有可选项，可以快速点选，如图7-32所示。比如物候期提供当天日期（缺省值）、病虫害提供等级等，通过点选能迅速完成数据录入，显著提高数据采集效率。在数据采集过程中，有一些性状差别难以区分或者易受人为因素的影响，比如性状指标的颜色、长势等，可以采集图片，方便以后室内进行对比分析。

4.数据上传　数据上传前需联网。选择上传模板名称，可以查看数据详情，先核对数据，如图7-33所示。选择上传的数据，点击“上传数据”即可，数据上传至Web端。数据上传完成后，该次采集数据模板名称自动消失。考虑到移动端内存有限，数据上传后，本地数据随之删除，也避免了数据重复上传。

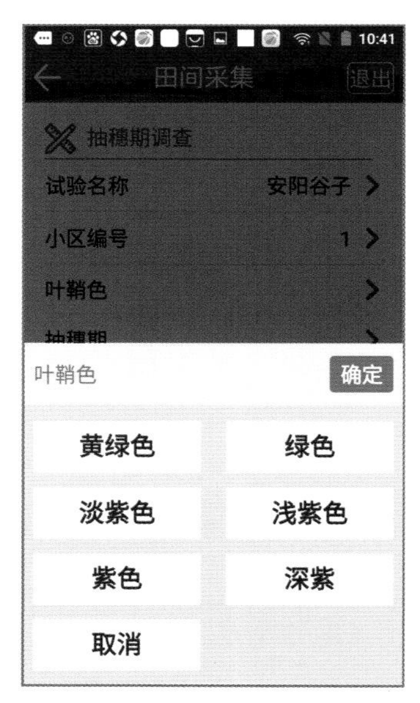

图7-32　录入键盘点选

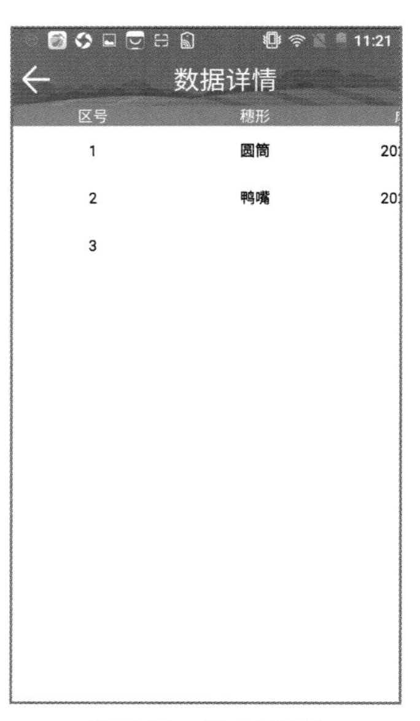

图7-33　数据查看

7.4　系统应用

7.4.1　系统性能测试

1.采集效率测试结果　为测试移动端数据采集效率，采用手工与移动端试验，对数据采集耗时进行了比较。表型性状信息采集设备采用成都富立叶电子科技有限公司生产的富立叶C7移动端，该设备含有四核、双卡4G、Android 5.1系统、7英寸高清液晶屏、1 280ppi×720ppi高分辨率，具有NFC、WiFi、蓝牙、GPS+BDS等功能，以及可选配一维/二维条码扫描模组、UHF读写卡功能；同时，该设备耐高光、电池容量大、携带方便。测试作物对象为玉米，测试数据采集耗时试验正处于玉米成熟期，选择试验常测的8个表型性状（品种编号、成熟期、株高、轴色、穗型、秃尖、粒色、图像）为数据采集对象，数据格式包括文本、数值、照片等常用形式，性状测量标准参考《农作物品种试验技术规程——玉米》。针对用户实际需求，挑选6名从事玉米田间试验的一线人员，现场实际操作培训

30min后，随机分组，每组2人。采用移动端采集数据，然后6名工作人员手工采集试验，人员随机分3组，每组2人，样本量为60。按性状采集标准进行采集，其中1人测量8个表型性状数据并拍照，然后人工二次录入性状数据到Excel表格，重命名图片，1人记录8个表型性状的试验时间。试验以采集表7-1全部性状的时间为指标，以完成全部性状数据采集所消耗的平均时长作为衡量标准，试验结果取平均值。

手工数据采集主要包括以下4个操作流程：①将观察观测数据记录到记载本上；②用相机拍摄照片；③将记载本上的数据录入Excel存档；④将拍摄的照片导出并重新命名。移动端采集玉米表型性状数据时仅需将数据记录到设备中，其余3个步骤同步到Web端玉米表型性状数据管理系统自动完成。表7-1为手工与移动端数据采集耗时，由表中可以看出，3组人员手工采集数据的平均耗时为629s，其中在数据记录环节平均占用40.2%的时间，数据录入环节平均占用35.9%的时间。而同一批人员利用移动端采集数据耗时平均为183.7s，与手工数据采集方式相比，应用移动端采集数据可节约时间70.8%；同时省去了拍照、数据录入、图片重命名的环节。

表7–1　手工与移动终端数据采集耗时

采集步骤	手工采集时间均值（s）			移动端采集时间均值（s）		
	1组	2组	3组	1组	2组	3组
数据记录	235	246	278	200	173	178
拍照	67	87	115			
数据录入	223	275	179			
图片重命名	59	61	62			
合计	584	669	634	200	173	178

2.系统性能测试结果　本研究设计的作物表型性状数据采集与管理系统经河南省863软件孵化器有限公司测试，测试结果表明，该系统在功能性测试、可靠性测试和易用性测试等方面均达到设计要求，符合《软件工程 软件产品质量要求和评价（square）商业现货（cots）软件产品的质量要求和测试细则》（GB/T 25000.51—2010）。根据采集人员的生产实际需求，本研究主要以玉米生长发育性能测定检验设备是否符合玉米主要性能指标的要求。以10株玉米成熟期主要农艺性状数据采集所消耗的平均时长作为衡量标准。成熟期主要测定玉米植株的株高、轴色、穗型、秃尖、粒色和图像等性状指标。按每套设备分别测定10株玉米、30株玉米随机分为3组开展生长发育性能测试，取得的主要性能测试结果如表7-2所示。受测成熟期玉米植株的性状指标数据采集时间介于172 ~ 185s，图像采集时间介于34.48 ~ 35.21s，玉米农艺性状数据采集系统性能测试稳定。

表7–2　玉米农艺性状主要性能测试结果

测定设备	性状指标数据采集时间（s）	图像采集时间（s）
设备1	185±19	35.21±2.53
设备2	179±17	34.48±2.12
设备3	172±21	34.89±2.08

7.4.2　系统功能测试

为测试该系统的功能和稳定性，在河南省农业科学院原阳示范基地于2017年玉米生长季安排玉米区试试验，测试本系统功能模块。试验采用随机区组设计，3次重复，5行区，小区面积20m^2，种植密度为75 000株/hm^2，采集株数10株。在玉米吐丝期，测定玉米株型、穗柄有无、苞叶情况、花丝颜色、吐丝时间、株高、穗位、倒伏率等8个性状指标。

田间采集任务结束后，将表型性状数据上传至Web端。试验数据管理可以选择测试性状指标，生成各类报表。系统提供了品种评价分析功能，根据选择的数据性状，对参试品种进行综合评价。数据统计分析结果可以直接打印和导出。此外，采集数据也可导出为Excel表格，然后利用专业的统计分析软件，如SPSS和SAS，供科研人员进一步做专业分析。

经测试，表型性状采集移动端支持多个试验任务，支持多人共享同一采集模板，省去了传统手工采集数据二次录入过程，农艺性状数据的标准采集与统一存储，解决了传统手工记载数据错误率高、纸质记录不易保存等问题，采集效率提高了70%以上（图7-34）。表型性状管理Web端实现多点试验任务的实时分发，灵活地调整农艺性状采集字段和阈值，减少了人为误差和干扰。提供了实时查看采集数据和数据管理、分析功能。项目负责人和管理员根据数据统计分析结果提出切实可行的生产指导意见，并推送信息至采集员手机，为科学决策和管理提供数据支撑。

图7-34　移动端数据采集操作

7.5 小结

本研究设计并实现了作物表型性状采集与管理系统，包括作物表型管理系统（Web端）和作物表型采集系统（移动端）。服务对象为从事作物栽培与育种试验的田间一线人员。用户通过登录PC浏览器，实现作物生产过程试验任务的分发、数据的审核与修改、数据的查询与管理、报表中心生成及数据的统计分析等功能。利用移动端，实现便捷采集和实时查询农作物农艺性状数据等功能。

该系统为作物表型性状采集和管理的通用版本，适用于不同种类作物农艺性状的便捷采集与管理，如瓜果、蔬菜等。该系统根据不同作物农艺性状采集的个性化需求，按照不同作物种类和生长性状，设置不同功能权限和数据采集方式，定制不同的采集指标与采集方法标准，满足多样化的数据采集需求。该系统具有部署简单、操作便捷、界面友好、维护方便、兼容性好、跨平台能力强等特点，实现了农作物从播前到收获生产全程的表型信息精确采集，提高了大田试验数据采集的效率与准确性。与传统的手工数据采集对比，采用移动端采集数据，显著缩短了数据采集时长的70.8%，减少了纸质数据电子化的环节。

自2016年以来，该系统已在河南省农业科学院、河南农业大学以及洛阳市农林科学院等科研机构示范应用。经过长期测试和不断更新，该系统在实际应用中发现存在一些不足之处，如考种数据是用考种仪获取，虽然解决了传统人工测量效率低等问题，但给数据的统一管理带来不便；另外，采集的大量图片仅能查看和检索，未经过深层次的图像识别和挖掘等。因此，在今后的研究中，重点将高通量采集技术和图像识别技术应用到本系统中，减少多个系统分散的问题，进一步提高数据采集和挖掘效率。

该系统获得6项计算机软件著作权证书：小麦表型性状管理系统Web版（登记号：2018SR215567）；小麦表型性状采集系统安卓版（登记号：2018SR215559）；玉米表型性状管理系统Web版（登记号：2018SR077992）；玉米表型性状采集系统安卓版（登记号：2018SR004558）；农作物表型性状采集与管理系统Web版（登记号：2020SR1222916）；作物表型性状采集系统单机版（登记号：2019SR1263776）。

➤ 参考文献

陈桂鹏, 严志雁, 瞿华香, 等, 2014. 基于Android手机的农业环境信息采集系统设计与实现[J]. 广东农业科学, 41 (13): 178-181, 219.

陈立平, 李奉令, 2010. 农博士育种家软件在育种工作中的应用技术[J]. 中国园艺文摘, 26 (7): 171-172.

戴建国, 王守会, 赖军臣, 等, 2017. 基于智能手机的棉花苗情调查与决策支持系统[J]. 农业工程学报, 33 (21): 200-206.

官晓敏, 杨中路, 陈海峰, 等, 2016. 基于Excel VBA的区域试验考种数据录入系统的设计与应用[J]. 农学学报, 6 (8): 54-58.

郭瑞林, 2018. 作物同异育种智能决策系统及应用[M]. 北京: 科学出版社.

胡亚敏, 张建锋, 武珊珊, 等, 2016. 基于阿里云的便携式多功能农田信息采集系统设计[J]. 中国农机化学报, 37 (9): 146-150.

黄锦, 李绍明, 2014. 基于手机的玉米育种田间数据采集系统设计[J]. 农机化研究, 36 (6): 193-197, 201.

景蕊莲, 2017. 生理育种II：小麦田间表型鉴定指南[M]. 北京: 科学出版社.

李国强, 赵巧丽, 臧贺藏, 等, 2021. 基于Android的可定制作物育种数据采集系统设计与实现[J]. 河南农业科学, 50 (7): 174-180.

李卫华, 2012. 烟草品种区域试验管理系统开发[D]. 北京: 中国农业科学院.

李文闯, 2013. 基于Android的移动GIS数据采集系统研究[D]. 北京: 首都师范大学.

李雪，杨涛，2016. 玉米育种信息管理系统的研究[J]. 江苏农业科学，44 (1)：418-421.
刘建刚，赵春江，杨贵军，等，2016. 无人机遥感解析田间作物表型信息研究进展[J]. 农业工程学报，32 (24)：98-106.
刘忠强，2016. 作物育种辅助决策关键技术研究与应用[D]. 北京：中国农业大学.
牟伶俐，刘钢，黄健熙，2006. 基于Java手机的野外农田数据采集与传输系统设计[J]. 农业工程学报，22 (11)：165-169.
牛庆林，冯海宽，杨贵军，等，2018. 基于无人机数码影像的玉米育种材料株高和LAI监测[J]. 农业工程学报，34 (5)：73-82.
宋鹏，张晗，罗斌，等，2018. 基于多相机成像的玉米果穗考种参数高通量自动提取方法[J]. 农业工程学报，34 (14)：181-187.
苏伟，蒋坤萍，闫安，等，2018. 基于无人机遥感影像的育种玉米垄数统计监测[J]. 农业工程学报，34 (10)：92-98.
孙其信，2016. 作物育种理论与案例分析[M]. 北京：科学出版社.
王虎，李绍明，刘哲，等，2010. 作物品种试验数据预处理系统的设计与实现[J]. 中国农业科技导报，12 (2)：138-144.
王虎，杨耀华，李绍明，等，2013. 基于移动端作物大田测试数据采集技术研究与实现[J]. 中国农业科技导报，15 (4)：156-162.
王君婵，高致富，李东升，等，2018. 农业信息技术在小麦育种中的应用研究[J]. 作物杂志 (3)：37-43.
吴刚，陈晓琳，谢驾宇，等，2016. 玉米果穗自动考种系统设计与试验[J]. 农业机械学报，47 (S1)：433-441.
杨北方，韩迎春，毛树春，等，2015. 基于数字图像的棉花长势空间变异分析[J]. 棉花学报，27 (6)：534-541.
杨丹，2019. 智慧农业实践[M]. 北京：人民邮电出版社.
杨光圣，员海燕，2016. 作物育种原理[D]. 北京：科学出版社.
杨琦，叶豪，黄凯，等，2017. 利用无人机影像构建作物表面模型估测甘蔗LAI[J]. 农业工程学报，33 (8)：104-111.
叶思菁，朱德海，姚晓闯，等，2015. 基于移动GIS的作物种植环境数据采集技术[J]. 农业机械学报，46 (9)：325-334.
臧贺藏，王言景，赵巧丽，等，2019. 表型性状数据采集系统在玉米区域试验中的应用[J]. 河南农业科学，48 (12)：152-156.
臧贺藏，赵巧丽，李国强，等，2019. 玉米农艺性状数据采集与管理系统的设计与实现[J]. 南方农业学报，50 (11)：2606-2613.
张士敏，2019. 物联网在水稻区域试验信息采集中的应用研究[J]. 农机化研究，41 (1)：214-217.
张文英，李承道，2018. 作物表型研究方法[M]. 北京：科学出版社.
张小斌，戴美松，施泽彬，等，2016. 梨育种数据管理和采集系统设计与实践[J]. 果树学报，33 (7)：882-890.
赵巧丽，臧贺藏，李国强，等，2019. 基于Android的作物表型性状数据采集系统研究[J]. 河南农业科学，48 (8)：175-180.
赵庆展，靳光才，周文杰，等，2015. 基于移动GIS的棉田病虫害信息采集系统[J]. 农业工程学报，31 (4)：183-190.
赵新颖，罗坤，2019. 基于云计算的水稻区域试验信息采集系统设计[J]. 农机化研究，41 (2)：229-232，237.

PART 08

牛场管家

8.1 研发背景

千头以下肉牛和奶牛养殖场存在饲养管理技术落后、信息化水平不高等粗放经营方式。以物联网、大数据和云计算等技术为依托，完善养殖规模化、生产标准化的发展方式，是当前畜牧养殖智能化和装备化的迫切需求。

信息化与自动化的现代管理技术在农业和畜牧业中已经得到比较广泛的应用。在奶牛智能养殖管理方面，杨亮等建立了规模化奶牛场生产过程数据网络整合与智能分析平台，实现了奶牛场基本数据的保存和繁殖性能参数的在线分析（杨亮等，2015）。李健等（2015）采用“云+端”模式，研制了奶牛繁殖管理系统，实现了Web端和移动端的数据实时同步。李亚萍等（2016）研制的奶牛场信息管理系统，实现了软件和饲喂设备下位机之间的数据通信。Calsamiglia等（2020）构建了基于网络的虚拟奶牛群管理软件，协助养殖场了解牛群结构和功能。王蕾（2018）构建了奶牛场信息化管理系统，包含奶牛管理、饲料管理、牛奶管理、药品管理和奶源追溯等模块。在肉牛智能养殖管理方面，浣成等（2016）以母牛繁殖周期和配种为核心，构建了肉牛实时信息管理系统，实现了牛只繁殖信息的实时预警。王虹等（2015）构建了市级基础母牛信息化管理系统，实现了基础母牛繁殖、检疫、生长测定等管理。Sivamani等（2016）基于Android构建了畜禽疾病早期检测系统，即通过监测家畜饲养行为预防早期可能出现的疾病。

随着智能手持终端的飞速发展，集通话、短信、网络接入、拍照、高精度定位、近距离无线通信技术于一体的综合性功能配置终端设备能够满足农业生产信息采集的实际需求（戴建国等，2017）。例如李敏等（2016）构建了牛场养殖管理Web端和移动端，实现了对牛只生长发育信息的存储管理和数据可视化。王海翠等（2016）设计了基于超高频RFID技术的肉牛养殖可追溯系统，实现了肉牛品种、重量、健康状况等信息的高效采集。RFID是一种非接触式的自动识别技术，可以在较远读写距离识别运动中的物体。使用具有RFID功能的手持终端，识别牛电子耳标内的数据，并随时可采集信息和即时跟踪管理。这是掌握动物健康状况的有效管理方法，也是传统人工采集无法比拟的方法。目前规模化养殖场管理系统多为PC版和Web版，而集成养殖管理与超高频RFID的手持养殖管理系统还少见报道。

为此，课题组以手持终端为载体，利用RFID、移动互联网技术，以千头规模化养殖场牛只繁育流程为主线，重点涉及发情、配种、产犊、泌乳或育肥、离场等事件，构建涵盖肉牛和奶牛养殖的智能管理系统，为中小规模养殖场的品种选育、繁殖和疾病治疗等环节的信息化提供技术支撑。

8.2 软件概述

8.2.1 功能需求分析

课题组对河南省肉牛和奶牛产业聚集区中的豫西、豫西南、豫东地区进行入场调查。通过梳理牛场日常业务，结合现有软件平台建设实践，摸清软件功能需求主要包括：①能够对牛场育种、繁殖、泌乳、育种等信息进行综合管理；②能够实时查看牛场管理状态，生成详细图表；③尽量降低基层信息采集员的工作复杂度，提高信息录入效率；④能够对常见病提供初步的疾病辅助判断。

根据不同类型牛场业务流程，总结提炼制定了业务信息流图，如图8-1所示。第一个环节是牛只进场前，通过外购或本场繁育，增加牛只存栏量。进场后要进行检疫检查，更换耳标和分配牛舍。随后是养殖场日常管理业务。牛场负责人综合判断牛场运营状况，制定牛只销售决策。

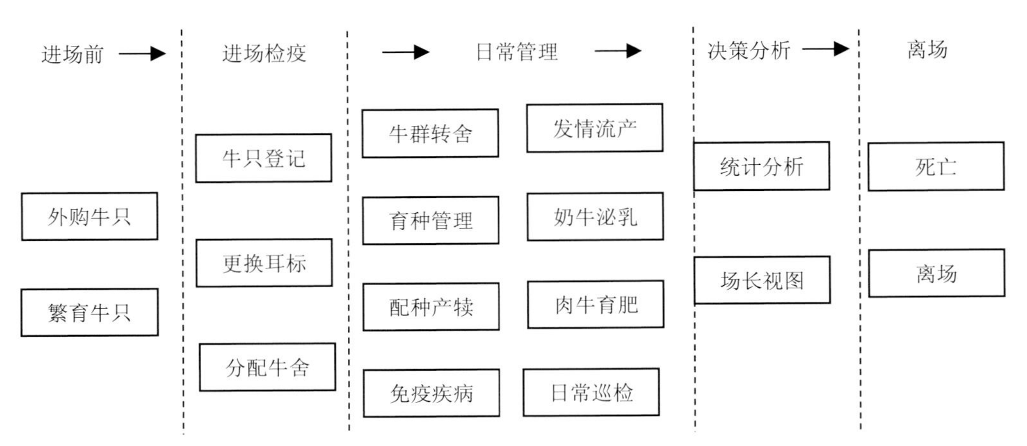

图8-1　业务信息流图

翔实完整的牛只档案信息是本系统业务运行的核心数据。本系统提供历史数据导入和日常数据填报两种录入方式。对于历史数据，将纸质记录表电子化后，保存为Excel格式，直接导入系统数据库。对于日常录入，通过点选虚拟输入键盘，调取高频字段字典数据，实现信息的快速录入。

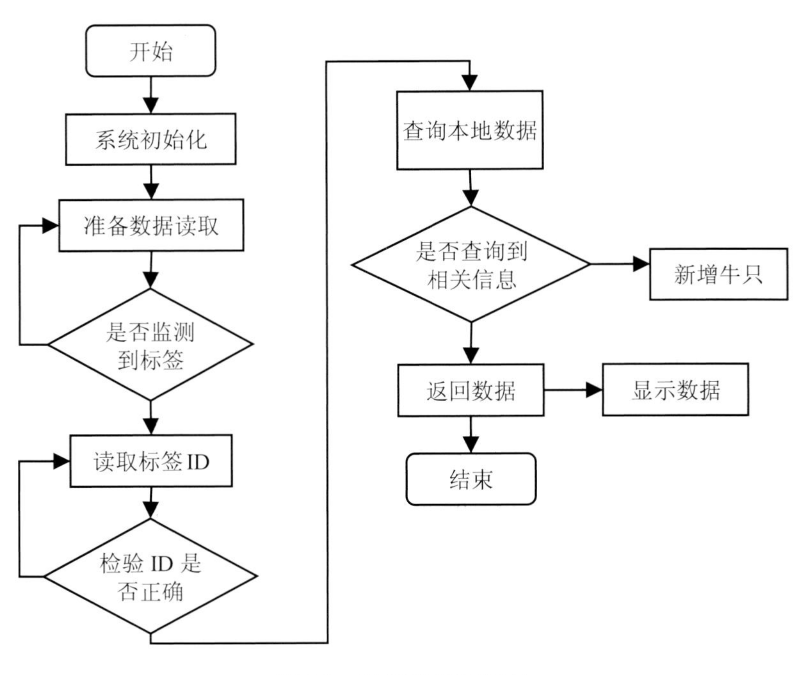

图8-2　数据填报流程图

系统提供了单个和批量两种记录方式，对于单个牛只事件，如单头牛的转舍或离场，采取逐头牛填报，而对于整个牛舍事件，例如断奶犊牛转舍至青年牛舍，采取批量填报。数据填报流程见图8-2，手持终端识别电子耳标数据，获取牛只唯一ID。根据牛只ID查询数据库，判断为空，新增牛只信息或事件，否则显示查询结果。

8.2.2 系统总体设计

系统采用基于客户端的B/S架构（图8-3），其中服务器设置在云端，用于数据存储和管理，为手持终端提供数据服务。客户端即用户的手机终端，用于接受用户指令、向服务器发出请求并接收回传数据。本系统采用基于HTTP协议的Web API来实现服务端与客户端的交互。服务器端通过Web API处理HTTP请求（Get、Post、Delete等），当客户端查询结构化数据时，客户端发送Get查询请求，服务器端通过查询服务器关系数据库系统，返回查询结果。

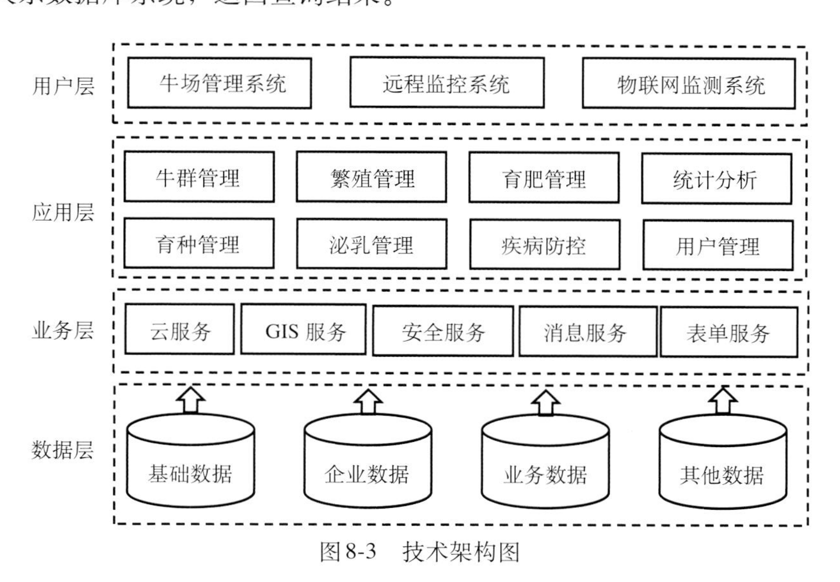

图8-3 技术架构图

8.2.3 系统功能设计

针对养殖场一线员工信息化接受程度不高等特点，坚持简洁友好、操作简便的原则，采用智能手持终端+安卓手机应用的架构模式。根据前期功能需求分析，系统一级功能模块包括牛群管理、育种管理、繁殖管理、泌乳管理、育肥管理、疾病防控、统计分析、用户管理8个模块，如图8-4所示。

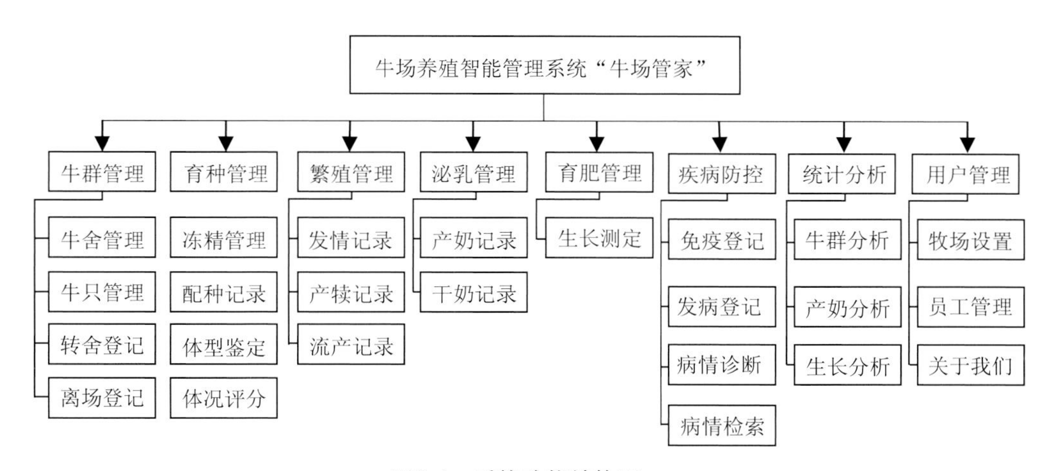

图8-4 系统功能结构图

1. 牛群管理　记录牛只个体特征，场内牛只转移、离场等信息，包括牛舍管理、牛只管理、转舍登记和离场登记4个功能。“牛舍管理”记录牛舍的基本信息，包括牛舍编号、牛舍名称、牛舍类别、牛舍面积和最大存栏量。“牛只管理”记录完整的牛只档案。“转舍登记”和“离场登记”记录牛只在场内和场外的转移情况。

2.育种管理　育种管理记录牛只配种情况、冻精使用情况以及体型评分，包括冻精管理、配种记录、体型鉴定和体况评分等4个功能。“冻精管理”记录冻精编号、冻精来源、所属品种等信息。“配种记录”记录配种流程和配种次数。“体型鉴定”记录体型总分、体躯容量、泌乳系统等信息。“体况评分”采用向导式操作，逐步逐项引导用户完成评分。

3.繁殖管理　繁殖管理记录牛只发情、产犊和流产情况，包括发情记录、产犊记录和流产记录3个功能。“发情记录”记录发情类型、发现方式等信息。“产犊记录”记录母牛号、犊牛号、初生重、性别胎教、产犊难易、胎衣情况等信息。“流产记录”记录母牛号、流产原因、胎儿类型、发现方式等信息。

4.泌乳管理　泌乳管理记录牛只每日产奶情况，包括产奶记录和干奶记录2个功能。“产奶记录”记录挤奶班次和产奶量。“干奶记录”记录干奶类型和原因。

5.育肥管理　育肥管理记录牛只体重、体长等生长状况，即“生长测定”，它记录牛只身体状况信息，包括称重时间、体重、体高、体长、体斜长、胸围、腹围等。

6.疾病防控　疾病防控记录牛只发病、治疗、免疫和防疫情况，包括免疫登记、发病登记、病情诊断和病情检索4个功能。“免疫登记”记录牛只疫苗使用情况，包括疫苗种类、疫苗阶段、剂量和部位。“发病登记”记录牛只发病症状。“病情诊断”提供常见疾病指认式诊断功能。“病情检索”提供九大类41种常见病知识库，包括疾病种类、疾病名称、发病症状、严重程度、发现方式、防治措施、处方备注。

7.统计分析　统计分析即针对牛群结构和产奶及生长等数据进行可视化分析，包括牛群分析、产奶分析、生长分析3个功能。

8.用户管理　用户管理包括牧场设置、员工管理等基本信息的管理。

8.2.4　数据库设计

根据系统功能设置，设计了23个数据表，分别保存养殖事件，部分表结构见表8-1。

表8—1　主要数据库表格字段

序号	表名称	表部分字段
1	牛只数据表	牛号、耳标代码、牛舍、品种、性别、胎次、出生日期、入场日期、父牛号、母牛号
2	母牛配种数据表	配种日期、冻精编号、冻精类型、经办人、备注等
3	体型鉴定数据表	结构与容量、尻部、肢蹄、乳房、乳用等
4	转舍数据表	转舍日期、原舍号、新舍号、转舍原因、经办人、备注
5	牛只发情数据表	发情日期、发情时间、发情类型、发现方式、经办人、备注等
6	产犊数据表	分娩日期、犊牛号、初生重、性别、产犊难易、胎衣情况、备注
7	产奶记录数据表	产奶日期、班次、奶量、经办人等信息
8	免疫记录数据表	免疫日期、免疫类型、经办人
9	发病记录数据表	发病日期、疾病种类、疾病名称、疾病概述、严重程度、发现方式、经办人、处方备注

8.2.5　系统开发环境

以安卓手机作为客户端，客户端使用安卓视图（view）组件，实现数据录入界面的交互；应用嵌入型数据库（SQLite），实现手机端数据存储；云端基于阿里提供的云服务器。

客户端运行环境：以Android Studio为开发集成环境，使用Java编程语言，基于安卓3.1 SDK开发。采用SQLite轻型数据库，通过JSON数据格式进行数据交换。Web端开发环境为Visual Studio 2019，使用IIS 8作为网络服务器，服务端数据库为MS SQL Server。服务端部署到阿里云服务器上。

8.2.6 软件运行环境

本系统最终运行在安卓3.1以上版本的手持终端，并需内置UHF、1D/2D扫描等物联网功能。本研究选择富立叶CILICO F880手持终端，该终端基于Android 7.1系统开发，内置物联网功能，读取距离3～5m。牛耳佩戴的电子耳标选择超高频UHF电子耳签，读写距离在1～7m。

8.3 系统实现

8.3.1 企业注册

企业注册要下载并安装牛场管家App。初次使用系统时，养殖场负责人需先填写注册信息，包括牛场类型、牛场名称、登录手机号、管理员密码，在注册时要选择牛场类型，奶牛场或肉牛场，如图8-5所示。注册成功后，可进行用户登录，登录界面如图8-6所示。

系统登录后，首先看到的是“场长一张图”，方便管理人员实时查看牛场生产情况，如图8-7所示。“场长一张图”汇集整个牛场前一日牛只个体发生的不同事件信息，通过数据显示牛只存栏、离场、总产奶量、日均产奶量、发情数、配种数、产犊数、流产数、发病数、免疫数共10个指标单日数值动态信息。

首次登录后，需补充完善养殖场的地址、联系方式、养殖规模等详细信息。在“用户中心”设置养殖场员工信息，如工号、用户名、姓名、性别、岗位、联系方式和密码等。牧场信息包含牧场名称、牧场地址等信息。在员工管理中，添加员工信息，包含工号、用户名、姓名、性别、岗位、联系方式和密码，如图8-8所示。

图8-5　注册界面

图8-6　登录界面

图8-7　系统模块界面

图8-8　牧场信息界面

8.3.2 牛群管理

牛群管理包括牛舍管理、牛只管理、转舍登记和离场登记，如图8-9所示。用户首次使用该软件第一步要登记牛场中所有牛只的基本资料。用户首先要登记牛舍信息，然后再登记牛只信息。转舍和离场登记根据具体事件进行登记。

“牛舍管理”记录牛舍的基本信息，包括牛舍编号、牛舍名称、牛舍类别、牛舍面积和最大存栏，如图8-10所示。“牛只管理”记录完整的牛只档案信息，如图8-11所示。完整的牛只档案信息是该系统的核心数据，对于已经有较完善牛只档案数据信息的养殖场，可将数据通过手动输入或批量导入的方

图8-9　功能列表

图8-10　牛舍信息录入界面

图8-11　牛只管理界面

式完成牛只档案信息登记。App提供了两种牛号检索方式：一种是手动录入牛号；另一种是利用手持终端扫描电子耳标，自动获取牛号。在日常巡检中，通过手持终端扫描电子耳标，软件将汇集数据库各表格信息，生成完整的牛只档案。"转舍登记"和"离场登记"记录牛只在场内和场外的转移。系统提供了单个登记和批量登记两种登记方式，对于单个牛只事件，选择单个转舍或离场。对于整个牛舍事件，选择批量转舍或离场，见图8-12和图8-13。

图8-12　牛只转舍信息录入界面

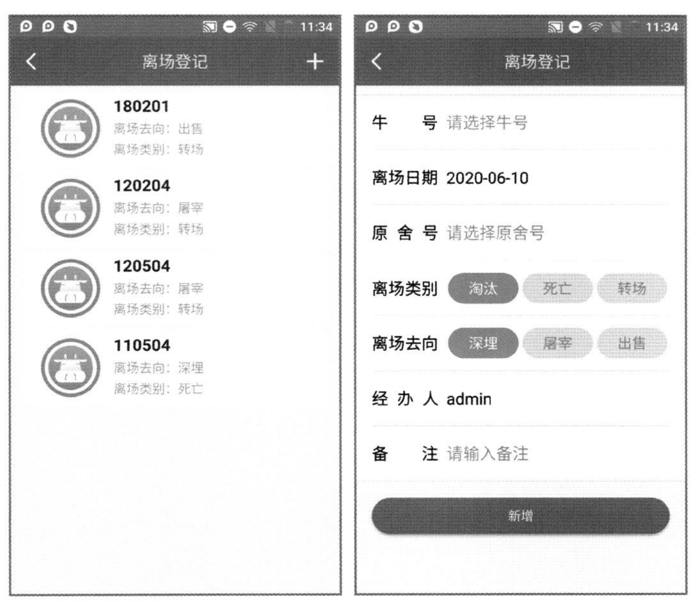

图8-13　牛只离场信息录入界面

1.牛舍管理　在"牛舍管理"界面，上下滑动列表查看所有登记牛舍信息，点击单个牛舍，可查看牛舍详情。点击右上角"+"号，进入"添加牛舍"界面。用户在"添加牛舍"界面，填写牛舍实际情况，包括牛舍编号、牛舍名称、牛舍类别、牛舍面积和最大存栏。点击下方"新增"按钮，完成添加，界面如图8-10所示。

2.牛只管理　在"牛只管理"界面，可通过两种方式查看牛只信息：一是在"搜索框"，搜索牛号查看牛只信息；二是点击“扫描”图标，使用手机终端，扫描牛只电子耳标，获取牛号，查看牛只信息。界面如图8-11所示。通过搜索和扫码获取牛号，点击牛号，进入“牛只详情”界面。在“牛只详情”界面，系统根据出生日期、转舍、离群等事件，自动更新成长期、牛只状态和在群否。

在“牛只管理”界面，点击右上角“+”号，进入“添加牛只”界面。牛只信息包括牛号、耳标、所在牛舍、品种、性别、胎次、出生日期、入场日期、DHI等。填写完牛只信息后，点击下方“新增”按钮，完成添加，界面如图8-11所示。

3.转舍登记　用户在“转舍登记”界面，点击右上角“+”号，选择“单个转舍”或“批量转舍”。选择“单个转舍”，进入“添加转舍登记”界面，添加转舍信息包括牛号、转舍日期、原舍号、新舍号、转舍原因（过抗、转群、传染病隔离、疾病治疗、分娩前后、分群饲养、正常干奶、提前干奶、推迟干奶）、经办人、备注。选择“批量转舍”，进入“批量转舍”界面，添加转舍信息。信息登记完成，点击下方“新增”按钮，完成添加，如图8-12所示。

4.离场登记　在“离场登记”界面，点击“+”号，选择“单个离场”或“批量离场”。选择“单个离场”，进入“离场登记”界面，添加离场信息包括牛号、离场日期、原舍号、离场类别（淘汰、死亡、转场）、离场去向（深埋、屠宰、出售）、经办人、备注。选择“批量离场”，进入“批量离场登记”界面，信息登记完成，点击下方“新增”按钮，完成添加，如图8-13所示。

8.3.3　育种管理

育种管理分为冻精管理、配种记录、体型鉴定和体况评分4个部分。“冻精管理”记录冻精编号、冻精来源、所属品种等信息。“配种记录”提供单个配种或批量配种两种输入方式。“体型鉴定”记录体型总分、体躯容量、泌乳系统等信息。该模块提供了快捷输入键盘，通过点选完成信息的快速录入。“体况评分”采用向导式操作，逐步逐项引导用户完成评分。

1.配种记录　在“配种记录”界面，点击“+”号，选择单个配种或批量配种。选择“单个配种”，进入“添加配种信息”界面，添加配种信息包括母牛号、配种日期、冻精编号、经办人、备注，如图8-14所示。选择“批量配种”，进入“批量添加配种”界面，添加信息包括牛舍、配种日期、冻精编号、使用剂数、经办人、备注。以上信息登记完成，通过点击下方“新增”按钮，完成添加。

图8-14　牛只配种信息录入

2.冻精管理　在“冻精管理”界面，点击右上角“+”号，进入“添加冻精”界面。添加冻精信息包括冻精编号、冻精来源、冻精类型、所属品种、经办人。信息登记完成，通过点击“新增”按钮，完成添加，如图8-15所示。

图8-15　牛只冻精信息录入

3.体型鉴定　在“体型鉴定”界面，点击“+”号，进入“添加体型鉴定”界面。添加体型鉴定信息包括牛号、结构容量、尻部、肢蹄、前乳房、后乳房。信息登记完成，点击“新增”按钮，完成添加，如图8-16所示。

图8-16　体型鉴定信息录入

4.体况评分　在“体况评分”界面，点击右上角“+”号，进入“添加体况评分”界面。体况信息包括牛号、评分日期、当前分、评分类型、经办人、备注。信息登记完成，点击“新增”按钮，完成添加，如图8-17所示。

图8-17　体况评分信息录入

8.3.4　繁殖管理

繁殖管理分为发情记录、产犊记录和流产记录。

1.发情记录　在“发情记录”界面，点击“+”号，进入“添加发情记录”界面。发情记录信息包括牛号、发情日期、发情时间、发情类型、发现方式、经办人、备注。信息登记完成，点击“新增”按钮，完成添加，如图8-18所示。

图8-18　发情记录信息录入

2.产犊记录　在“产犊记录”界面，点击“+”号，进入“添加产犊信息”界面。产犊信息包括母牛号、分娩日期、犊牛号、初生重、性别胎数、产犊难易、胎衣情况、备注。信息登记完成，点击“新增”按钮，完成添加，如图8-19所示。

图8-19 产犊记录信息录入

3.流产记录 在“流产记录”界面，点击“+”号，进入“添加流产信息”界面。流产信息包括牛号、流产日期、流产原因、胎儿类型、发现方式、经办人、备注。点击“新增”按钮，完成添加，如图8-20所示。

图8-20 流产记录信息录入

8.3.5 泌乳管理

泌乳管理分为产奶记录和干奶记录。“产奶记录”即通过人工输入牛号或扫描电子耳标，录入挤奶班次和产奶量，如图8-21所示。“干奶记录”即输入牛号或扫描电子耳标，选择干奶类型和原因，完成添加，如图8-22所示。

1.产奶记录 在“产奶记录”界面点击“+”号进入“添加产奶记录”界面。产奶记录信息包括牛号、产奶日期、班次、奶量、泌乳天数、经办人。点击“新增”按钮，完成添加，如图8-21所示。

2.干奶记录 在“干奶记录”界面点击“+”号进入“添加干奶记录”界面。干奶记录信息包括牛号、干奶日期、干奶时间、干奶类型、干奶原因、经办人、备注。点击“新增”按钮，完成添加，如图8-22所示。

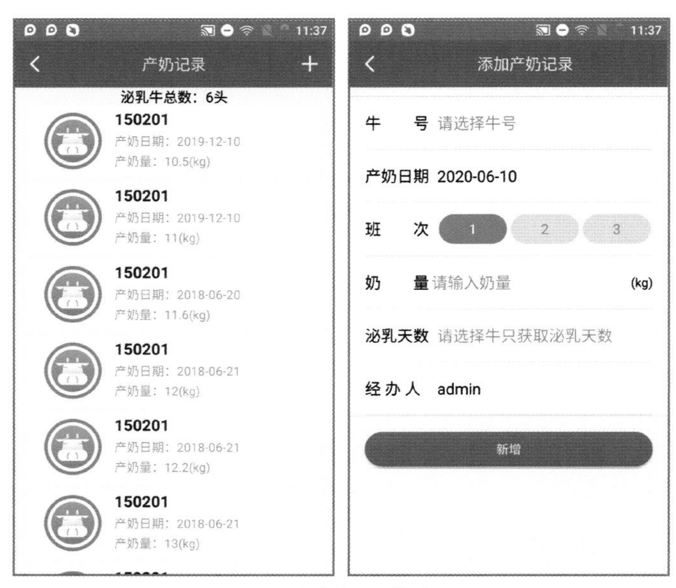

图8-21 产奶记录信息录入

图8-22 干奶记录信息录入

8.3.6 疾病防控

疾病防控分为免疫登记、发病登记和病情检索。“免疫登记”记录牛只疫苗使用情况。“发病登记”记录牛只发病症状严重程度等信息。“病情检索”提供了常见病知识库，共九大类疾病41种常见病。

1.免疫登记 在“免疫登记”界面点击“+”号进入“添加免疫登记”界面。免疫登记信息包括牛号、免疫日期、疫苗种类、疫苗阶段、剂量、部位、经办人、备注。点击“新增”按钮，完成添加，如图8-23所示。

2.发病登记 在“发病登记”界面点击“+”号进入“添加发病登记”界面。发病登记信息包括牛号、发病日期、疾病种类、疾病名称、发病症状、严重程度、发现方式、经办人、防治措施、处方备注。点击“新增”按钮，完成添加，如图8-24所示。

图8-23　免疫登记信息录入

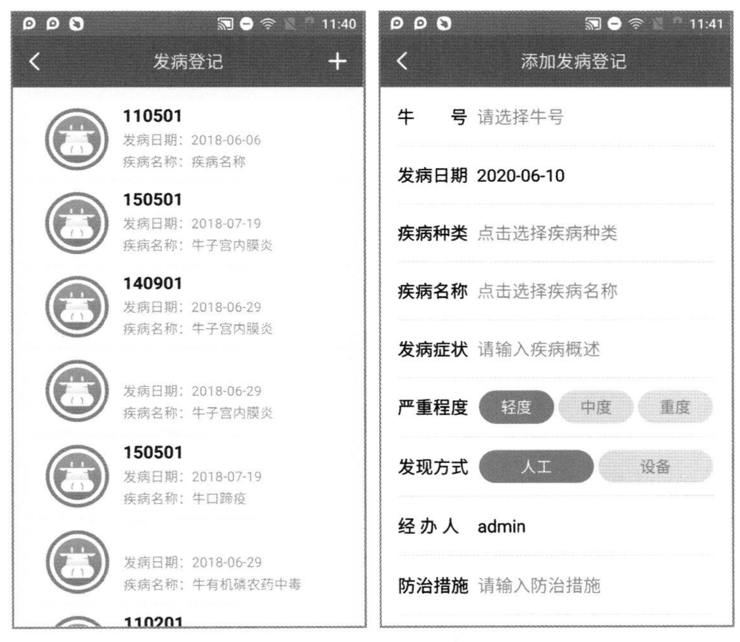

图8-24　发病登记信息录入

3.病情检索　病情检索系统是基于智能推理的辅助疾病诊断的功能，分为病情诊断和疾病查询。①病情诊断。该功能采用本体论方法，对常见病诊断知识进行结构划分，设计病情知识库，分为营养代谢性疾病、消化系统疾病、繁殖系统疾病、外科病、神经系统疾病、中毒病、寄生虫病、细菌病、病毒病九大类，采用二叉树检索算法，基于不同发病部位的病症及特征图像，实现对常见疾病的知识解析说明，基于图像及特征描述的智能信息匹配和规则算法诊断模式是该功能的核心诊断方法。推理算法如图8-25所示。用户输入疾病特征或发病部位图片点击“搜索”，获取系统初始推理结论，初步确认疾病种类。②疾病查询。系统收录了41种常见病，每种疾病包括疾病概况、病源介绍、疾病名称、临床症状、严重程度、确诊方法和综合防治措施等详细描述，通过查询，可将知识库中与所述初始推理结论中的疾病相对应的诊断标准显示给用户，如图8-26所示。

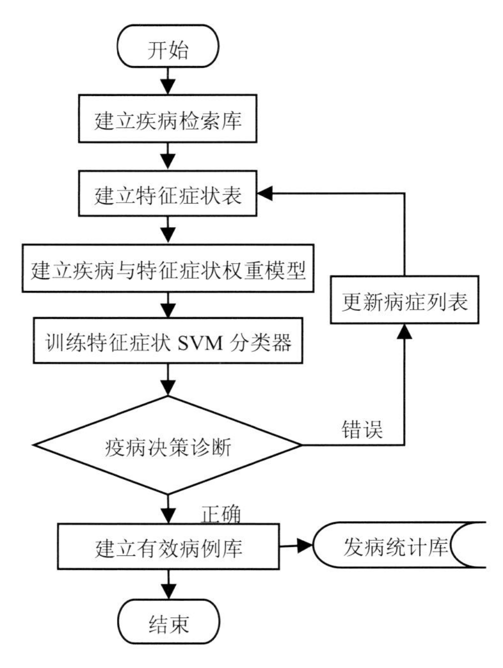

图8-25　病情检索推理算法

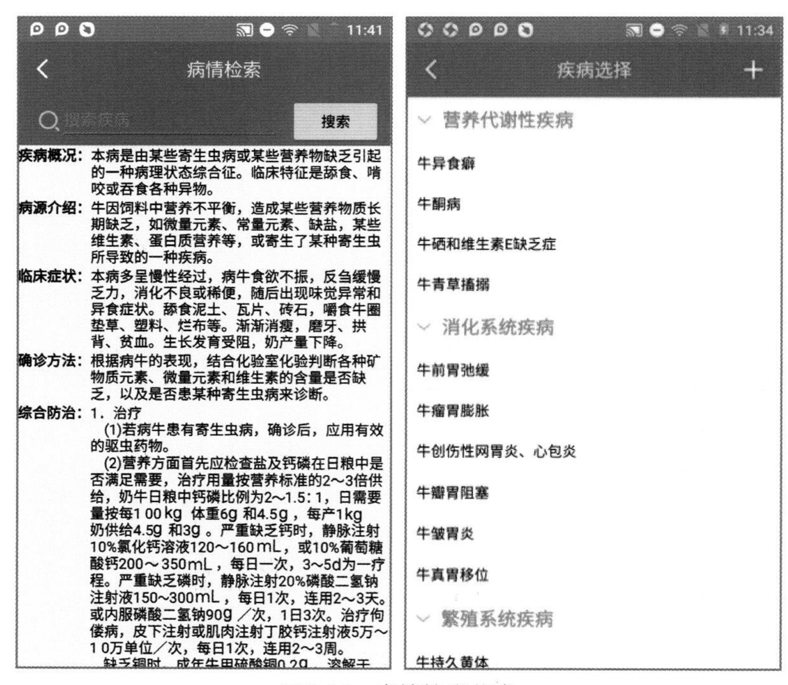

图8-26　病情检索信息

8.3.7　育肥管理

育肥管理即“生长测定”记录牛只身体状况信息，包括称重时间、体重、体高、体长、体斜长、胸围、腹围。在“生长测定”界面点击“+”号进入“添加生长测定”界面。生长测定信息包括牛号、称重时间、体重、体高、体斜长、胸围、腹围。点击“新增”按钮，完成添加，如图8-27所示。

图8-27　育肥管理信息录入

8.3.8　统计分析

统计分析系统主要对牛群数据和产奶量数据进行统计分析，如图8-28所示。牛群统计分析从牛群概况和存栏分布方面，展示牛群结构信息和牛舍存栏信息。产奶量统计分析从牛只、牛舍和牛场三个层次，分析所选日期范围内的产奶性能数据。

1.牛群统计分析　牛群统计分析分为牛群概况和存栏分布。①牛群概况，展示牛群结构信息，即不同牛只类型及占牛场牛只总数百分比情况。②存栏分布，展示牛舍存栏信息，即不同牛舍存栏量及占牛场牛只总数百分比情况。

2.产奶量统计分析　在“产奶量统计分析”界面，产奶量统计分析信息包括选择类型、选择牛只、分析类型、开始日期、结束日期。在“产奶量统计分析”界面“选择类型”中选择牛只、牛舍、牛场可分别进行牛只奶量统计分析、牛舍奶量统计分析和牛场奶量统计分析，如图8-29所示。

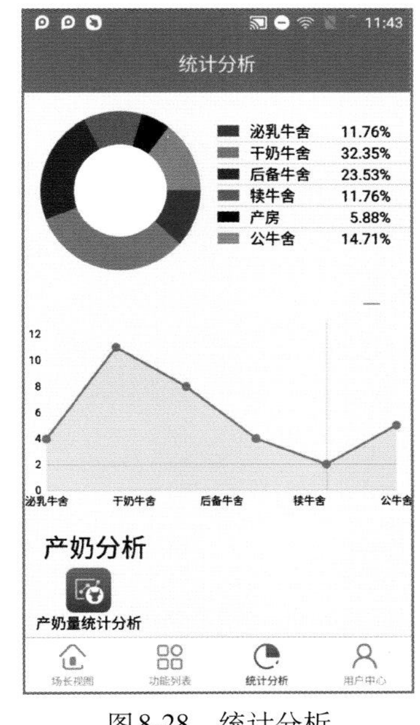

图8-28　统计分析

图8-29　产奶量统计分析

（1）牛只奶量统计分析。在“产奶量统计分析”界面“选择类型”中选择“牛只”，在“选择牛只”中选择牛号，在“分析类型”选择“日均”“周均”或“月均”，最后选择用户要查询的“开始日期”及“结束日期”，点击“查询”按钮，进入统计分析界面。

以“产奶母牛150201自2018年5月至2018年8月日产奶统计分析”为例，分析类型选“日均”，开始日期选择“2018-05-01”，结束日期选择“2018-08-31”，点击“查询”按钮，可进入“牛只日产奶量统计分析”界面。点击折线图中各个取值点出现悬浮窗口，显示每日产奶量具体数据。牛只日产奶量统计分析界面如图8-30所示。周均、月均产奶量统计分析操作同上，界面如图8-31、图8-32所示。

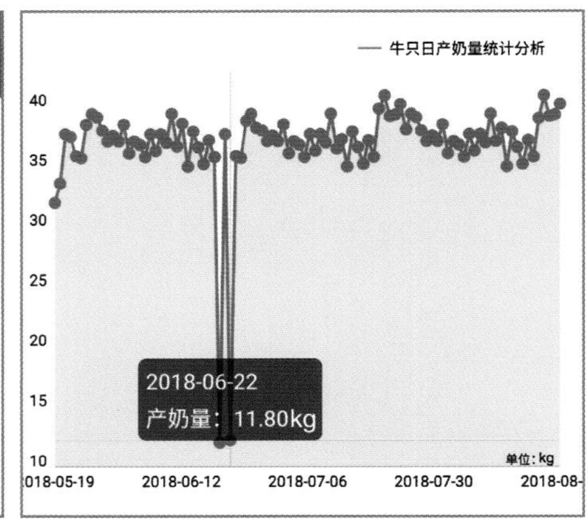

图8-30　牛只日产奶量统计分析

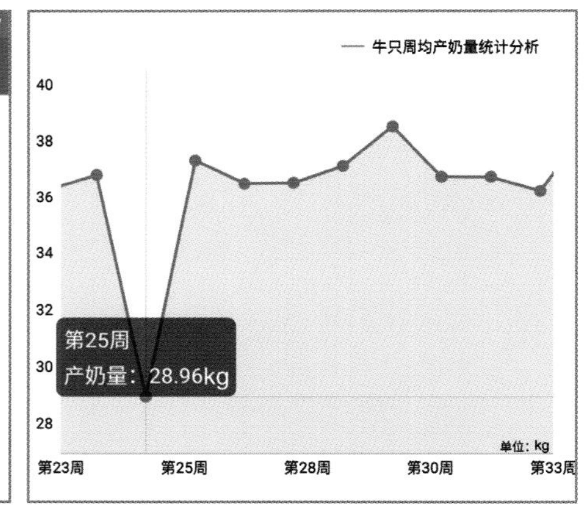

图8-31　牛只周均产奶量统计分析

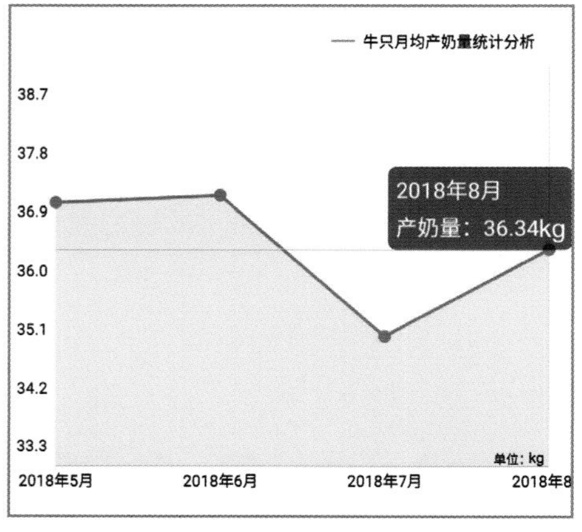

图8-32　牛只月均产奶量统计分析

（2）牛舍奶量统计分析。在“产奶量统计分析”界面“选择类型”中选择“牛舍”，在“选择牛舍”中选择牛舍号，在“分析类型”中选择“日均”“周均”或“月均”，最后选择用户要查询的“开始日期”及“结束日期”，点击“查询”，进入统计分析界面。

以“产奶牛舍乳7自2018年5月至2018年8月，日产奶统计分析”为例，分析类型选“日均”，开始日期选择“2018-05-01”，结束日期选择“2018-08-31”，点击“查询”按钮，可进入“牛舍日产奶统计分析”界面。点击折线图中各个取值点出现悬浮窗口，显示该牛舍每日产奶具体数据。“牛舍日产奶量统计分析”界面如图8-33所示。周均、月均产奶量统计分析操作同上，界面如图8-34和图8-35所示。

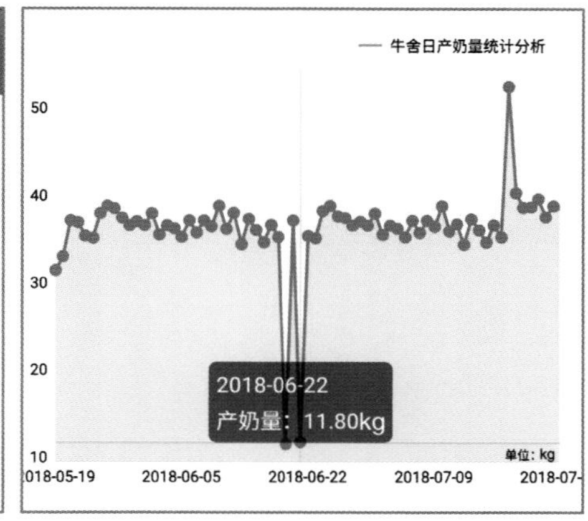

图8-33　牛舍日产奶量统计分析

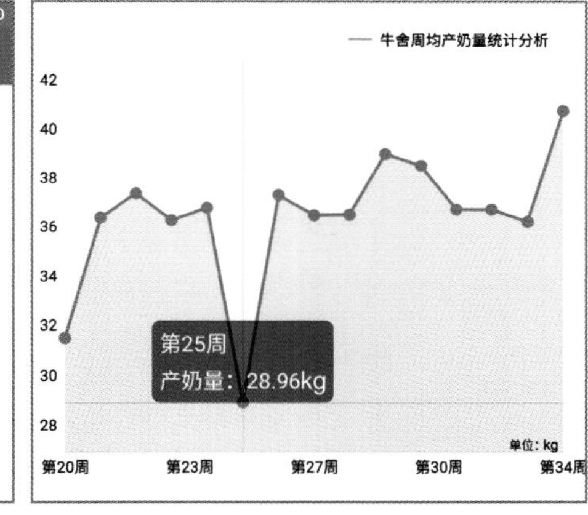

图8-34　牛舍周均产奶量统计分析

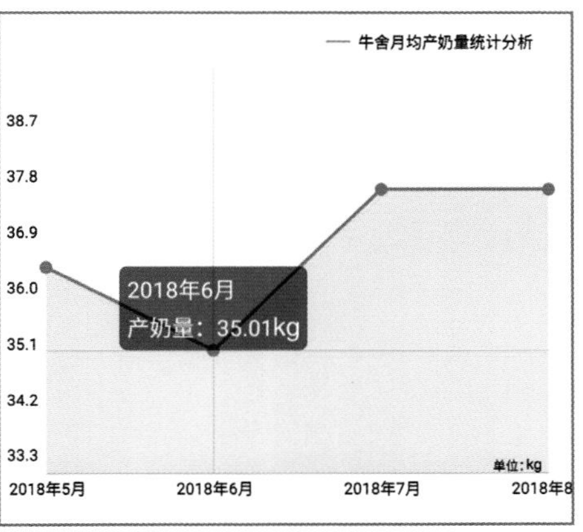

图8-35　牛舍月均产奶量统计分析

3.牛场奶量统计分析　在“产奶量统计分析”界面“选择类型”中选择“牛场”，在“分析类型”中选择“日均”“周均”或“月均”，最后选择用户要查询的“开始日期”及“结束日期”，点击“查询”按钮，进入统计分析界面。

以牛场2018年5月至2018年8月日产奶量统计分析为例，分析类型选“日均”，开始日期选择“2018-05-01”，结束日期选择“2018-08-31”，点击“查询”按钮，可进入“牛场日产奶量统计分析”界面。点击折线图中各个取值点出现悬浮窗口，显示该牛场每日产奶量具体数据。“牛场日产奶量统计分析”界面如图8-36所示。周均、月均产奶量统计分析操作同上，界面如图8-37、图8-38所示。

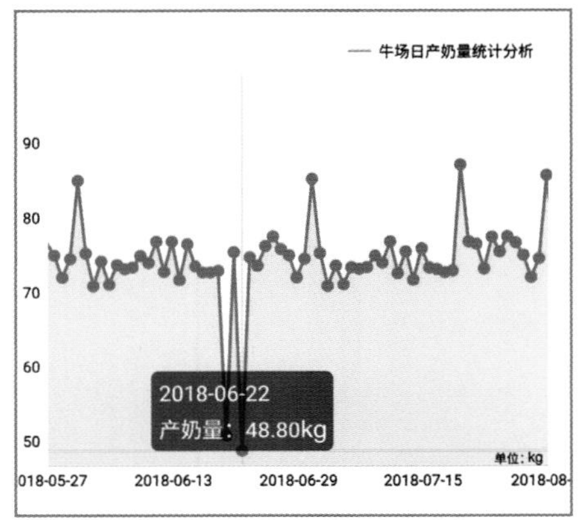

图8-36　牛场日产奶量统计分析

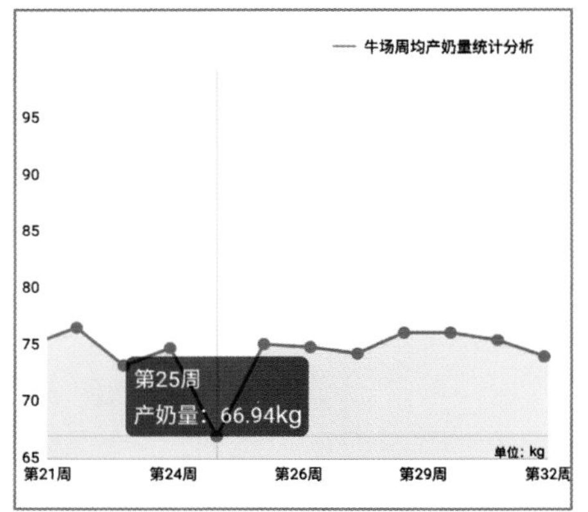

图8-37　牛场周均产奶量统计分析

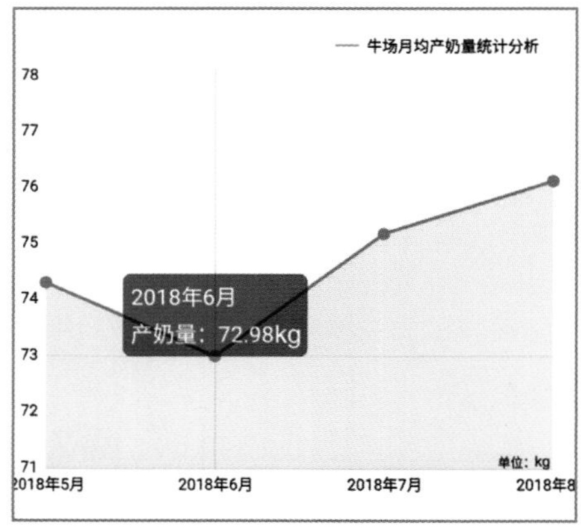

图8-38　牛场月均产奶量统计分析

8.4 系统应用

2019—2020年，该系统在肉牛和奶牛养殖示范基地进行测试和推广应用，养殖示范基地分别为河南省原阳县河南农科牛业科技有限公司（奶牛养殖）、河南省兰考县花花牛有限公司（奶牛养殖）、河南省上蔡县欣燃养殖专业合作社（肉牛养殖）、河南省泌阳县夏南牛科技开发有限公司（肉牛养殖）。应用结果表明，与手工记录数据对比，利用该系统采集数据，节约记录耗时80%，省去数据手工填报、后期整理和制图等环节，并且生成格式统一的数据档案。与传统管理方式对比，发情监测漏配率降低25%，平均缩短胎间距4%（11d）。奶牛乳房炎发病率降低20%。牛奶中乳蛋白不低于3.1%，肉牛饲养成本平均降低5%（李国强等，2021）。

8.5 小结

针对中小规模肉牛和奶牛养殖场信息化管理水平不高的问题，本研究采用超高频射频识别技术RFID和Android，构建了手持式牛场智能管理系统。该系统由Android软件端和RFID硬件端组成。其中Android端以Android Studio为开发平台，采用SQLite轻型数据库。RFID硬件端包括手持终端和RFID耳标。该系统提供牛群管理、育种管理、繁殖管理、泌乳管理、育肥管理、疾病防控、统计分析和用户管理等8个功能模块。该系统具有以下特点：①集成超高频RIFD技术，提供“点读”和“群读”两种快速牛只实时识别与监测方式，实现了牛场日常业务高效准确采集。②采用二叉树检索算法，基于不同发病部位的病症及特征图像，提供指认式诊断方式。③提供“场长一张图”等统计功能，实现了牛场繁育、泌乳、生长、发病等数据的统计分析。应用结果表明，利用手持终端远距离读取耳标信息，调取牛只档案，查阅关联事件，有效整合了牛场内各类业务流程，提升了牛场的业务水平及管理水平。

本系统在河南省4个牛场经过3a应用，结果表明：该系统能够快速识别牛只，并能够通过自定义快捷输入键盘，实现了牛场业务数据的高效采集。通过柱状图、曲线图、表格等方式，实现了牛场繁育、泌乳、生长、发病等数据的统计分析。基于图像及特征描述的智能信息匹配和规则算法诊断模式实现了常见疾病的快速诊断和防治。该系统通过整合牛场内各类业务流程数据，生成“决策分析一张图”，大大提高了工作效率。

在本研究中，该系统的统计分析模块实现了对牛只档案信息分析与处理，但未涉及数据挖掘等功能。在下一版本研发中，将结合饲养设备和专家知识，增加饲养管理模块知识，进一步完善数据分析类型和图表类型。

本软件获得两项计算机软件著作权登记证书：牛场管家养殖智能管理系统（安卓版），登记号为2018SR760333；牛场管家养殖智能管理系统（安卓版）V2.0，登记号为2019SR1330252。

➤ 参考文献

戴建国，王守会，赖军臣，等，2017. 基于智能手机的棉花苗情调查与决策支持系统[J]. 农业工程学报，33 (21)：200-206.

范瑞亮，2018. 基于云平台的改良肉牛信息系统设计与实现[D]. 杨陵：西北农林科技大学.

韩明明，2016. 肉牛养殖管理信息系统的设计与实现[D]. 哈尔滨：东北农业大学.

浣成，李剑波，李昊帮，等，2016. 肉牛实时信息管理系统设计及其在冷配技术中价值分析[J]. 家畜生态学报，37 (9)：54-59.

黄国富，王莅雯，2018. 基于物联网技术的肉牛屠宰加工管理信息系统[J]. 青岛农业大学学报：自然科学版，35 (2)：

157-160.
李国强，周萌，陈付英，等，2021. 基于RFID手持终端的中小规模牛场养殖管理系统研究[J]. 江苏农业科学,49 (22)：192-197.
李建，姜树明，李建斌，等，2016. 基于大数据背景下的奶牛繁殖管理系统的设计[J]. 中国奶牛 (10)：18-22.
李敏，韦健，曾志康，等，2020. 基于C#的牛场管理Web APP设计与实现[J]. 河北农业科学，24 (4)：101-104，108.
李奇峰，王文婷，余礼根，等，2018. 信息技术在畜禽养殖中的应用进展[J]. 中国农业信息，30 (2)：15-23，41.
李亚萍，蒙贺伟，高振江，等，2016. 基于奶牛精确养殖技术装备的牛场信息管理系统设计[J]. 中国农机化学报，37 (4)：85-90.
李玉冰，王娟，席瑞谦，2021. 基于深度学习YOLOv3的奶牛犊行为检测[J]. 黑龙江畜牧兽医 (2)：57-60，160.
牟云飞，2017. 基于物联网的奶牛精细化管理信息系统的分析与设计[D]. 武汉：华中科技大学.
彭华，李军平，2020. 我国奶牛养殖机械化智能化信息化应用现状分析[J]. 中国食物与营养，26 (10)：5-9.
盛安琪，2016. 牛场管理信息系统研究[D]. 哈尔滨：哈尔滨工业大学.
王海翠，秦廷辉，张茂成，等，2016. 基于UHF RFID技术的肉牛识别与信息追溯系统研究[J]. 中国农机化学报，37 (5)：219-222, 231.
王虹，赵万余，张国坪，等，2015. 固原市基础母牛信息化管理系统初探[J]. 中国牛业科学，41 (4)：65-70.
王蕾，2018. 奶牛场信息化管理系统的设计[D]. 秦皇岛：河北科技师范学院.
王云，芦娜，马毅，2020. 信息化技术在奶牛生产中的应用[J]. 中国奶牛 (11)：61-63.
杨亮，吕健强，罗清尧，等，2015. 规模化奶牛场数字化网络管理平台开发与应用[J]. 中国农业科学，48 (7)：1428-1436.
张艳新，张云博，赵君彦，等，2021. 河北省中小规模奶牛养殖场发展现状、存在问题及对策研究[J]. 黑龙江畜牧兽医 (2)：11-17.
Alonso R S, Sittón-Candanedo I, García Ó, et al., 2020. An intelligent Edge-IoT platform for monitoring livestock and crops in a dairy farming scenario[J]. Ad Hoc Networks, 98: 102047.1-102047.23.
Calsamiglia S, Espinosa G, Vera G, et al., 2020. A virtual dairy herd as a tool to teach dairy production and management[J]. Journal of Dairy Science, 103 (3)：2896-2905.
Lee M, Kim H, Hwang H J, et al., 2020. IoT Based Management System for Livestock Farming[C]// Advances in computer science and ubiquitous computing. Singapore: Springer Singapore: 195-201.
Sivamani S, Kim H G, Shin C, et al., 2016. A system for early disease detection based on feed behaviors in livestock[J]. Advanced Science Letters, 22 (9)：2391-2395.
Yazdanbakhsh O, Zhou Y, Dick S, 2017. An intelligent system for livestock disease surveillance[J]. Information Sciences, 378: 26-47.

PART 09 虫害监测预警系统

9.1 研发背景

在我国农林业生产中，每年都因虫害造成巨大的损失，植保工作举足轻重。植保信息化是现代植保领域发展的大趋势，过去以人工为主的植保工作，现在逐渐采用各种信息化的科技设备来代替（冯健昭，2018）。作物虫害智能化诱集监测装备的研发与试验示范，能够提升作物关键虫害的智能化监测水平，进而提高虫害防治效率，推进农业生产环节的植保信息化管理水平。

目前，我国农作物重大虫害监测预警信息的调查采集主要依靠虫情测报灯观测、性诱剂诱捕、观测场调查统计以及大田普查相结合的人工调查方式获得（李小文等，2018；郑玲玲，2020）。①灯光诱集测报。以频振式黑光灯为光源诱集昆虫，通过电网和红外杀虫处理诱集的虫体，自动化分时收集虫体，对每次收集的虫体采集图像，回传图像数据并进行图像处理。这种方法自动化程度相对较高，但光源诱集昆虫数量大且种类多，存在虫体处理能耗大、虫体叠加图像质量差等问题（王圣楠，2017）。鉴于昆虫种类数量巨大，形态特征指标繁多，而昆虫本身特征及生存环境的差异性，使得不同种类昆虫采用的图像处理算法不同。目前算法仅局限于一种或几种昆虫，普适性差，实际应用受到了很大限制。很多相似昆虫或近源种在分类学上需要参考虫体的立体特征才能区分，图像处理难度较大且准确率较低。②人工调查统计。需要基层农技人员深入田间实地，受天气条件影响较大，劳动强度大且调查时间长，时效性差且费力耗时。对调查员有较高的专业技能要求，需要掌握足够丰富的昆虫分类知识。因调查员专业技能的差异，容易造成调查结果出现偏差（王春荣等，2020）。此外，调查结果需要再次录入计算机，实现数据的电子化，这又增加了额外工作量。③性诱剂诱捕。利用昆虫性信息素为诱饵，对指定的田间昆虫进行诱集，方法简单、应用广泛（彭卫兵等，2017）。利用性诱芯进行害虫测报，技术原理成熟可靠，但是需要测报人员定期取样，带回室内人工分析统计，消耗大量人力和时间，测报结果有延时（李国钧等，2016）。对无趋光性和无性外激素的害虫无法进行诱集。

近年来，随着信息技术的快速发展，许多学者利用自动化、物联网、人工智能等多种信息技术改造传统害虫测报工作，实现害虫测报智能化（李艳红等，2020；刘君等，2021）。例如利用多光谱分析和模式识别相结合，性诱设备和红外传感器相结合的仓储害虫测报新技术，以及果树食心虫图像分析自动计数系统等智能化的测报技术。

本研究针对现有灯诱设备能耗大、图像质量差，性诱测报时效性差，害虫田间调查数据电子化程度低等问题，利用自动化、人工智能、物联网等信息技术，改进害虫灯诱测报设备和研发专用的远程性诱测报设备。优化虫害信息采集和统计方式，开发基于安卓智能手机的移动端，构建作物虫害监测预警系统。该系统以服务器为基础，通过诱集测报设备和移动端采集虫害信息，由管理员用户登录系统维护虫情等相关信息，统计整理后的害虫整体发生情况，通过Web端进行综合展示，监测点用户通过登录系统查询本地虫害发生情况，并以手机短信的方式向指定群体发布虫害预警信息。

9.2 系统概述

9.2.1 系统总体设计

1.工作流程设计　本系统适用于基层农技人员进行虫情田间调查，为种植合作社或种粮大户提供虫害预警服务，如图9-1所示。首先，在大田安装灯诱、性诱测报设备。测报设备将诱集图像回传至服务器，Web系统对回传图像进行计数处理。系统管理员进一步回传图像，确认虫害信息。同时用户农技人员也可利用移动端进行田间虫情调查，调查信息可自动上传到服务器。然后，在Web端实现虫情信息的统计和查询，用户可设置虫情预警短信进行推送。

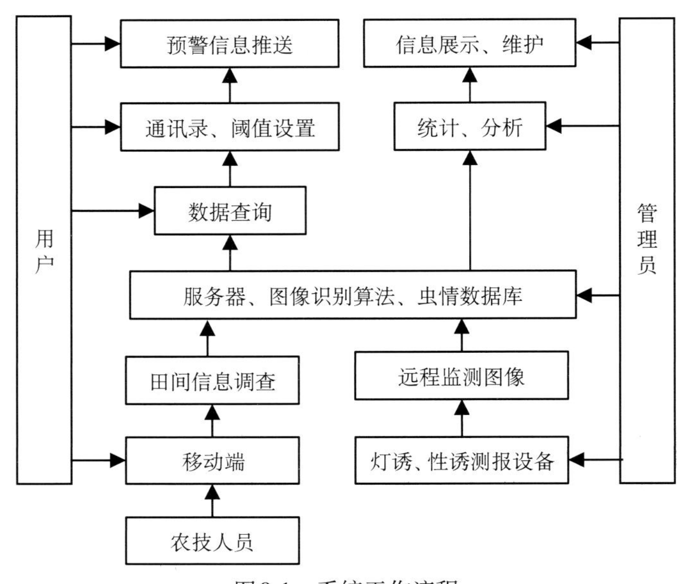

图9-1　系统工作流程

2.系统架构设计　虫害监测预警系统架构分为4层，如图9-2所示。一是采集层。以灯诱、性诱监测设备实现虫害自动采集，以移动端实现虫害人工采集。二是传输层。由4G网络和WLAN网络组成的数据传输层。三是存储层。存储虫情信息数据。四是应用层。利用Web端和移动端管理和查询所获取的虫情信息。

本系统由虫情监测设备、移动端和Web端三部分组成。监测设备负责田间采集害虫图像。移动端负责采集田间害虫调查数据、调查录入和监测设备回传图像，为从事田间实验和大田虫情调查的一线植保工作人员提供便捷的调查工具。Web端作为数据中心，为用户Web端和移动端提供数据支撑和图表服务。

本系统采用C/S和B/S混合架构，移动端用户利用移动端完成田间虫情数据采集并上传至虫情信息数据库，为C/S结构。Web端通过连接服务器，完成对预警发布数据库和虫情信息数据库的访问，实现虫情数据管理和监测预警等应用，为B/S结构。

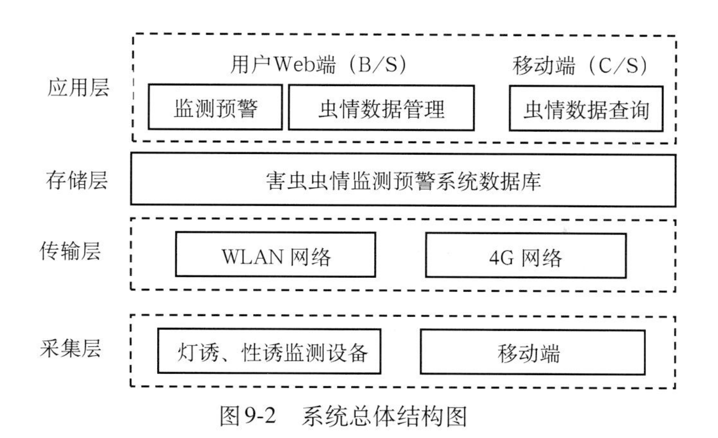

图9-2　系统总体结构图

9.2.2　系统功能设计

1.灯诱虫情监测设备改进　灯诱虫情监测设备由金属外壳、雨控、撞击屏、荧光灯管、加热排水装置、拍照装置、清扫震动装置和控制装置8大部分组成。其中清扫震动装置为最新改进设计，诱杀及清理过程如下：热处理后的虫体经落虫滑道12掉落到拍照背景底板14上，下仓门10关闭，补光灯11打开，震动电机23将拍照背景底板14上的昆虫平铺处理，相机9开始对平铺后的昆虫进行拍照，拍照后直流减速电机21传递动力给丝杆滑台22，丝杆滑台22推动清扫毛刷13向行程开关2即20方向运动，毛刷固定架18触发20行程开关2后，清扫动作停止，然后直流减速电机21反向转动，丝杆滑台22反向推动清扫毛刷13向19行程开关1方向运行，毛刷固定架18触发19行程开关1后停止运行，通过以上往复运行对拍照背景底板14上昆虫进行清扫，扫落至接虫箱15内，第一轮流程结束，如图9-3所示。

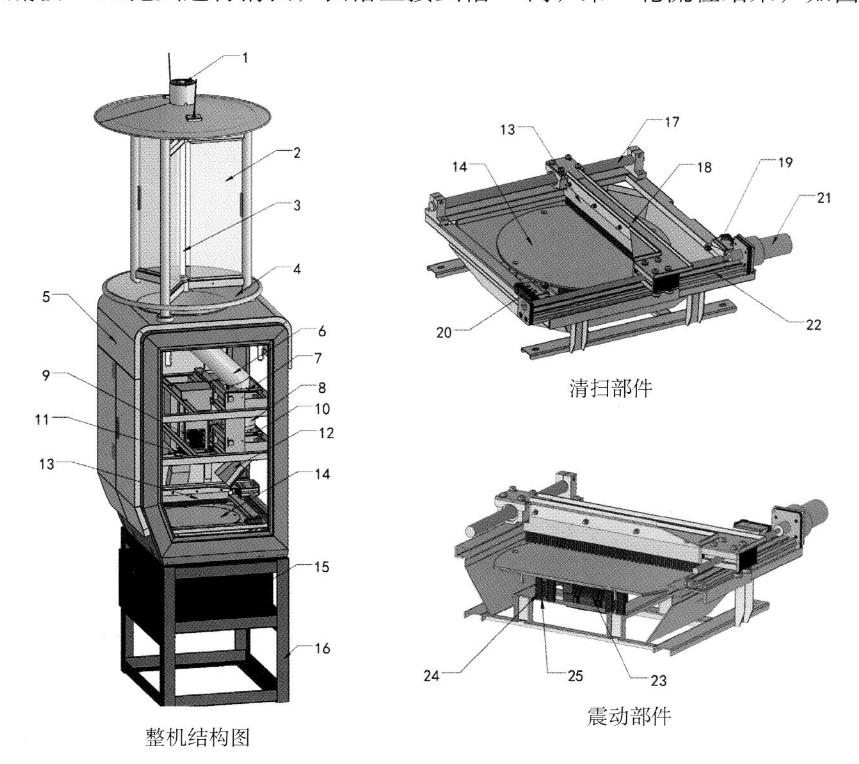

图9-3　灯诱虫情监测设备示意结构

1.雨控　2.撞击屏　3.荧光灯管　4.落虫漏斗　5.光控　6.落虫管道　7.上仓门　8.加热带　9.海康相机　10.下仓门　11.补光灯　12.落虫滑道　13.清扫毛刷　14.拍照背景底板　15.接虫箱　16.安装支架　17.导向光轴　18.毛刷固定架　19.行程开关1　20.行程开关2　21.直流减速电机　22.丝杆滑台　23.震动电机　24.止震棉　25.震动弹簧

2.性诱虫情监测设备研发　性诱虫情监测设备由金属框架箱体、供电系统、性诱芯及杀虫陷阱、拍照装置、虫体清理装置和控制装置6大部分组成。设备整体为全新设计和研发，诱杀过程如下：害虫成虫经过诱芯1进入诱捕器2，经过高压触发器24带动的电网3、4电击昏迷后，掉落在pu输送带7上，光电开关11启动传送减速电机10，带动带座轴承12移动虫体到拍摄位置，启动补光灯19和枪机18进行图像采集，采集图像后光电开关15启动翻板减速电机13，带动带座轴承14经过清扫毛刷17，清扫后掉入落虫翻板16，第一轮流程结束，如图9-4所示。

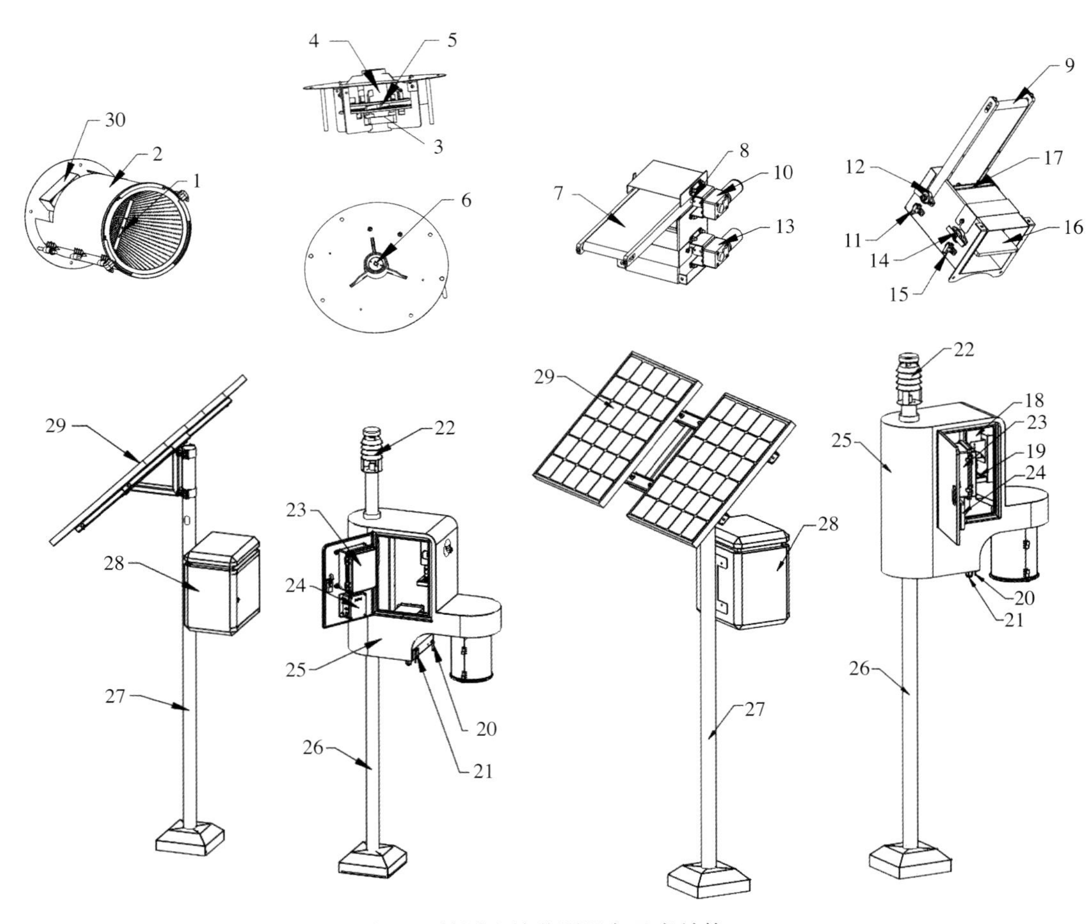

图9-4　性诱虫情监测设备示意结构

1.诱芯　2.飞蛾诱捕器　3.负极电网　4.正极电网　5.叶片　6.清扫减速电机　7.pu输送带　8.无动力辊轴　9.胶辊　10.传送减速电机　11.光电开关（传送减速电机端）　12.带座轴承（传送减速电机端）　13.翻板减速电机　14.带座轴承（翻板减速电机端）　15.光电开关（翻板减速电机端）　16.落虫翻板　17.清扫毛刷　18.海康枪机　19.补光灯　20.天线　21.GPS　22.超声波5要素mini传感器　23.电路板　24.高压触发器　25.诱虫箱体　26.诱虫箱体立杆　27.供电系统立杆　28.锂电池　29.太阳能板　30.挡虫板

3.Web端功能设计　用户登录后系统界面有首页、设备管理、测报系统、环境监测和专家诊断5个功能模块，如图9-5所示。

（1）首页。首页模块包括用户登录信息、通知公告、系统设置和数据展示4个子模块。用户可设置界面显示风格、管理系统账号，并通过数据展示功能查看虫害监测数据一张图。

（2）设备管理。设备管理模块包括设备列表、设备详细信息和功能模组管理3个子模块。用户可查看在其权限内的灯诱、性诱监测设备列表，查看每个设备当前的详细状态信息并进行管理。

（3）测报系统。测报系统模块包括数据列表、图像识别和预警信息3个子模块。用户可查看详细的虫情数据信息，监测设备回传图像数据的识别结果，查看系统自主发送预警信息。

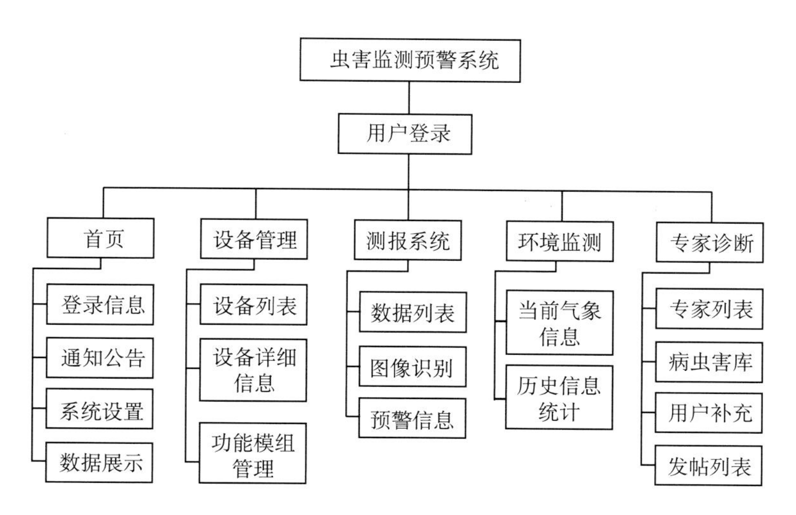

图9-5　Web端系统功能图

（4）环境监测。环境监测模块包括当前气象信息和历史信息统计两个子模块。为用户提供详尽的虫害发生环境气象信息数据服务。

（5）专家诊断。专家诊断模块包括专家列表、病虫害库、用户补充和发帖列表4个子模块。可为用户提供关于专家咨询、虫害基本知识、虫情和防治交流等信息服务。

4. 移动端功能设计　移动端由监测点用户通过账户和密码登录，包括查询、录入、管理和退出4个功能模块。查询模块包含了该用户的虫情数据，通过选定条件选项查询相应数据的图表。录入模块实现监测点用户田间调查虫情信息的实时采集功能。管理模块实现虫情调查数据上传功能和已上传数据的管理功能。

9.2.3　数据库设计

后台数据库为Microsoft SQL Server 2008，用以接收移动端上传的田间采集数据，或监测点用户Web端录入数据。诱集测报设备通过后台设置FTP文件夹和回传路径，获得设备回传的诱集图像。图像处理后的数据，录入后台服务器。移动端、Web端及图像处理数据，采用相同的数据属性，保证数据的一致性，实现了移动端和Web端数据共享和兼容。

9.2.4　系统开发环境

1. 硬件环境　计算机采用Intel Core I5-3470CPU，其内存8G，基于Windows 7简体中文操作系统。

2. 软件环境　以Microsoft Visual Studio 2017作为开发工具，采用B/S模式，后台服务器采用操作系统Windows Server 2008，数据库采用Microsoft SQL Server 2008，开发语言采用C#、Asp.net，Windows 7操作系统以上。

移动端采用Java语言和Android 4.0.3以上版本开发，系统后台服务器采用Windows Server 2008，采用Java提供的Web Service服务（耿祥义等，2015）。

9.2.5　系统运行环境

移动端硬件环境：7英寸屏幕显示效果最佳。软件环境：安卓4.0以上版本。

Web端硬件环境：硬盘空间至少2GB，内存512MB以上。软件环境：Windows 98/2000/XP/Vista及以上操作系统，浏览器内核IE 7以上版本。

9.3 系统实现

9.3.1 硬件实现

1.灯诱设备集成制作　经过设备选型，整体采用不锈钢喷塑工艺，该设备AC220V/DC24供电可选，AC220V供电时电源控制端选用220V转24V开关电源，DC24V供电时采用320W/200AH外加30A双输出控制器。灯管采用T8 20W诱虫灯管，主波长365nm，对大部分害虫都有很好的引诱效果；加热采用250W加热带，在对害虫进行有效处理的前提下降低能耗。摄像机采用海康枪机，提供清晰有效的害虫图片。拍照底板采用亚克力板（单面磨砂），解决反光问题，提升图片质量。采用清扫及震动装置，可以有效地使虫体平铺并保持拍照底板板面的清洁。4G路由器为工业无线路由器，支持使用全网通3G/4G的SIM物联网流量卡，如图9-6所示。

图9-6　灯诱设备成品图

2.性诱设备集成制作　设备选型，整体采用不锈钢喷塑工艺，该设备采用DC12V供电，供电系统采用2块60W单晶硅太阳能板和1块60AH四串磷酸铁锂电池。诱捕装置采用针对水稻害虫的飞蛾诱捕器。害虫处理方式采用双层电网高压击杀方式，保证昆虫运动中必然触碰到电网被击杀。害虫清扫采用电机中心旋转方式，靠离心力将虫子抛离高压电网。害虫移动采用传送带形式，实现虫体的连续移位。摄像机采用海康枪机，提供清晰有效的害虫图片。害虫存储采用翻转结构，可以实现在虫体不需要时远程控制将虫体排出仓体。通信方式采用物联网模块，支持使用全网通4G的SIM物联网流量卡（图9-7）。

图9-7　性诱设备成品图

9.3.2 移动端系统实现

1.安装登录　在安卓手机，安装*.apk文件，出现应用图标。移动端仅由监测点用户登录使用。登录后主要分为查询、录入和管理3个模块。双击打开虫情田间采集软件，出现登录界面，如图9-8所示。输入用户名和密码，登录后进入主界面，如图9-9所示。

2.“查询”模块　“查询”即查询该监测点虫情统计数据。依次选择“作物种类”“害虫名称”后，点击“查询”按钮，如图9-10所示。显示该作物该害虫不同虫态（成虫、幼虫和卵块）动态折线图，在显示方式上，可以选择周数据、月数据和季度数据，如图9-11所示。

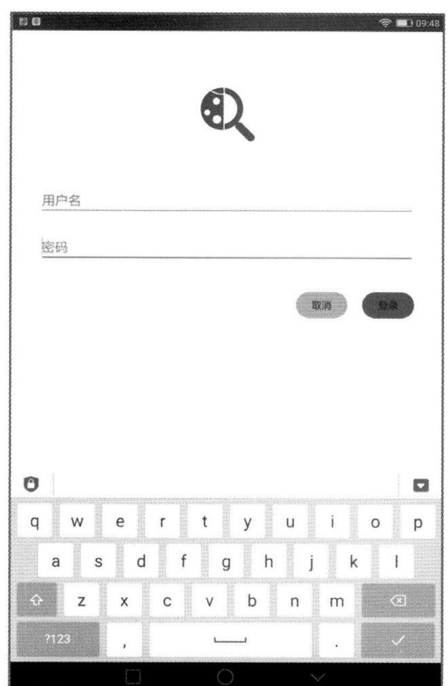

图9-8　系统登录

图9-9　主界面

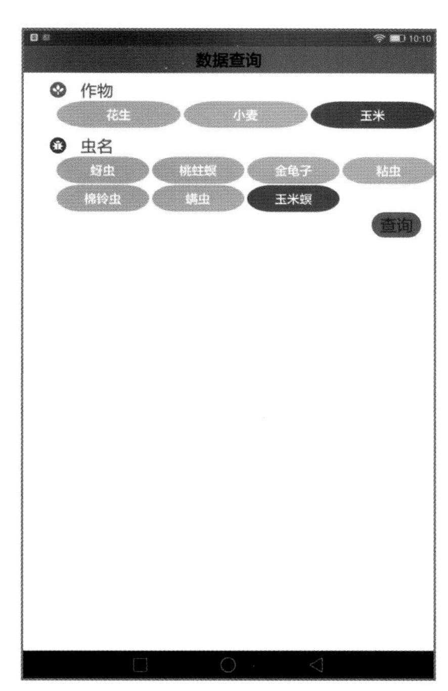

图9-10　查询

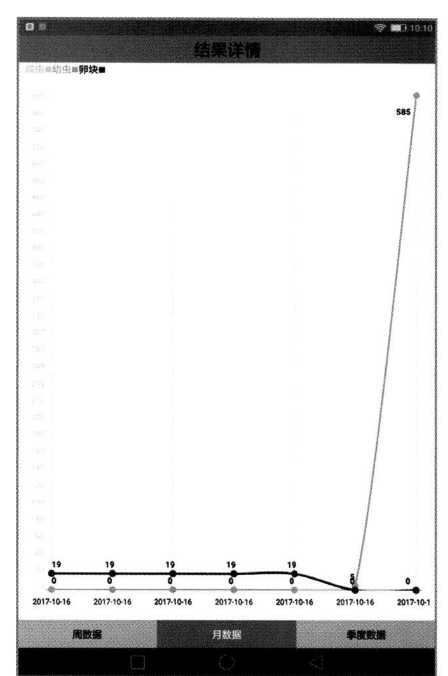

图9-11　害虫动态图

3.“录入”模块　“录入”即实时录入田间调查的虫情信息。“数据录入”界面，如图9-12所示。

依次点选“作物”“虫名”“虫态”和“数量”，录入当前害虫虫态调查信息。采集完成后，点击“保存”按钮，数据保存在本地，如图9-13至图9-16所示。

4.“管理”模块　“管理”即查看和清空已上传数据，界面如图9-17所示。查看和上传保存在本地未上传的数据，如图9-18所示。

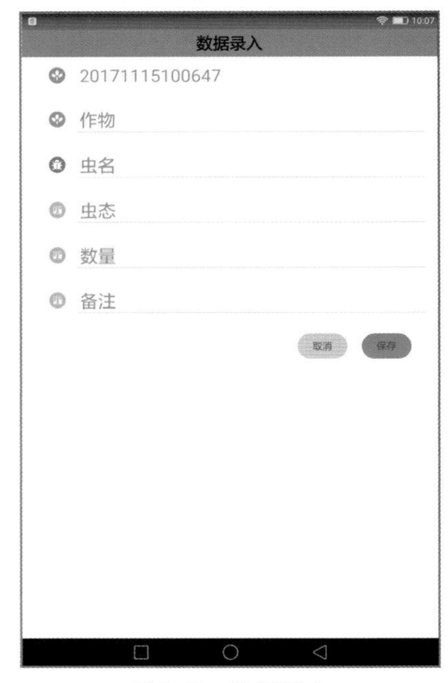

图9-12　数据录入

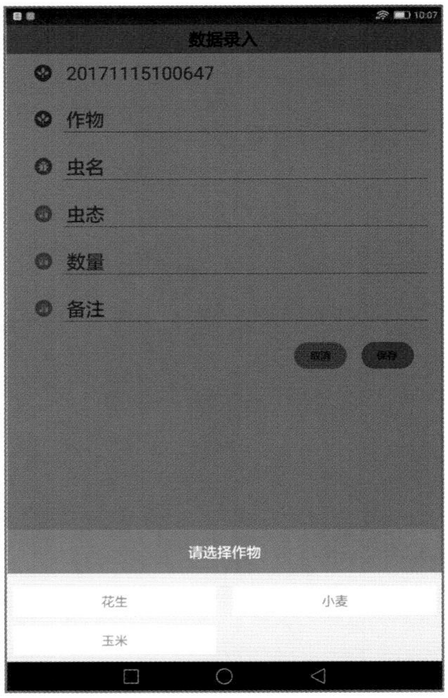

图9-13　数据录入-作物点选

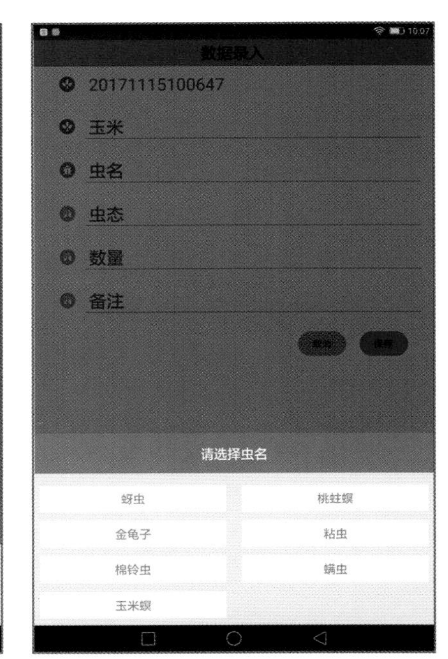

图9-14　数据录入-虫名点选

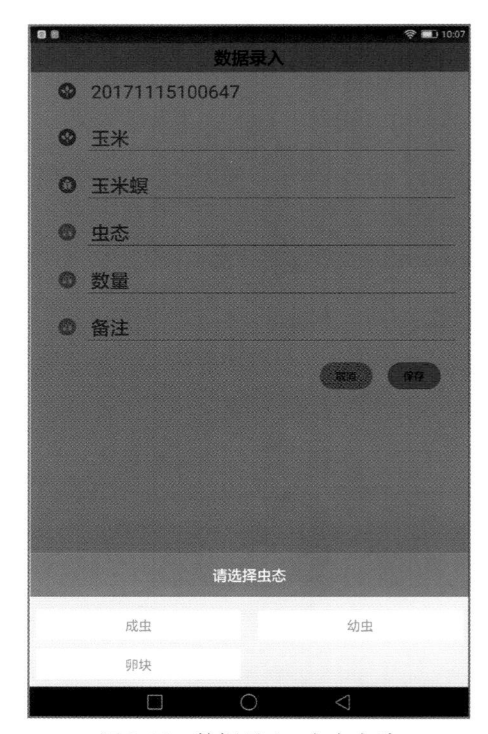

图9-15　数据录入-虫态点选

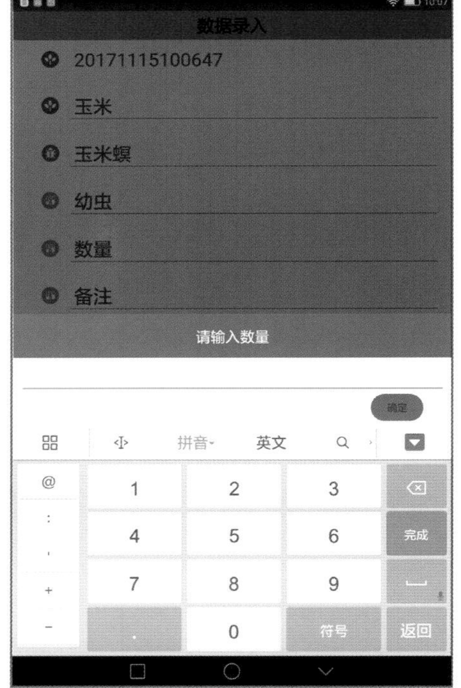

图9-16　数据录入-输入数量

数据管理

已传数据　未传数据

作物	虫名	虫态	数量	时间
小麦	金针虫	幼虫	36	2017-11-06
花生	金龟子	幼虫	12	2017-11-06

清空

图9-17　数据管理-已上传数据

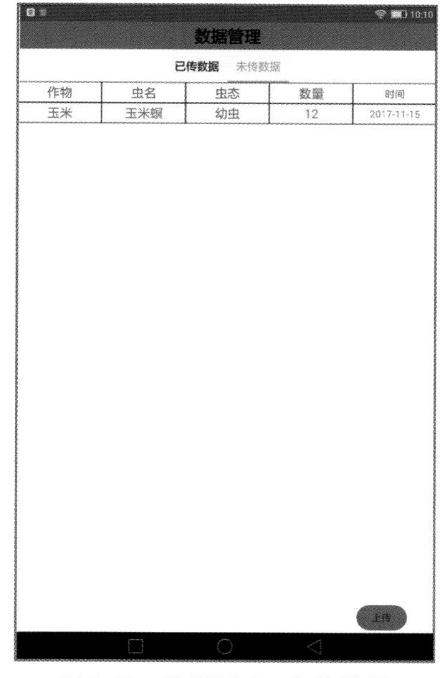

图9-18　数据录入-未传数据

9.3.3 Web端系统实现

1.系统登录和主界面　使用浏览器，进入系统，如图9-19所示。点击“登录”按钮，进入登录界面。填写账号和密码后，点击“登录”按钮进入系统首页界面。

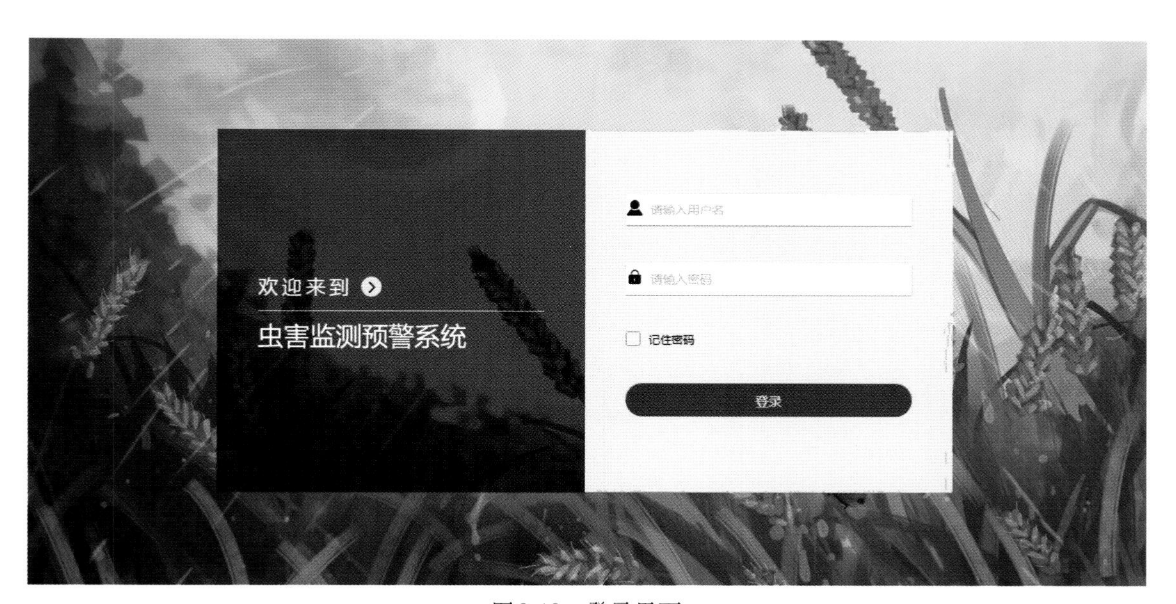

图9-19　登录界面

用户登录后，主界面显示“首页”“设备管理”“测报系统”“环境监测系统”和“专家诊断”5个模块。首页显示登录信息、通知公告、系统设置、数据展示等汇总信息，如图9-20所示。点击右上方投屏按钮可生成“虫情测报”大数据展示图，如图9-21所示。

2.用户“设备管理”界面　在首页点击左侧“设备管理”进入设备管理界面，可按图表或列表形式显示当前用户管理的灯诱或性诱监测设备，如图9-22所示。点击其中一个设备，可查看该设备的当前各硬件模组工作状态并进行管理，同时显示该设备所处环境的温湿度参数，如图9-23所示。

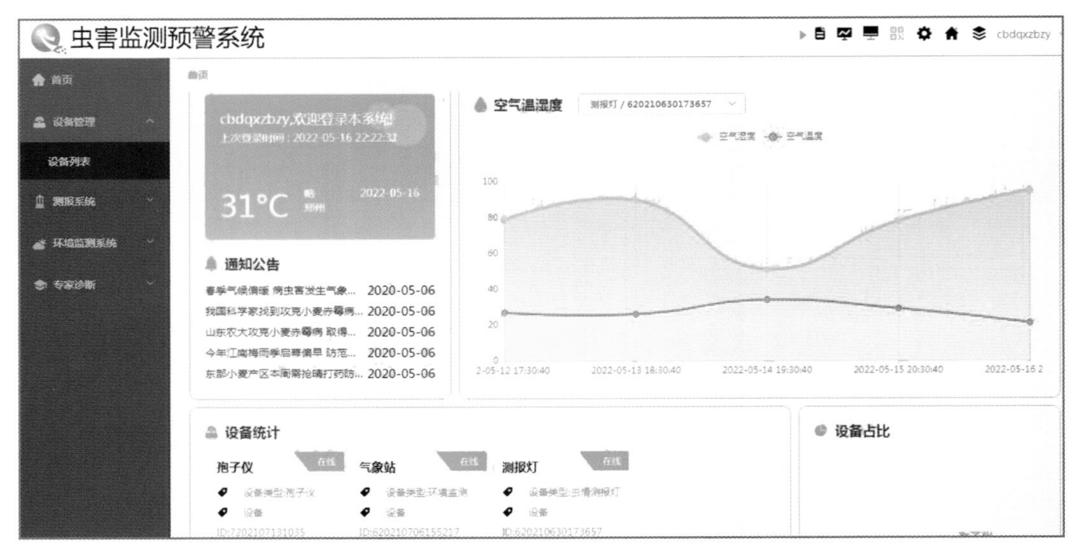

图9-20　首页界面

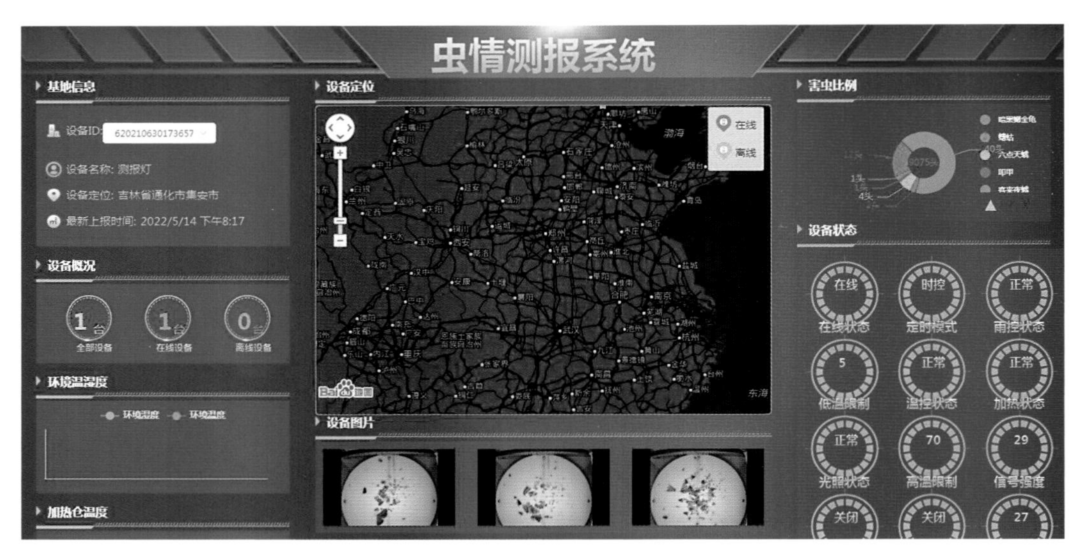

图9-21　数据投屏展示

图9-22　监测设备列表

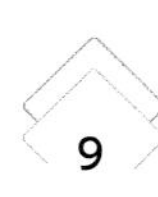

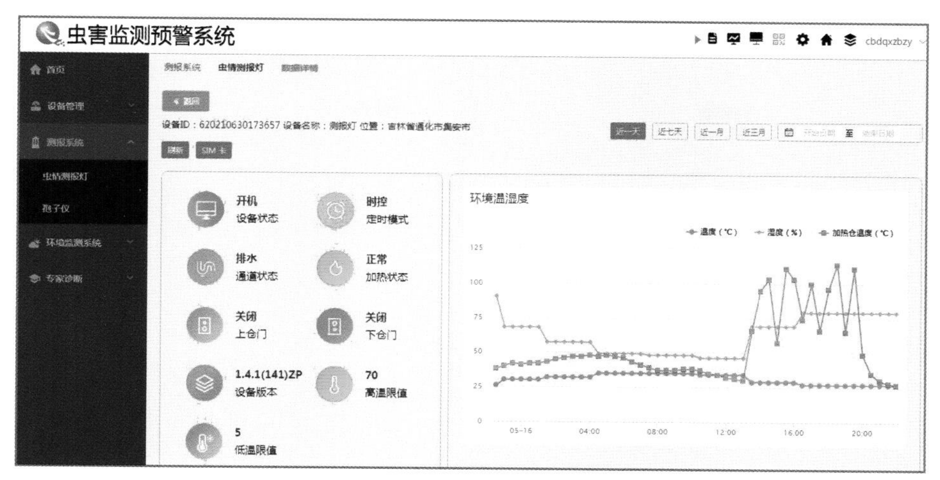

图9-23　监测设备详细信息

3.用户“测报系统”界面　在首页点击左侧“测报系统”，进入虫情信息管理界面，显示当前虫情监测设备列表，如图9-24所示。点击其中一个设备进入该设备的图像数据列表，显示上传的害虫诱集图像，如图9-25所示。点击其中一张图片，则可弹出该图片的详细信息和图像识别结果，显示诱集的害虫种类和数量，如图9-26所示。

图9-24　用户测报系统界面

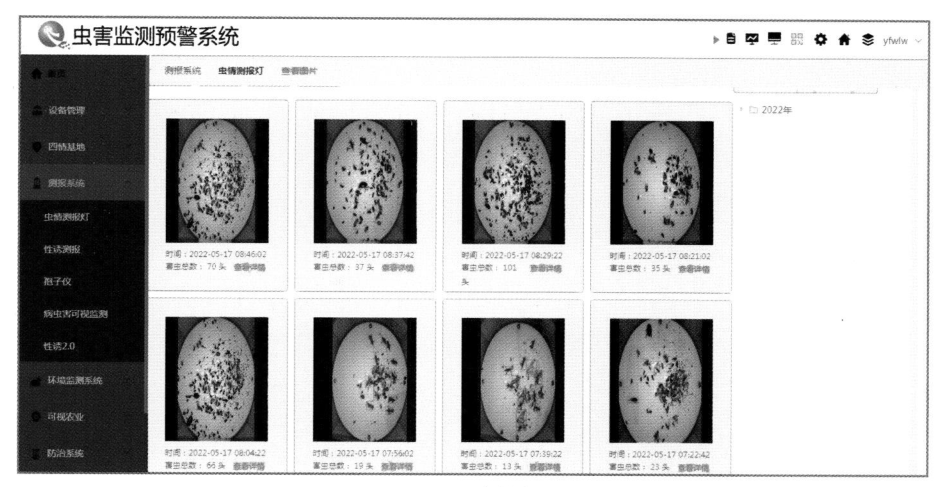

图9-25　图像数据列表

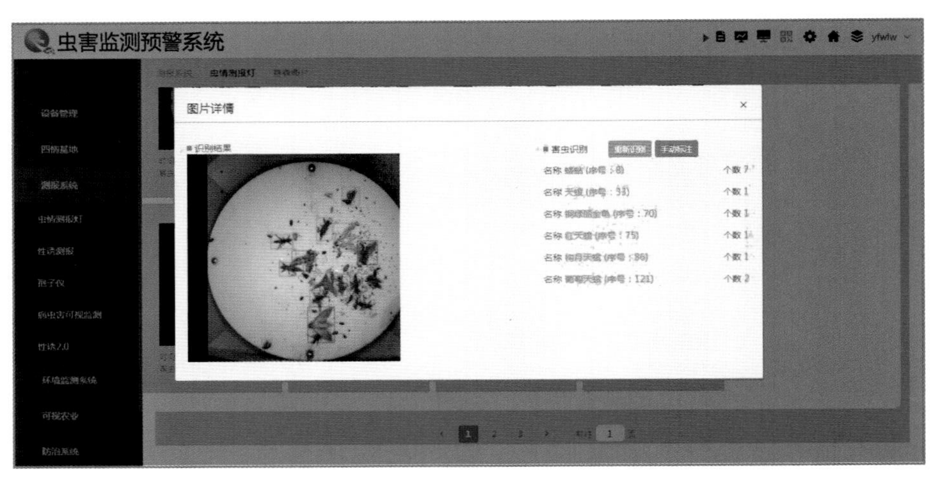

图9-26 诱集图像识别

点击“预警”按钮可查看该检测设备在系统后台编辑预警信息情况和编辑时间等列表信息，如图9-27所示。

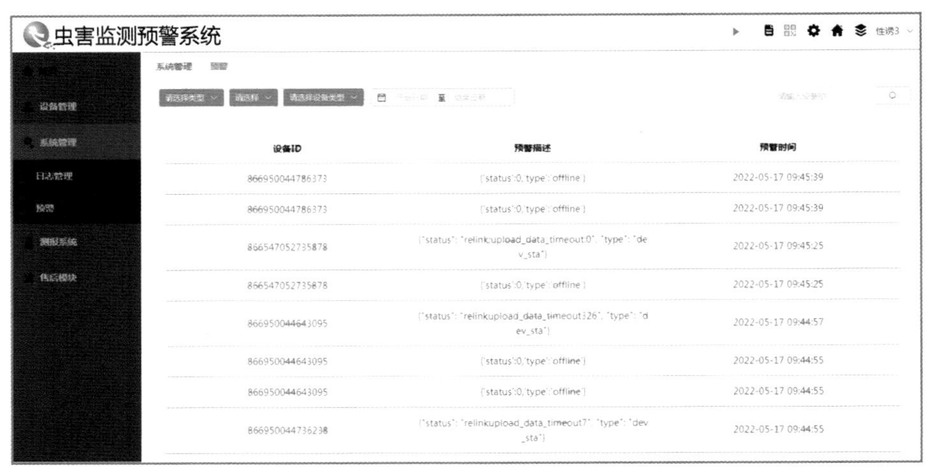

图9-27 预警信息浏览

4.用户“环境监测”界面 在首页点击“环境监测”进入虫情监测设备所处地点的气象信息界面，可查看当地空气温湿度、风速风向、气压、光照、降水等环境参数信息和历史统计信息，如图9-28所示。

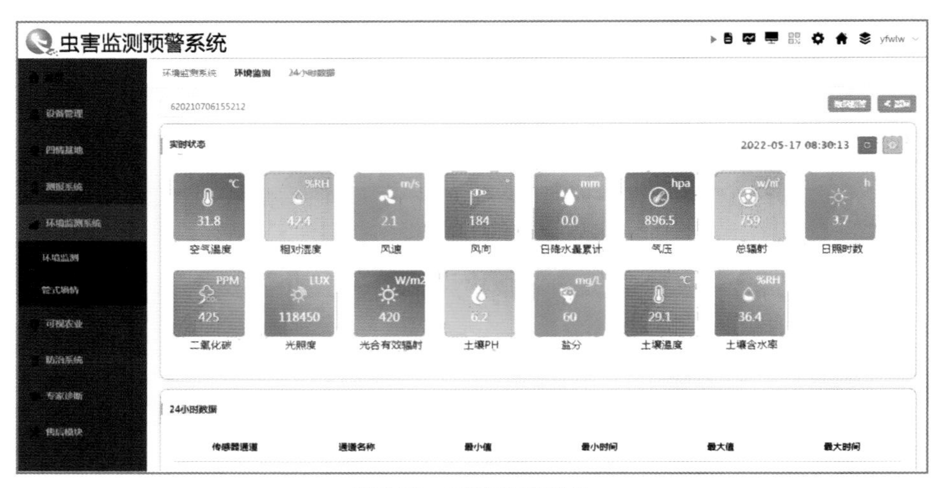

图9-28 环境监测信息

5.用户“专家诊断”界面　点击首页“专家诊断”进入虫情监测辅助信息界面，提供可咨询的植保专家列表、病虫害知识查询等功能，同时允许用户提供害虫信息补充功能，如图9-29、图9-30所示。

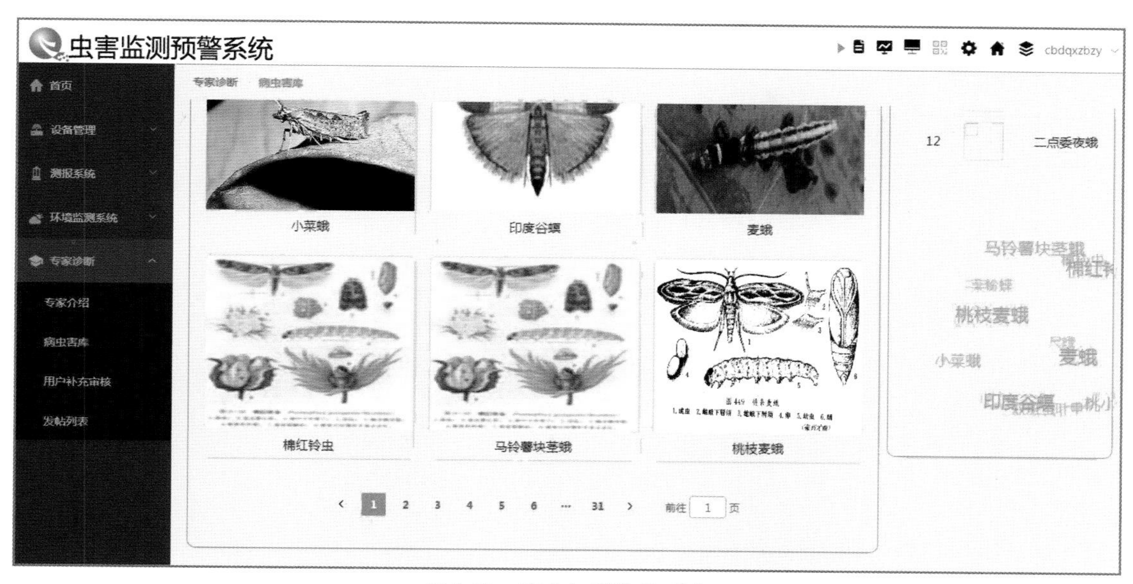

图9-29　害虫知识信息列表

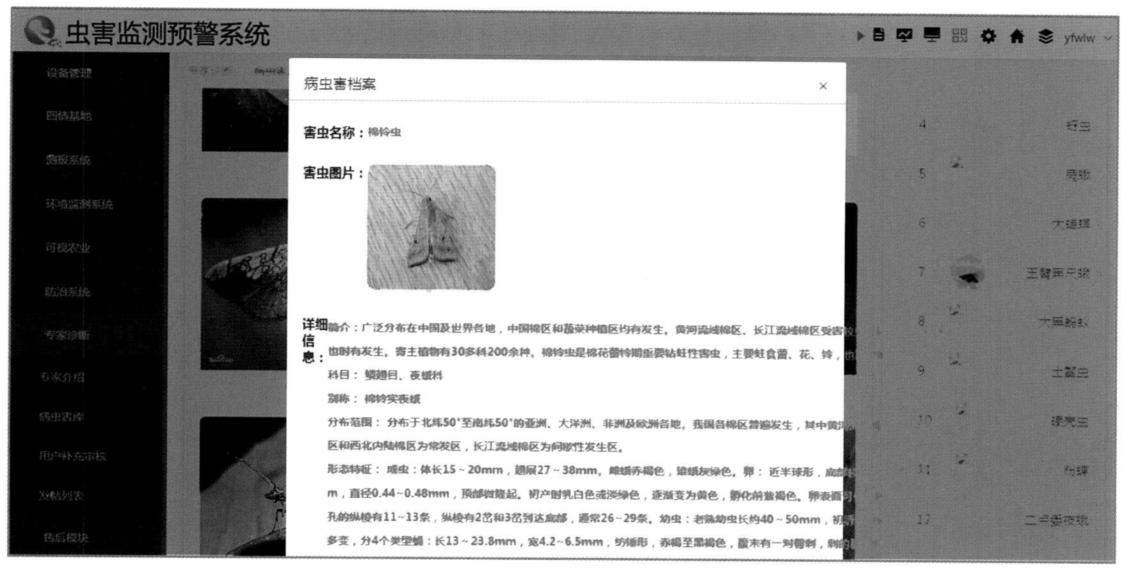

图9-30　害虫详细知识信息

9.4　系统应用

2018—2019年，在河南省内开展了灯诱、性诱虫情监测的田间应用。自动虫情信息采集系统观测试验表明，该设备具有诱测害虫种类多、数量大、效果好、自动化程度高、使用安全等特点。该设备可诱测的害虫包括玉米螟、二点委夜蛾、小地老虎、甜菜夜蛾黏虫、棉铃虫、桃蛀螟、金龟等，同时可以反映主要农作物害虫的发生量、发生期等虫情信息。此外，该设备集成气象监测传感器，可采集监测点周围的田间环境气象数据，能对害虫的发生、发展进行监测和分析，并能满足虫情预测的需要，如图9-31、图9-32所示。

图9-31 “焦点访谈”报道

图9-32 高标准农田示范区安装效果

9.5 小结

本研究采用自动化、人工智能物联网等技术，改进了灯诱虫情监测设备和性诱虫情监测设备，开发了虫情田间采集移动端和虫害监测预警系统Web端，构建了虫害监测预警系统。本系统采用C/S和B/S混合架构，以虫情监测设备和田间采集移动端组成数据采集层，由移动端查询和Web端的应用组成数据应用层；设计了完备的系统用户Web端功能，完善了移动端数据和害虫性诱数据的采集和处理功能。本系统通过物联网技术提高了作物不同种类害虫信息采集与分析的工作效率，同时保存了虫情图像的原始资料，方便进行人工校验，保证了测报数据的准确性，便于基层农技人员精准掌握农田虫害实时动态，并发出虫害预警，有利于及时做好虫害预防措施，促进植保工作的可持续发展。

本系统已获得计算机软件著作权登记证书（登记号：2018SR077991、2019SR1263744），授权实用新型专利1项（专利号：ZL2016 0 0891299.9）。

➤ 参考文献

曹望成，马宝英，徐洪国，2015. 物联网技术应用研究[M]. 北京：新华出版社.
陈继光，宋显东，王春荣，等，2017. 黑龙江农作物病虫害在线监测管理系统开发与应用[J]. 中国植保导刊，37 (8)：24-30.
陈令芳，张姗姗，张凯，等，2016. 物联网技术在蓝莓病虫害监测预警中的应用初探[J]. 物联网技术，6 (7)：95-96.
冯健昭，2018. 基于物联网的害虫监测关键技术研究[D]. 广州：华南农业大学.
耿祥义，张跃平，2015. Java程序设计实用教程[M]. 北京：人民邮电出版社.
黄冲，刘万才，姜玉英，等，2016. 农作物重大病虫害数字化监测预警系统研究[J]. 中国农机化学报，37 (5)：196-199，205.
李国钧，韩曙光，许渭根，等，2016. 浙江省农业有害生物监测预警体系的建设与对策[J]. 浙江农业科学，57 (12)：1946-1950.
李素，郭兆春，王聪，等，2018. 信息技术在农作物病虫害监测预警中的应用综述[J]. 江苏农业科学，46 (22)：1-6.
李小文，马菁，海云瑞，等，2018. 宁夏枸杞病虫害监测与预警系统研究[J]. 植物保护，44 (1)：81-86.
李艳红，樊同科，2020. 农业病虫害监测预警平台设计[J]. 农业工程，10 (2)：29-32.
刘君，王学伟，2021. 大数据时代山东农业病虫害监测预警体系建设[J]. 北方园艺，4 (3)：166-170.
鲁军景，孙雷刚，黄文江，2019. 作物病虫害遥感监测和预测预警研究进展[J]. 遥感技术与应用，34 (1)：21-32.
马菁，张学俭，2018. 物联网技术在宁夏枸杞病虫害监测预警中的应用[J]. 林业调查规划，43 (6)：71-74.
彭卫兵，高宗仙，2017. 性诱害虫远程实时监测系统在蔬菜斜纹夜蛾监测中的应用效果研究[J].现代农业科技 (10)：106-109.
王春荣，张齐凤，王振，等，2020. 黑龙江省农作物病虫害监测预警体系的构建与推广应用[J]. 中国植保导刊，40 (4)：77-80.
王圣楠，2017. 基于物联网技术的农林病虫害生态智能测控系统构建及其应用[D].泰安：山东农业大学.
赵小娟，叶云，冉耀虎，2019. 基于物联网的茶树病虫害监测预警系统设计与实现[J]. 中国农业信息，31 (6)：107-115.
郑玲玲，2020. S省基于物联网的农业病虫害测报系统研究[D]. 昆明：昆明理工大学.

畜禽疫病监测预警信息系统

10.1 研发背景

近年来，我国畜禽疫病的种类越来越多，疫病的发生也越来越频繁。由于发病规律、形式和特点越来越复杂，导致畜禽疫病防控工作的强度和难度越来越大（陈秀辉等，2021；张智鹏，2019）。建立畜禽疫病监测预警信息系统，有效控制畜禽疫病的发生和流行，是确保我国畜牧业快速、健康、持续发展的保证，也是确保畜禽产品质量安全和人类健康的重要保障（解松林，2015）。

我国许多学者已开展了相关的研究工作，并构建了监测预测系统。李长友（2006）构建了基于GIS和GPS的全国高致病性禽流感防控决策系统，实现了高致病性禽流感疫点的准确定位，疫点、疫区、受威胁区地理信息的查询和直接显示。张大龙（2008）根据济南市畜牧生产及动物疫病监测业务的实际需要，建立了畜牧生产及动物疫病监测系统，能够监测屠宰检疫和动物疫情。廖明臻（2012）依托云南省畜禽疾病监测体系，构建了畜禽疾病监测数据库和畜禽疾病智能预警系统，实现了高原地区畜禽常发疾病的监测及预警。邓振民等（2013）初步研究了家禽肿瘤性疾病病情监测、风险因素评估、预警模型、系统集成等内容，利用Web GIS、物联网等技术手段，构建了家禽肿瘤性疾病预警系统。在这些系统使用过程中，防疫人员常遇到数据采集不真实和不及时等问题。随着移动互联网的快速发展以及智能手机的不断普及，借助智能手持设备，能够实现采集内容准确及时。

为此，本研究基于河南省畜禽疫病监测体系，采用GIS、移动互联网等技术，构建了畜禽疫病监测预警系统，实现疫情监测信息的高效、及时和稳定交互，为日常流行病学调查和疫情监测业务提供服务，为防疫和预防控制部门提供决策支持。

10.2 系统概述

10.2.1 系统总体设计

1.设计目标　河南省动物疫病监测预警体系是以省、市、县防控机构为主体，以乡（镇）防检中心站为支点，以村级动物疫情报告观察员为基础，由不同规模养殖场、散养户、活禽交易市场等监测网点组成的免疫效果监测网络、疫情监测网络和流行病学调查网络（吴志明等，2011；王小雷等，2012）。省防控机构以祖代种畜禽场、出口养殖场和大型养殖场为检测对象，负责一级网络的流行病学调查、血清学监测、病原学监测和分子流行病学监测结果和全省监测结果汇总分析。市防控机构以父母代种畜禽场和较大型养殖场为检测对象，负责二级网络的流行病学调查、血清学监测、病原学监测结果上报，以及辖区内三级监测网点的监测结果汇总上报。县防控机构以养殖场和散养户为检测对象，负责三级网络的流行病学调查、血清学监测以及细菌性和寄生虫病监测结果的上报。在现有畜禽疫病监测网络基础上，结合基层防疫机构日常业务需求和系统目标，构建畜禽疫病监测预警信息系统，如图10-1所示。

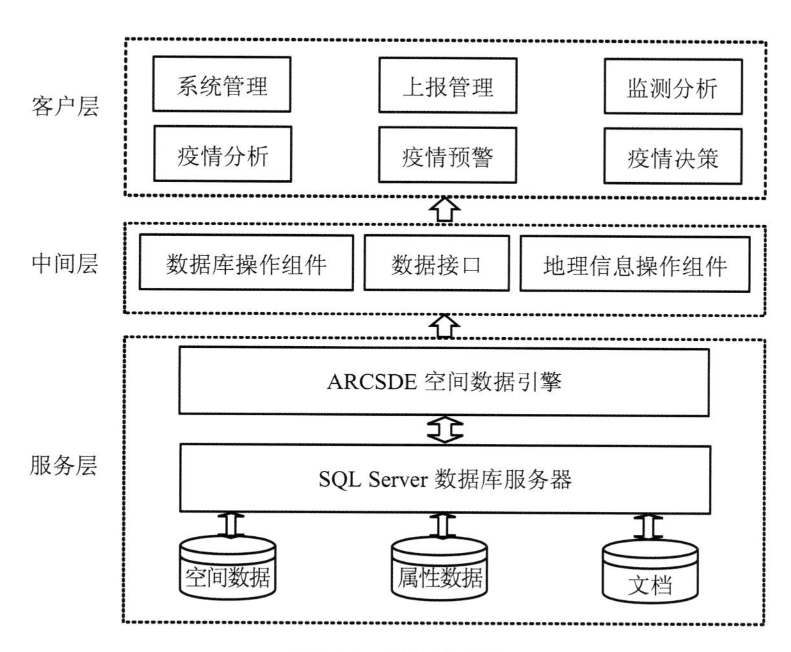

图10-1　系统架构图

目标1：监测信息采集的实时性。建立基于互联网的疾病监测网络，实现监测点、监测单位和疫病预防控制机构对疫情监测数据的远程实时采集。实现信息处理的网络化、实时化，为事件的早发现、早控制提供技术保障和时间保障。

目标2：分析手段的多样性。充分利用地理信息系统的空间分析功能和直观的表现形式，将数字、文字和统计图表与电子地图相结合，实现基于空间分析的疫情监测预警模型及软件编程。

目标3：疫情预警。与历年基线数据水平比较，自动发出预警信号，通过多年数据建立统计学模型，分析预测传染病流行总趋势。疫情监测预警模型能够对疫情的影响范围、流行强度和发展趋势进行预警，报告疫区特征，报告疾病或媒介的空间分布特征以及预测疫情事件的空间分布等，为决策部门提供可靠、直观的决策依据。

2.系统框架设计　本系统采用B/S架构，由客户层、中间层和服务层3层构成。服务器端负责数据接收、存储、统计分析等，手机客户端负责信息采集，与服务器端之间采用Socket通信方式，保证数据交互的高效性和通用性。

手机客户端数据存储分为在线存储和离线存储两种模式：在线存储模式是在通过3G/4G网络将数据即时传输并存储于服务器端。离线存储模式是将采集的数据临时存储于智能手机本地数据库，随后将数据上传到服务器端。

10.2.2　系统功能设计

以河南省动物疫情监测预警体系为基础，对疫病监测结果采集、整合、分析、预警、发布环节进行分析，总结提炼主要功能模块。依据农业部“高致病性禽流感防治技术规范”等14个动物疫病防治技术规范，制定流行病学调查和疫情监测上报内容。本系统包括系统管理、上报管理、监测分析、疫情分析、疫情预警和疫情决策6个部分，如图10-2所示。

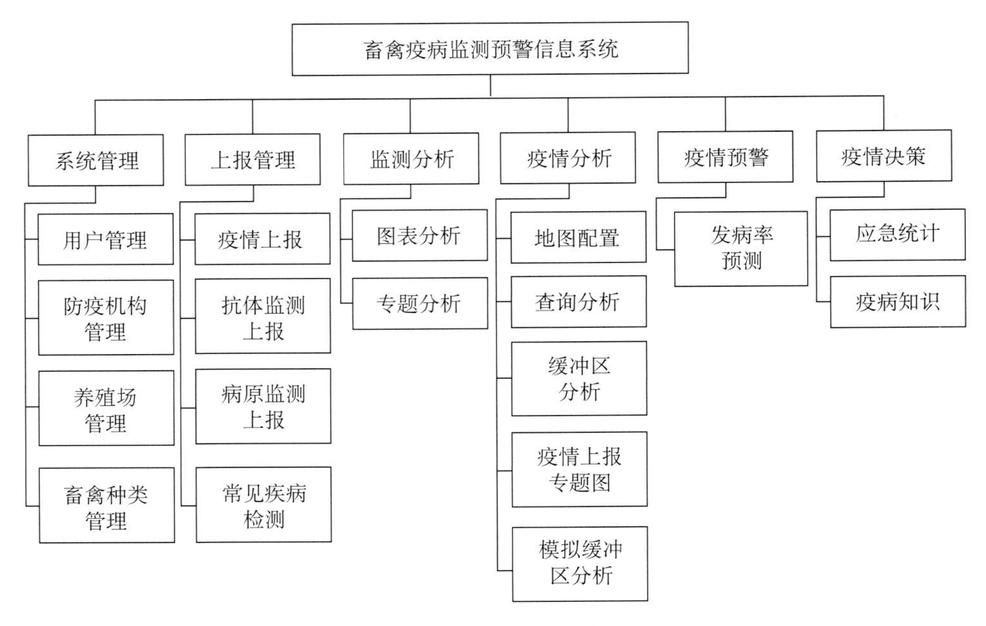

图10-2　系统功能结构图

1.系统管理　系统管理提供用户管理、防疫机构管理、养殖场管理和畜禽种类管理功能。用户管理提供超级用户、防疫机构和养殖场主（散养户）3类角色用户的增加、修改和删除等功能。用户信息包括用户名、密码、角色等。防疫机构管理提供防疫主管部门和其管辖范围的添加、修改、删除等功能。防疫机构信息包括机构名称、联系方式、所在辖区等。养殖场管理提供养殖场信息的逐条添加、批量上传、修改、删除等功能。养殖场信息包括名称、畜禽种类、存栏量、地理坐标、所在辖区等。畜禽种类管理提供养殖场养殖畜禽类别的添加、修改、删除等功能。

2.上报管理　上报管理提供疫情上报、抗体监测上报、病原监测上报和常见疾病检测功能。病原/抗体检测数据的上传方式提供了逐条添加和批量上传两种方式。填写Excel模板，上传至服务器实现批量上传。为方便移动采集，开发了手机App，实现数据的及时上传。

3.监测分析　监测分析提供图表分析和专题分析功能。整理和汇总流行病学调查数据、免疫监测数据，然后绘制柱状图、折线图和专题图，进而分析疫情发生潜在风险。

4.疫情分析　疫情分析提供地图配置、查询分析、缓冲区分析、疫情上报专题图和模拟缓冲区分析等功能。地图配置模块提供了底图配置和底图切换功能。利用查询分析模块，根据病原类型，查询已发生疫情的畜牧场，并在地图上准确定位畜牧场的坐标信息，可视化查看疫点空间分布。利用疫病监测数据缓冲区分析模块，根据疫情类别（一类、二类和三类）、传播途径等确定缓冲距离，对疫区进行划分，同时统计各疫区内养殖畜禽数量，分析疫情蔓延的影响程度。利用疫情上报专题图模块，选择专题图字段、区域、疫病类型和时间范围，可生成疫情专题图。利用模拟缓冲区分析模块，根据不同疫情的传播速率和养殖场分布，模拟疫情的传播范围，为防控部门提供可视化的演习场景。

5.疫情预警　疫情预警提供疫病发病率预测功能，对可能出现的疫病风险进行预测，必要时采取相应级别的应急预案，最大限度地防范疫情的发生和发展，尽可能降低损失。根据疫病历史发生数据，构建时间序列预测模型，对未来月份疫病的发病数进行预警，结合抗体监测分析和病原监测分析，综合评估疫情发生风险，及早采取预防措施。

6.疫情决策　在疫情发生时，利用Web端各项功能，研判疫情发展动态，为指挥决策者提供全方位疫情信息，为科学制订扑杀方案提供决策依据，包括应急决策、疫病知识功能。应急决策模块提供疫情应急预案演练和应急救援预案所需各应急救援力量和物资的统计功能，即利用GIS缓冲分析方法，根据常见疫情级别、发生特点、传播途径和发展趋势，对疫区进行划分，统计各分区内各养殖场疫病发生情况。然后根据疫病发生危害程度，估算所需救援人员、扑杀工具等物资需求。疫病防疫措施查询模块是提供常见畜禽疫病防控知识查询功能，包括各种疾病的知识、症状和临床表现、预防方法和注意事项等，为决策提供参考。

10.2.3 数据库设计

数据库数据包括属性数据和空间数据两部分。属性数据包括机构管理、养殖场基本信息、疫情上报数据、抗体/病原监测数据和疫病知识数据，采用SQL Server数据库对属性数据进行管理。空间数据主要是行政区划图，采用ArcSDE空间数据引擎对空间数据进行保存和管理。

10.2.4 系统开发环境

利用Visual Studio 2008开发平台完成Web端开发任务。编程语言采用C#开发语言，数据库采用Microsoft SQL Server 2005关系数据库。采用ESRI 公司ArcSDE for SQL Server空间数据引擎和ArcGIS Engine二次开发组件。在Android SDK和Eclipse环境完成疫情采集移动端开发任务。

10.2.5 系统运行环境

浏览器最低要求：IE浏览器版本12.0、Chrome谷歌浏览器、360浏览器、火狐浏览器等。手机最低配置要求：屏幕尺寸为3.5英寸，安卓系统Android 2.3以上。

10.3 系统实现

10.3.1 系统登录

打开浏览器输入网址，进入登录界面，如图10-3所示。

图10-3　登录界面

输入系统管理员分配的用户名和密码，点击“用户登录”进入河南省畜禽疫病监测预警系统，系统主界面如图10-4所示。

图10-4　系统界面

10.3.2　系统管理

系统管理包括用户管理、机构管理、养殖场管理和畜禽种类管理。

1.用户管理　用户管理负责用户（机构/养殖场主）的添加、修改和删除。用户信息包括用户名称、用户密码、角色和管理单位。选择“系统管理”中的“用户管理”，界面如图10-5所示。

首页　用户管理 ×

用户列表

添加　修改　删除

用户名称	用户密码	角色
管理员	123456	养殖场主
xumuadmin	xumuadmin	超级用户
qxxmj	qxxmj	超级用户
xxxmj	xxxmj	超级用户
hbsxmj	hbsxmj	超级用户
qbqxmj	qbqxmj	超级用户
scqxmj	scqxmj	超级用户
hsqxmj	hsqxmj	超级用户
hndhi	hndhi	超级用户
wangjinlei	wangjinlei	超级用户

25　第1　共1页

图10-5　用户管理

点击“添加”按钮，添加新用户。选中列表中的一个用户，点击“修改”“删除”，进行修改或删除操作。

2.机构管理　机构管理负责对行政管理机构和养殖场进行新建、修改和删除。各用户根据权限对系统进行操作，超级用户可以对机构和养殖场进行管理。机构信息包括机构名称、机构描述和所属行政辖区。养殖场信息包括养殖场名称、属性、地理坐标、占地面积、注册资金等。

3.养殖场管理　养殖场管理负责对养殖场进行添加、修改和删除。养殖场信息包括养殖场名称、属性、所在地点、经纬度、饲养规模、占地面积、现有场舍面积、种用存栏数、存栏数、出栏数、出栏日龄、年出栏量、注册资金、兽医人数、养殖场负责人、联系方式等。

选择“系统管理”中的“养殖场管理”，界面如图10-6所示。

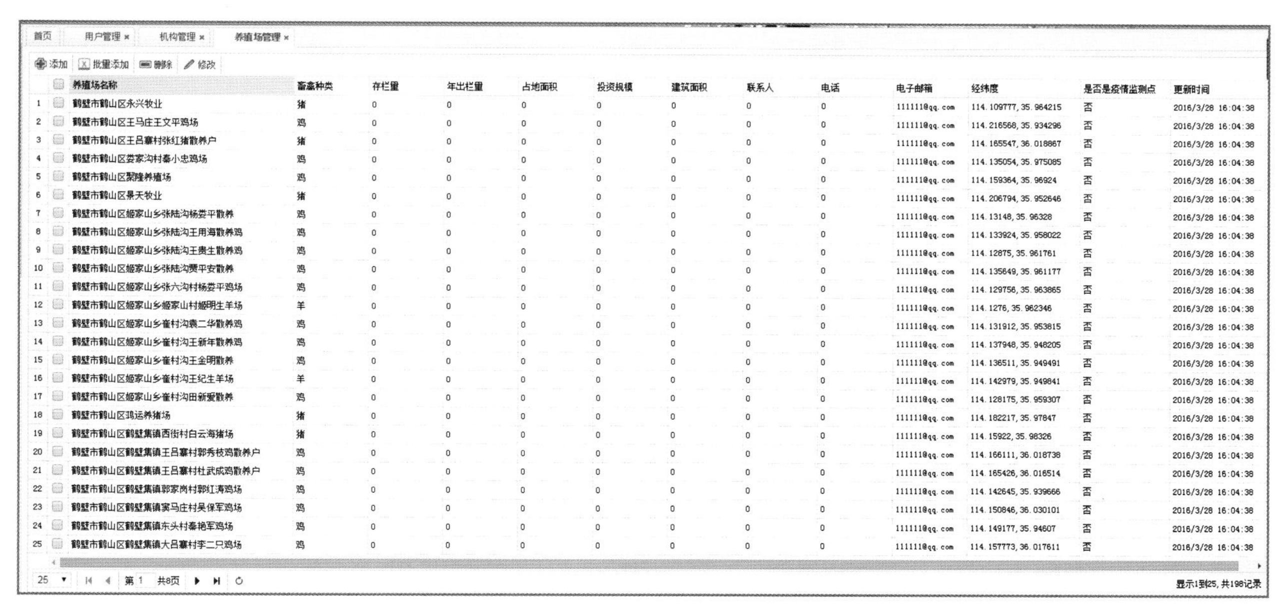

	养殖场名称	畜禽种类	存栏量	年出栏量	占地面积	投资规模	建筑面积	联系人	电话	电子邮箱	经纬度	是否是疫情监测点	更新时间
1	鹤壁市鹤山区永兴牧业	猪	0	0	0	0	0	0	0	111111@qq.com	114.109777, 35.964215	否	2016/3/28 16:04:38
2	鹤壁市鹤山区王马庄王文平鸡场	鸡	0	0	0	0	0	0	0	111111@qq.com	114.216568, 35.934296	否	2016/3/28 16:04:38
3	鹤壁市鹤山区王吕寨村张红猪散养户	猪	0	0	0	0	0	0	0	111111@qq.com	114.165547, 36.018867	否	2016/3/28 16:04:38
4	鹤壁市鹤山区娄家沟村秦小忠鸡场	鸡	0	0	0	0	0	0	0	111111@qq.com	114.135054, 35.975085	否	2016/3/28 16:04:38
5	鹤壁市鹤山区聚隆养殖场	鸡	0	0	0	0	0	0	0	111111@qq.com	114.159364, 35.96924	否	2016/3/28 16:04:38
6	鹤壁市鹤山区景天牧业	猪	0	0	0	0	0	0	0	111111@qq.com	114.206794, 35.952646	否	2016/3/28 16:04:38
7	鹤壁市鹤山区姬家山乡张陆沟杨娄平散养	鸡	0	0	0	0	0	0	0	111111@qq.com	114.13148, 35.96328	否	2016/3/28 16:04:38
8	鹤壁市鹤山区姬家山乡张陆沟王用海散养鸡	鸡	0	0	0	0	0	0	0	111111@qq.com	114.133924, 35.958022	否	2016/3/28 16:04:38
9	鹤壁市鹤山区姬家山乡张陆沟王贵生散养鸡	鸡	0	0	0	0	0	0	0	111111@qq.com	114.12875, 35.961761	否	2016/3/28 16:04:38
10	鹤壁市鹤山区姬家山乡张陆沟贾平安散养	鸡	0	0	0	0	0	0	0	111111@qq.com	114.135649, 35.961177	否	2016/3/28 16:04:38
11	鹤壁市鹤山区姬家山乡张六沟村杨娄平鸡场	鸡	0	0	0	0	0	0	0	111111@qq.com	114.129756, 35.963865	否	2016/3/28 16:04:38
12	鹤壁市鹤山区姬家山乡姬家山村姬明生羊场	羊	0	0	0	0	0	0	0	111111@qq.com	114.1276, 35.962346	否	2016/3/28 16:04:38
13	鹤壁市鹤山区姬家山乡雀村沟袁二华散养鸡	鸡	0	0	0	0	0	0	0	111111@qq.com	114.131912, 35.953815	否	2016/3/28 16:04:38
14	鹤壁市鹤山区姬家山乡雀村沟王新年散养鸡	鸡	0	0	0	0	0	0	0	111111@qq.com	114.137948, 35.948205	否	2016/3/28 16:04:38
15	鹤壁市鹤山区姬家山乡雀村沟王金明散养	鸡	0	0	0	0	0	0	0	111111@qq.com	114.136511, 35.949491	否	2016/3/28 16:04:38
16	鹤壁市鹤山区姬家山乡雀村沟王纪生羊场	羊	0	0	0	0	0	0	0	111111@qq.com	114.142979, 35.949841	否	2016/3/28 16:04:38
17	鹤壁市鹤山区姬家山乡雀村沟田新爱散养	鸡	0	0	0	0	0	0	0	111111@qq.com	114.128175, 35.959307	否	2016/3/28 16:04:38
18	鹤壁市鹤山区鸿运养猪场	猪	0	0	0	0	0	0	0	111111@qq.com	114.182217, 35.97847	否	2016/3/28 16:04:38
19	鹤壁市鹤山区鹤壁集镇西街村白云海猪场	猪	0	0	0	0	0	0	0	111111@qq.com	114.15922, 35.98326	否	2016/3/28 16:04:38
20	鹤壁市鹤山区鹤壁集镇王吕寨村郭秀枝鸡散养户	鸡	0	0	0	0	0	0	0	111111@qq.com	114.166111, 36.018738	否	2016/3/28 16:04:38
21	鹤壁市鹤山区鹤壁集镇王吕寨村杜武成鸡散养户	鸡	0	0	0	0	0	0	0	111111@qq.com	114.165426, 36.016514	否	2016/3/28 16:04:38
22	鹤壁市鹤山区鹤壁集镇郭家岗村郭红涛鸡场	鸡	0	0	0	0	0	0	0	111111@qq.com	114.142645, 35.939666	否	2016/3/28 16:04:38
23	鹤壁市鹤山区鹤壁集镇寞马庄村吴保军鸡场	鸡	0	0	0	0	0	0	0	111111@qq.com	114.150846, 36.030101	否	2016/3/28 16:04:38
24	鹤壁市鹤山区鹤壁集镇东头村秦艳军鸡场	鸡	0	0	0	0	0	0	0	111111@qq.com	114.149177, 35.94607	否	2016/3/28 16:04:38
25	鹤壁市鹤山区鹤壁集镇大吕寨村李二只鸡场	鸡	0	0	0	0	0	0	0	111111@qq.com	114.157773, 36.017611	否	2016/3/28 16:04:38

图 10-6　养殖场管理

点击“添加”按钮，弹出“添加养殖场”窗口，如图10-7所示。依次填写养殖场相关信息，点击“添加”按钮。弹出“批量添加养殖场”窗口，如图10-8所示。选择养殖场所在区域，选择Excel数据表格，点击“上传”按钮，完成添加。

“新增养殖场信息”提供了逐条添加和批量上传两种方式，图10-9为批量上传的Excel模板。在模板中，填写内容后，选择“批量上传”，即可完成。

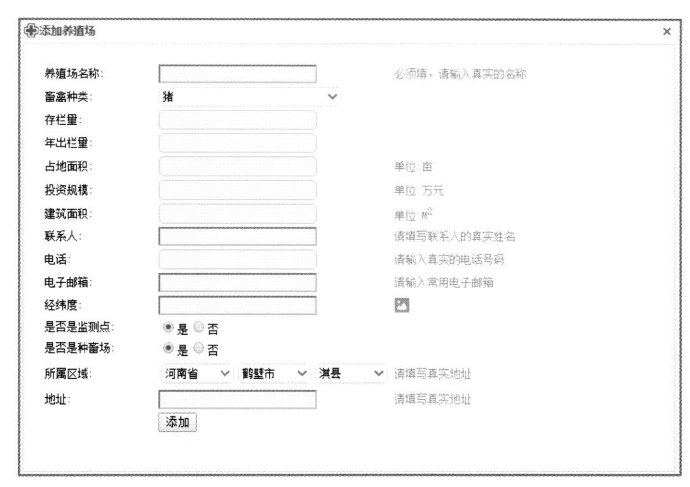

图 10-7　添加养殖场

图 10-8　养殖场批量上传

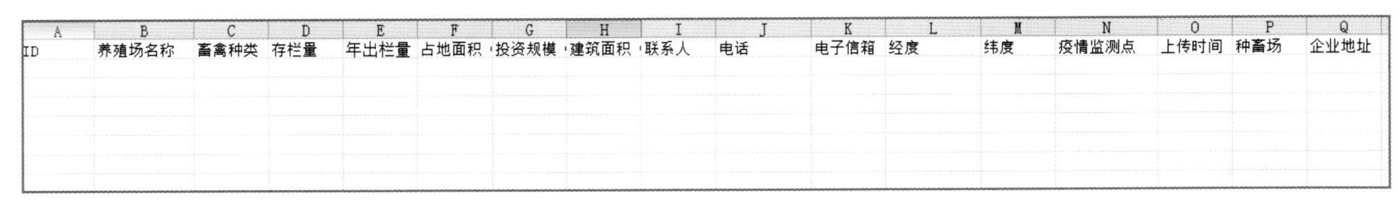

A	B	C	D	E	F	G	H	I	J	K	L	M	N	O	P	Q
ID	养殖场名称	畜禽种类	存栏量	年出栏量	占地面积	投资规模	建筑面积	联系人	电话	电子信箱	经度	纬度	疫情监测点	上传时间	种畜场	企业地址

图10-9　养殖场基本信息上传模板

4.畜禽种类管理　选择“系统管理”中的“畜禽种类管理”即可打开对话框进行修改或删除等操作，如图10-10所示。

		名称	顺序
1		猪	1
2		鸡	2
3		奶牛	3
4		羊	4
5		牛	5

图10-10　畜禽种类管理

10.3.3　上报管理

各畜禽聚集点发现重大疫情后，需及时上报疫情情况，系统用户上报和查看省内的疫情简报，动态监测主要疫病发生情况。在上报列表中，可以查看疫情的上报情况。可上报的数据分为3类：疫情数据、病原监测数据和抗体监测数据。病原/抗体检测数据的上传提供逐条添加和批量上传两种方式，提供批量上传的Excel模板。

1.疫情上报　在“上报管理”中，先选择行政辖区，再进行疫情上报。选择菜单“上报管理”中的“疫情上报”，如图10-11所示。

首页　疫情上报 ×

添加　删除　查看

		养殖场名称	发病数	死亡数	病原	上报者	上报时间
1		鹤壁市鹤山区张六沟村杨娄平鸡场	3	0	高致病性禽流感	xumuadmin	2016/3/29 8:42:08
2		鹤壁市鹤山区姬家山乡张陆沟杨娄平散养	8	2	高致病性禽流感	xumuadmin	2016/3/29 8:42:27

图10-11　疫情上报

选中列表中的一条数据，点击“删除”“查看”按钮进行相应的删除、查看操作。点击“添加”按钮，弹出“添加疫情”窗口，如图10-12所示，填写信息后，完成疫情上报。

2.抗体监测上报　选择“上报管理”中的“抗体监测上报”，如图10-13所示。

选中图10-13列表中的一条数据，点击“删除”“查看”按钮进行相应的删除、查看操作。点击“添加”按钮，弹出“添加”窗口，如图10-14所示，依次填写抗体检测数据的相关信息，点击“抗体监测上报”按钮。

图10-12　添加疫情

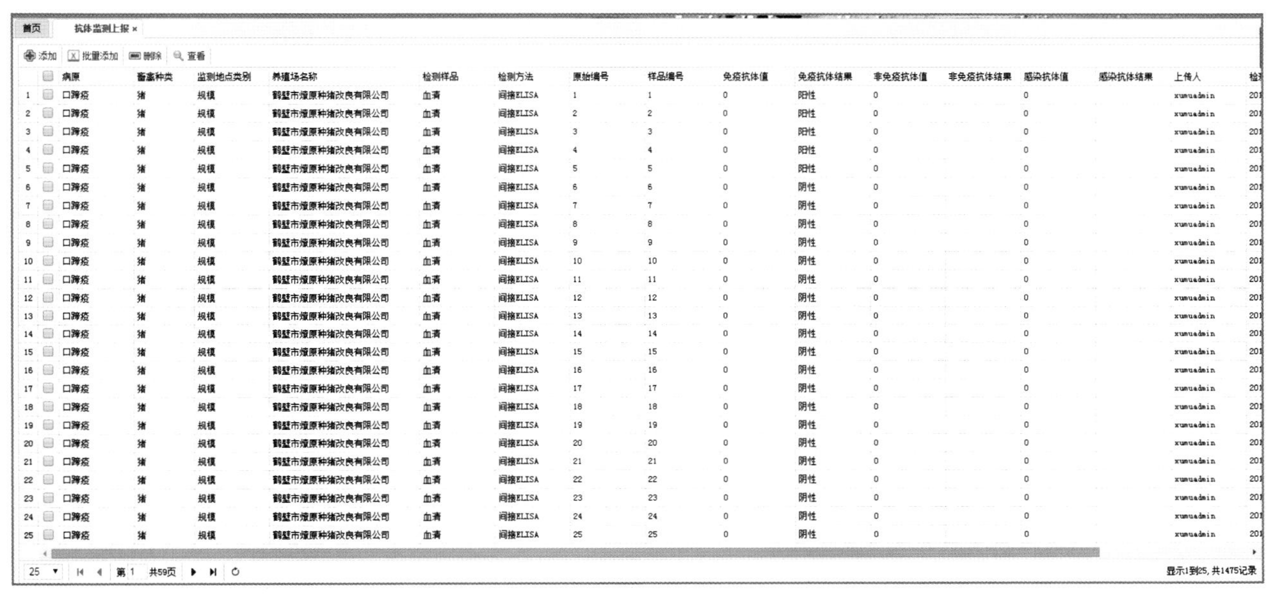

	病原	畜禽种类	监测地点类别	养殖场名称	检测样品	检测方法	原始编号	样品编号	免疫抗体值	免疫抗体结果	非免疫抗体值	非免疫抗体结果	感染抗体值	感染抗体结果	上传人	检
1	口蹄疫	猪	规模	鹤壁市燎原种猪改良有限公司	血清	间接ELISA	1	1	0	阳性	0		0		xumuadmin	201
2	口蹄疫	猪	规模	鹤壁市燎原种猪改良有限公司	血清	间接ELISA	2	2	0	阳性	0		0		xumuadmin	201
3	口蹄疫	猪	规模	鹤壁市燎原种猪改良有限公司	血清	间接ELISA	3	3	0	阳性	0		0		xumuadmin	201
4	口蹄疫	猪	规模	鹤壁市燎原种猪改良有限公司	血清	间接ELISA	4	4	0	阳性	0		0		xumuadmin	201
5	口蹄疫	猪	规模	鹤壁市燎原种猪改良有限公司	血清	间接ELISA	5	5	0	阳性	0		0		xumuadmin	201
6	口蹄疫	猪	规模	鹤壁市燎原种猪改良有限公司	血清	间接ELISA	6	6	0	阴性	0		0		xumuadmin	201
7	口蹄疫	猪	规模	鹤壁市燎原种猪改良有限公司	血清	间接ELISA	7	7	0	阴性	0		0		xumuadmin	201
8	口蹄疫	猪	规模	鹤壁市燎原种猪改良有限公司	血清	间接ELISA	8	8	0	阴性	0		0		xumuadmin	201
9	口蹄疫	猪	规模	鹤壁市燎原种猪改良有限公司	血清	间接ELISA	9	9	0	阴性	0		0		xumuadmin	201
10	口蹄疫	猪	规模	鹤壁市燎原种猪改良有限公司	血清	间接ELISA	10	10	0	阴性	0		0		xumuadmin	201
11	口蹄疫	猪	规模	鹤壁市燎原种猪改良有限公司	血清	间接ELISA	11	11	0	阴性	0		0		xumuadmin	201
12	口蹄疫	猪	规模	鹤壁市燎原种猪改良有限公司	血清	间接ELISA	12	12	0	阴性	0		0		xumuadmin	201
13	口蹄疫	猪	规模	鹤壁市燎原种猪改良有限公司	血清	间接ELISA	13	13	0	阴性	0		0		xumuadmin	201
14	口蹄疫	猪	规模	鹤壁市燎原种猪改良有限公司	血清	间接ELISA	14	14	0	阴性	0		0		xumuadmin	201
15	口蹄疫	猪	规模	鹤壁市燎原种猪改良有限公司	血清	间接ELISA	15	15	0	阴性	0		0		xumuadmin	201
16	口蹄疫	猪	规模	鹤壁市燎原种猪改良有限公司	血清	间接ELISA	16	16	0	阴性	0		0		xumuadmin	201
17	口蹄疫	猪	规模	鹤壁市燎原种猪改良有限公司	血清	间接ELISA	17	17	0	阴性	0		0		xumuadmin	201
18	口蹄疫	猪	规模	鹤壁市燎原种猪改良有限公司	血清	间接ELISA	18	18	0	阴性	0		0		xumuadmin	201
19	口蹄疫	猪	规模	鹤壁市燎原种猪改良有限公司	血清	间接ELISA	19	19	0	阴性	0		0		xumuadmin	201
20	口蹄疫	猪	规模	鹤壁市燎原种猪改良有限公司	血清	间接ELISA	20	20	0	阴性	0		0		xumuadmin	201
21	口蹄疫	猪	规模	鹤壁市燎原种猪改良有限公司	血清	间接ELISA	21	21	0	阴性	0		0		xumuadmin	201
22	口蹄疫	猪	规模	鹤壁市燎原种猪改良有限公司	血清	间接ELISA	22	22	0	阴性	0		0		xumuadmin	201
23	口蹄疫	猪	规模	鹤壁市燎原种猪改良有限公司	血清	间接ELISA	23	23	0	阴性	0		0		xumuadmin	201
24	口蹄疫	猪	规模	鹤壁市燎原种猪改良有限公司	血清	间接ELISA	24	24	0	阴性	0		0		xumuadmin	201
25	口蹄疫	猪	规模	鹤壁市燎原种猪改良有限公司	血清	间接ELISA	25	25	0	阴性	0		0		xumuadmin	201

图10-13　抗体监测上报

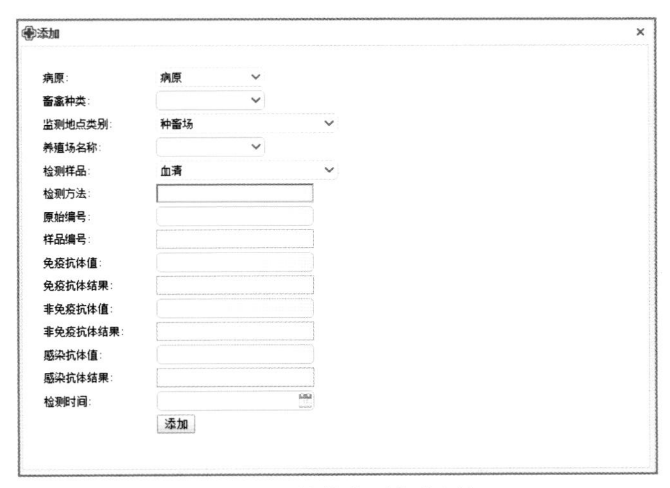

图10-14　抗体监测信息添加

点击“批量上传”按钮，弹出“批量添加抗体监测数据”窗口，如图10-15所示，选择准备好的Excel数据表格，点击“上传”，Excel模板如图10-16所示。

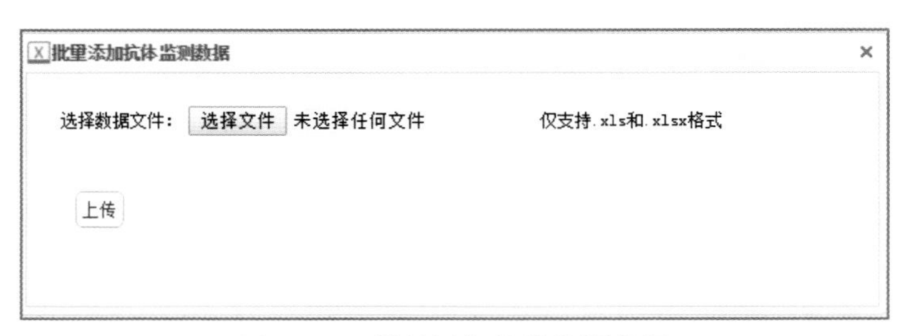

图10-15　批量添加抗体监测数据

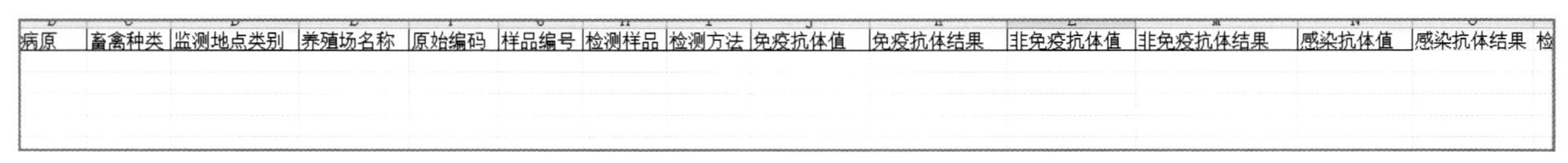

病原	畜禽种类	监测地点类别	养殖场名称	原始编码	样品编号	检测样品	检测方法	免疫抗体值	免疫抗体结果	非免疫抗体值	非免疫抗体结果	感染抗体值	感染抗体结果	检

图10-16　抗体监测数据上传模板

3.病原监测上报　选择“上报管理”中的“病原监测上报”，如图10-17所示，操作同“2.抗体监测上报”。

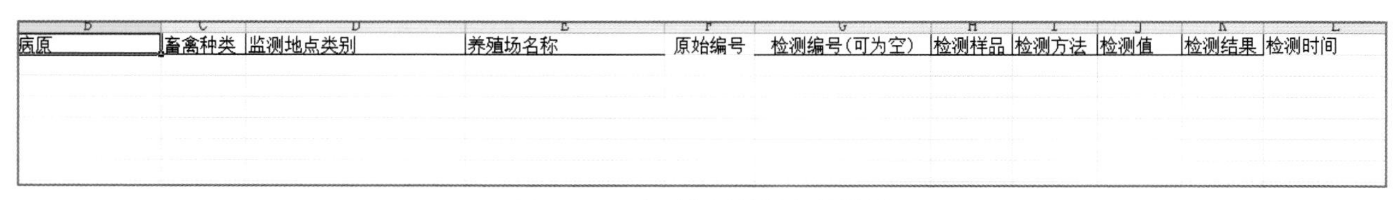

病原	畜禽种类	监测地点类别	养殖场名称	原始编号	检测编号（可为空）	检测样品	检测方法	检测值	检测结果	检测时间

图10-17　病原监测数据上传模板

4.常见疾病检测　选择“上报管理”中的“常见疾病检测”，具体操作参考“2.抗体监测上报”。针对数据上传部分，开发了移动端，为数据上传充分提供便利条件，保证数据的及时上传。根据移动端提示，依次填写内容，如图10-18所示。

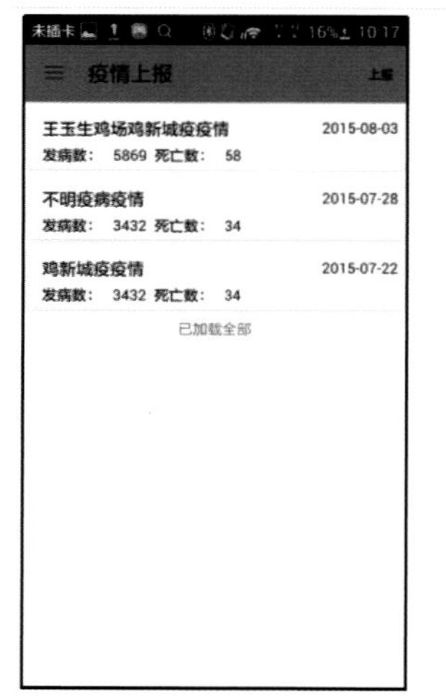

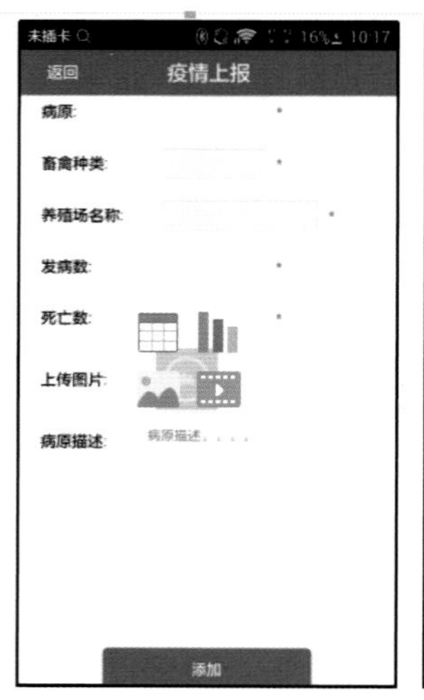

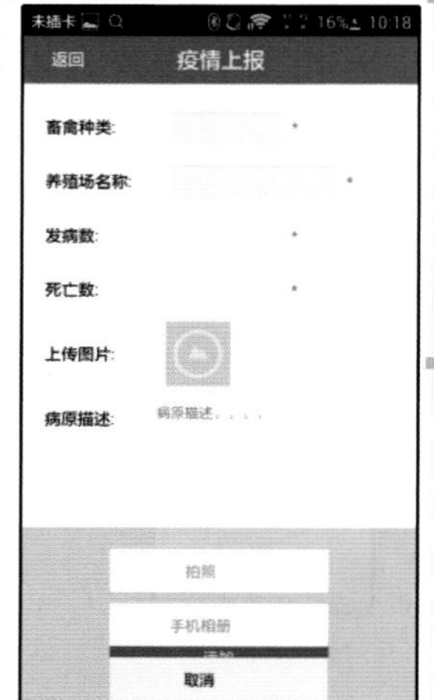

图10-18　移动端

10.3.4 疫情分析

疫情分析即通过与历史数据对比，预测疫情影响范围、流行强度和发展趋势，包括地市级疫病分析和省级疫病分析。地市级疫病分析将疫病按地区进行划分，便于查询各地区的疫情基本分布情况，用于局部信息分析。省级疫病分析则是按疫病的种类，以全省为单位统一进行划分，便于病种查询，用于全局分析。

1. 地图配置　在后续分析中，需要以遥感影像为底图。本系统提供了地图配置和切换功能。"疫情分析"中的"地图配置"如图10-19所示。

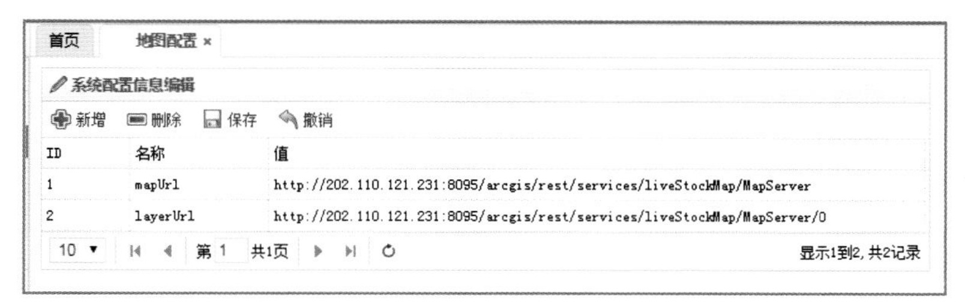

图10-19　地图配置

地图切换如图10-20所示。

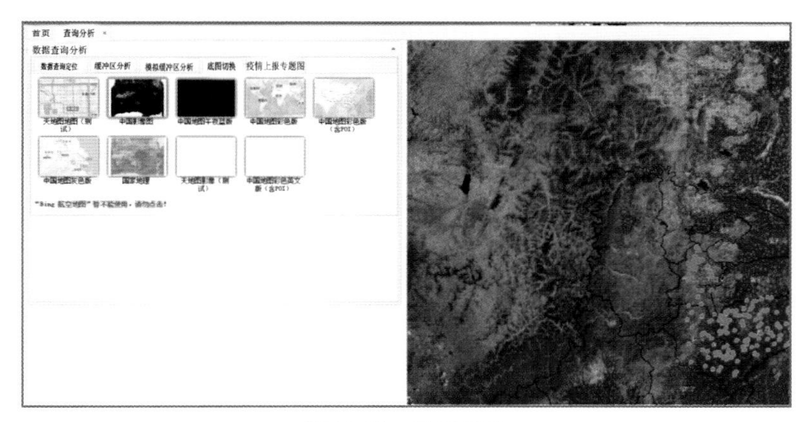

图10-20　地图切换

2. 查询分析　选择"疫情分析"中的"查询分析"，如图10-21所示。点击"数据查询"界面中的养殖场，在界面右侧将显示该养殖场的地理定位。

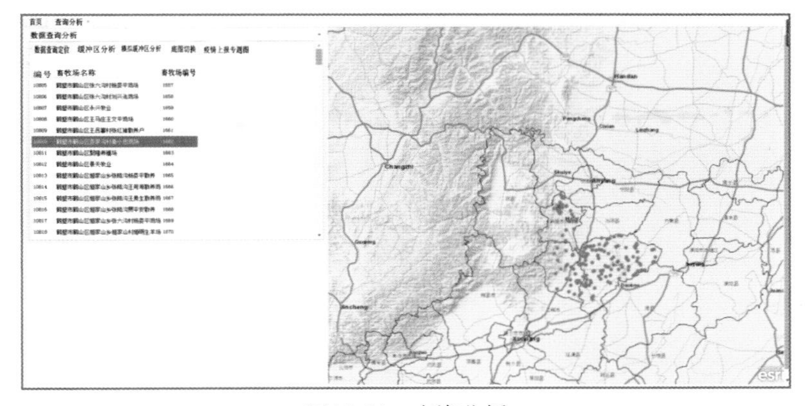

图10-21　查询分析

3.缓冲区分析　选择“病原类型”，点击“查询”按钮，获取到查询结果，如图10-22所示，点击查询结果前边“+”按钮，获取该养殖场详细信息，如图10-23所示。

点击图10-22中查询结果中的任一条数据，获取该养殖场的缓冲区分析结果如图10-24所示。

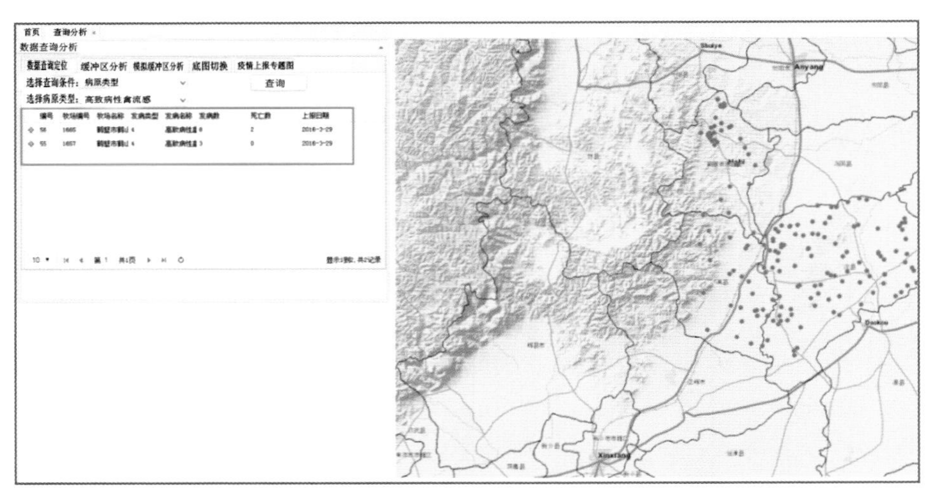

图10-22　缓冲区内养殖场信息

图10-23　查询结果中某养殖场详细信息

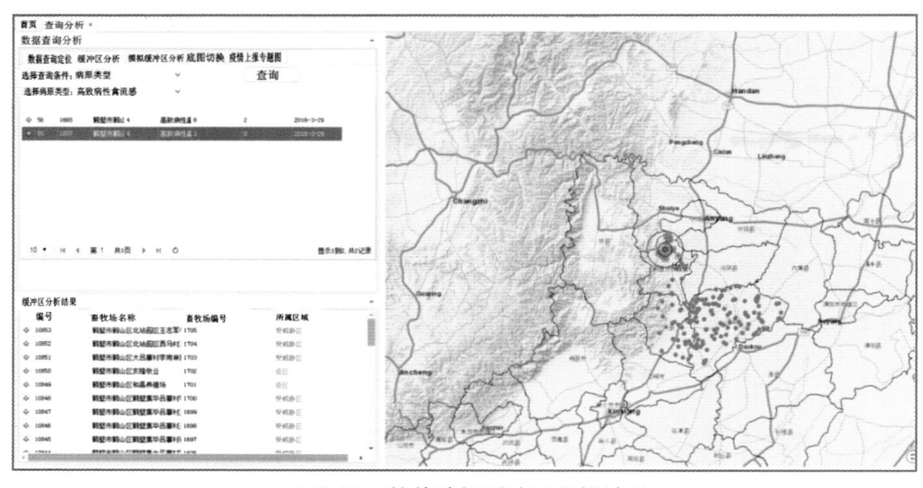

图10-24　某养殖场缓冲区分析结果

4. 疫情上报专题图　在疫情上报专题图中，选择专题图字段、区域、疫病类型和时间范围，可生成疫情上报专题图，如图10-25所示。

5. 模拟缓冲区分析　在疫情防控演习中，需要根据不同疫情的传播速率和养殖场的分布模拟疫情的传播范围，为防控部门提供可视化的演习场景。模拟缓冲区分析设置半径，如图10-26所示。

图10-25　疫情上报专题图

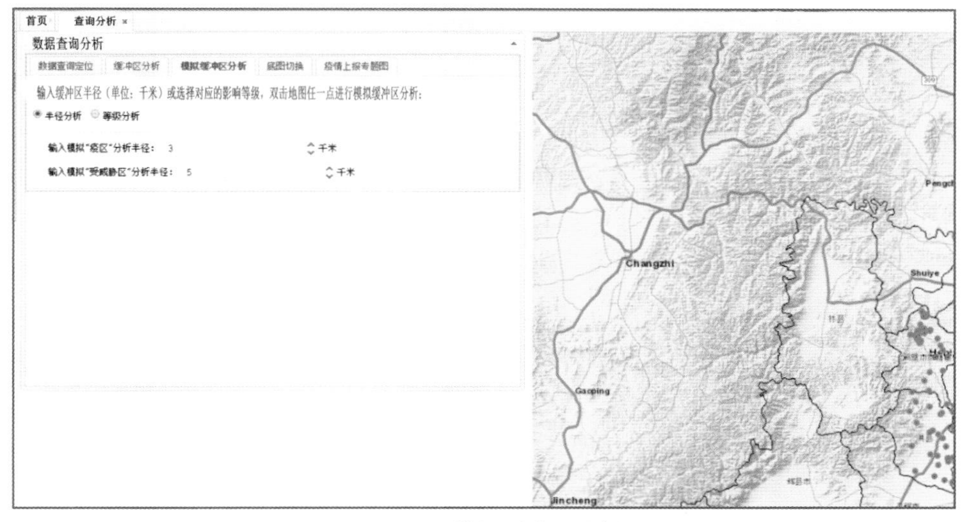

图10-26　模拟缓冲区分析

10.3.5　监测分析

1. 图表分析　选择菜单"监测分析"中的"图表分析"，如图10-27所示。依次选择"地区""畜禽种类"和"数据源"，点击"加载"按钮。

点击图10-27中柱形图区域，弹出"报告表"窗口，如图10-28所示，点击"打印"按钮，打印报表。

2. 专题分析　选择菜单"监测分析"中的"专题分析"，如图10-29所示。

依次选择"地区""畜禽种类""疫病"和"数据源"，点击"加载"按钮，得到相应的专题图，如图10-30所示。

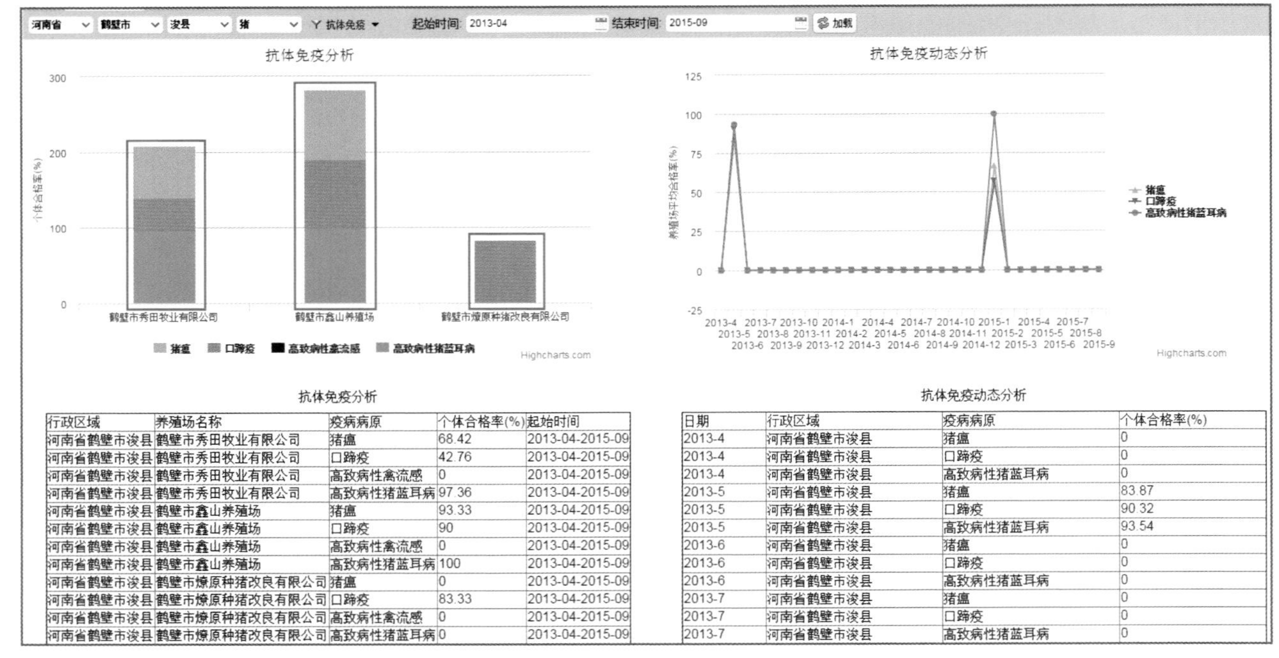

抗体免疫分析

行政区域	养殖场名称	疫病病原	个体合格率(%)	起始时间
河南省鹤壁市浚县	鹤壁市秀田牧业有限公司	猪瘟	68.42	2013-04-2015-09
河南省鹤壁市浚县	鹤壁市秀田牧业有限公司	口蹄疫	42.76	2013-04-2015-09
河南省鹤壁市浚县	鹤壁市秀田牧业有限公司	高致病性禽流感	0	2013-04-2015-09
河南省鹤壁市浚县	鹤壁市秀田牧业有限公司	高致病性猪蓝耳病	97.36	2013-04-2015-09
河南省鹤壁市浚县	鹤壁市鑫山养殖场	猪瘟	93.33	2013-04-2015-09
河南省鹤壁市浚县	鹤壁市鑫山养殖场	口蹄疫	90	2013-04-2015-09
河南省鹤壁市浚县	鹤壁市鑫山养殖场	高致病性禽流感	0	2013-04-2015-09
河南省鹤壁市浚县	鹤壁市鑫山养殖场	高致病性猪蓝耳病	100	2013-04-2015-09
河南省鹤壁市浚县	鹤壁市燎原种猪改良有限公司	猪瘟	0	2013-04-2015-09
河南省鹤壁市浚县	鹤壁市燎原种猪改良有限公司	口蹄疫	83.33	2013-04-2015-09
河南省鹤壁市浚县	鹤壁市燎原种猪改良有限公司	高致病性禽流感	0	2013-04-2015-09
河南省鹤壁市浚县	鹤壁市燎原种猪改良有限公司	高致病性猪蓝耳病	0	2013-04-2015-09

抗体免疫动态分析

日期	行政区域	疫病病原	个体合格率(%)
2013-4	河南省鹤壁市浚县	猪瘟	0
2013-4	河南省鹤壁市浚县	口蹄疫	0
2013-4	河南省鹤壁市浚县	高致病性猪蓝耳病	0
2013-5	河南省鹤壁市浚县	猪瘟	83.87
2013-5	河南省鹤壁市浚县	口蹄疫	90.32
2013-5	河南省鹤壁市浚县	高致病性猪蓝耳病	93.54
2013-6	河南省鹤壁市浚县	猪瘟	0
2013-6	河南省鹤壁市浚县	口蹄疫	0
2013-6	河南省鹤壁市浚县	高致病性猪蓝耳病	0
2013-7	河南省鹤壁市浚县	猪瘟	0
2013-7	河南省鹤壁市浚县	口蹄疫	0
2013-7	河南省鹤壁市浚县	高致病性猪蓝耳病	0

图10-27　图表分析

报告表

打印

动物免疫检测报告

报告编号：

受检单位	鹤壁市鑫山养殖场	收样日期	2013-05-01
采样人	xumuadmin	检测完成日期	2016-03-29
样品名称			
样品数量	90		
样品状态			
检测项目	检测方法	依据标准	结果
口蹄疫	ELISA		检测30份，其中3份为抗体阳性
高致病性猪蓝耳病	ELISA		检测30份，其中0份为抗体阳性

图10-28　报告表

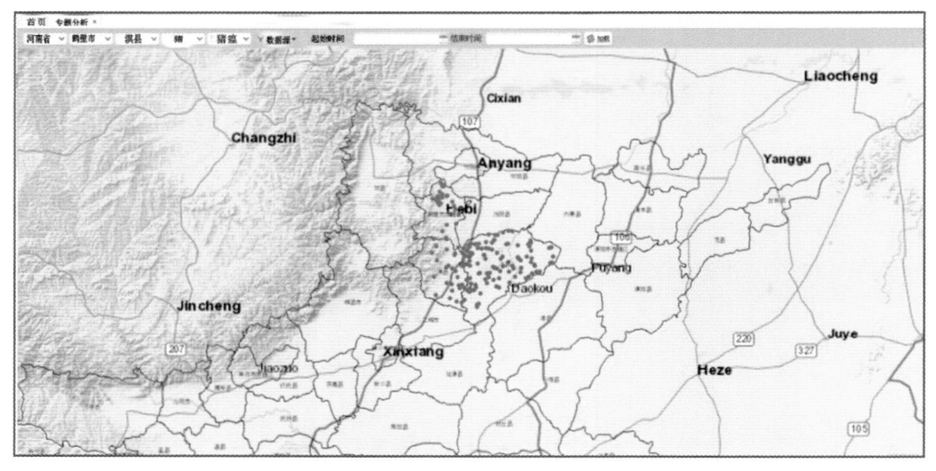

图10-29　专题分析界面

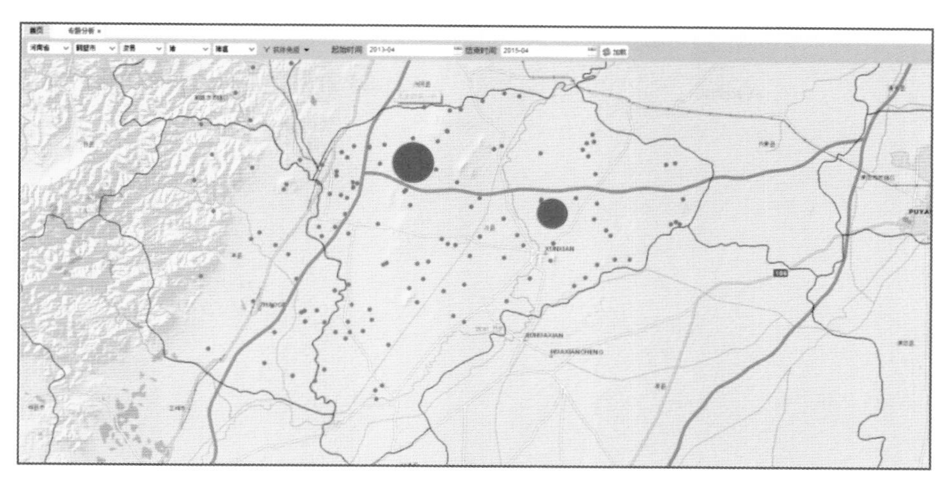

图10-30　专题分析结果

10.3.6　疫情预警

选择“疫情预警”，如图10-31所示，依次选择“地区”“疫病种类”和“预测月份”，点击“加载”按钮，生成趋势分析图，预测某种畜禽该时间段内常见疾病的发病率。

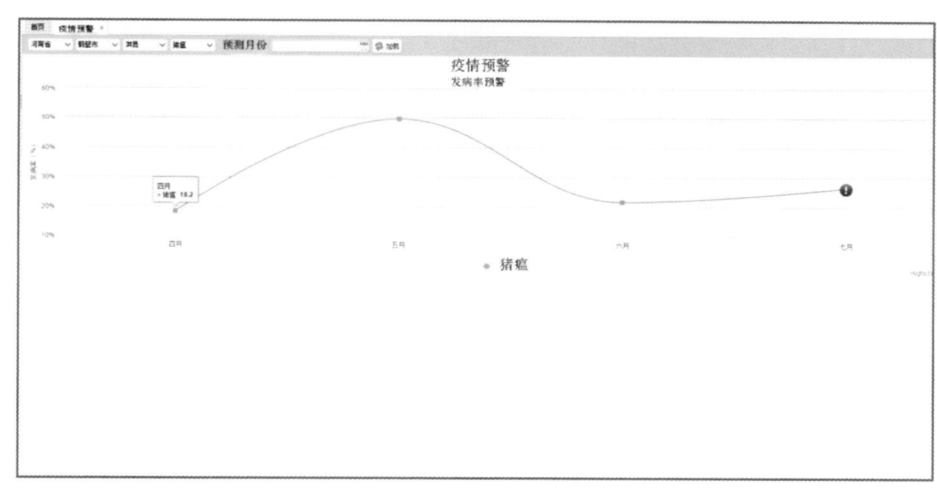

图10-31　疫情预警

10.3.7　疫情决策

1. 应急统计　应用GIS技术的分析功能，对有疫情的养殖点进行缓冲，对缓冲区内的养殖点进行统计，同时查询缓冲区内各养殖点信息（邓振民等，2015）。及时把信息通过网络发布给相关地区，使防疫机构和养殖户能更快、更准确地了解疫情相关信息，以便及时做好预防和控制措施，防止疫情扩散（冯晓等，2016；田俊等，2021）。提供常见畜禽疾病种类、发病特征、治疗方法等供养殖单位查询。

给出区域划分决策，根据疫情的种类不同、严重程度、影响范围、控制有效度等信息，对疫情周围的区域划定范围，并在电子地图上标注出来。划定区域的颜色设定参照国际上的标准分别是红色、橙色、黄色和蓝色，见表10-1。

表10–1　疫情等级

预警颜色	疫情等级	说明
红色	极高风险	出现严重的发病率和死亡率
橙色	高度风险	出现小规模疫情病例
黄色	中度风险	出现两例或以下聚集病例
蓝色	低级风险	隔离观察

选择菜单“疫情决策”中的“应急统计”，界面如图10-32所示。

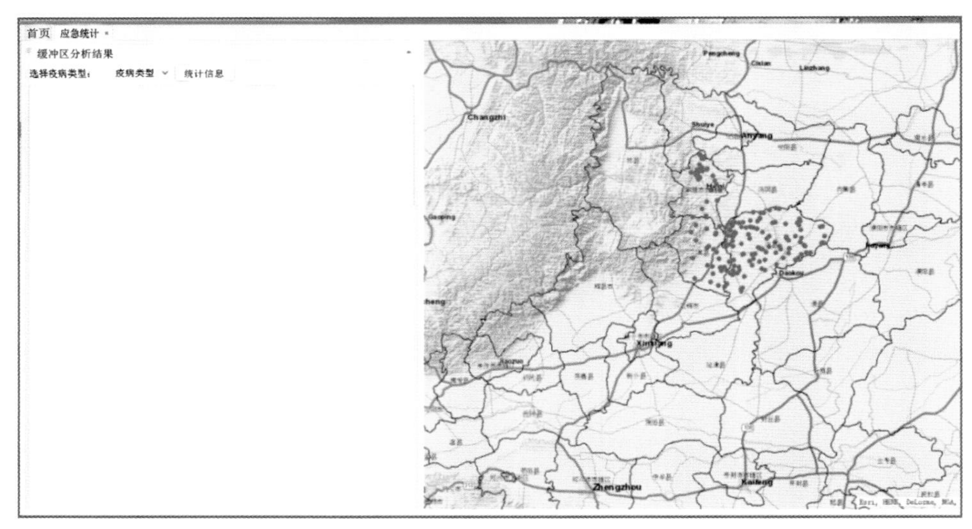

图10-32　应急统计界面

在“应急统计”界面，双击地图区域，出现以选定点为中心的圆形缓冲区，分析结果如图10-33所示。

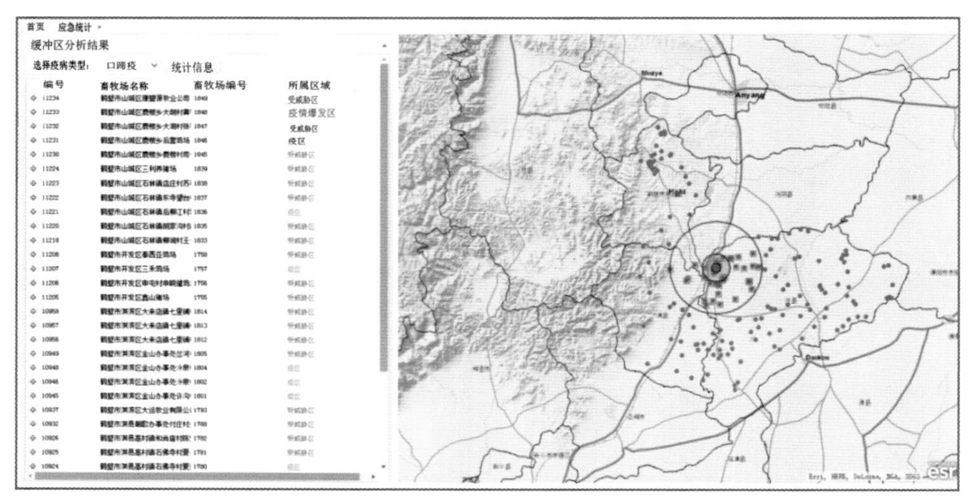

图10-33　应急统计缓冲区分析结果

在图10-32选择“疫病类型”，点击“统计信息”按钮，弹出“疫情统计信息”对话框，如图10-34所示。

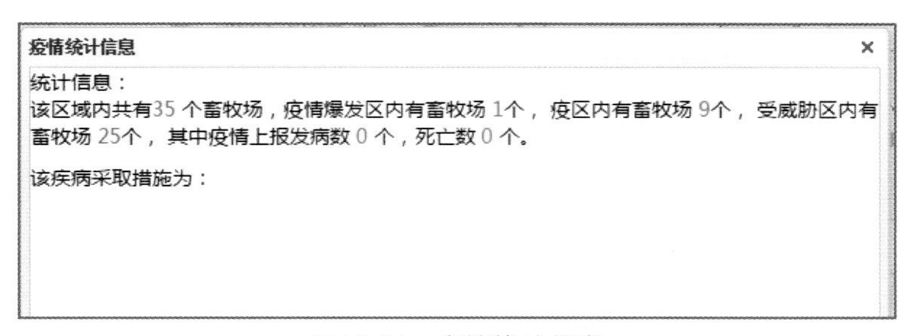

图10-34　疫情统计信息

2.疫病知识　疫情列表可以查看疫病的病因、传播途径、预防措施、症状、死亡率等信息。选择菜单“疫情决策”中的“疫病知识”，出现疫病知识界面，如图10-35所示。

点击“详情”中的放大镜图标，弹出“疫情报告单”窗口，如图10-36所示。

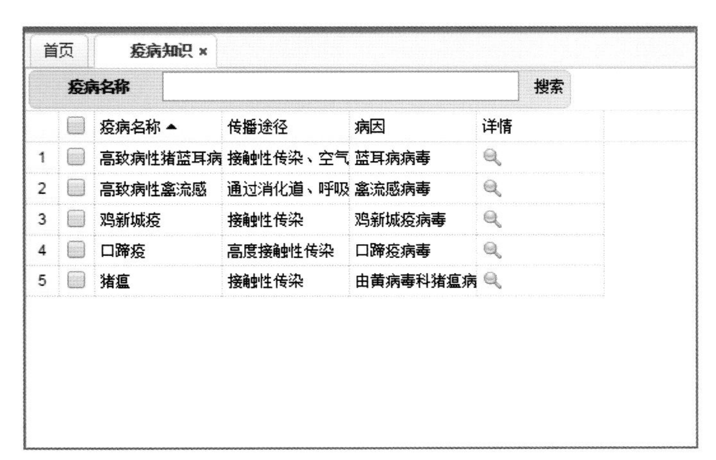

	疫病名称	传播途径	病因	详情
1	高致病性猪蓝耳病	接触性传染、空气	蓝耳病病毒	
2	高致病性禽流感	通过消化道、呼吸	禽流感病毒	
3	鸡新城疫	接触性传染	鸡新城疫病毒	
4	口蹄疫	高度接触性传染	口蹄疫病毒	
5	猪瘟	接触性传染	由黄病毒科猪瘟病	

图10-35　疫病知识

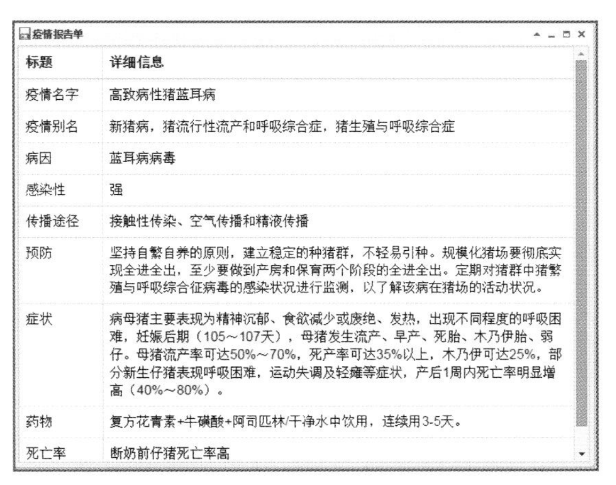

标题	详细信息
疫情名字	高致病性猪蓝耳病
疫情别名	新猪病，猪流行性流产和呼吸综合症，猪生殖与呼吸综合症
病因	蓝耳病病毒
感染性	强
传播途径	接触性传染、空气传播和精液传播
预防	坚持自繁自养的原则，建立稳定的种猪群，不轻易引种。规模化猪场要彻底实现全进全出，至少要做到产房和保育两个阶段的全进全出。定期对猪群中猪繁殖与呼吸综合征病毒的感染状况进行监测，以了解该病在猪场的活动状况。
症状	病母猪主要表现为精神沉郁、食欲减少或废绝、发热，出现不同程度的呼吸困难，妊娠后期（105～107天），母猪发生流产、早产、死胎、木乃伊胎、弱仔。母猪流产率可达50%～70%，死产率可达35%以上，木乃伊可达25%，部分新生仔猪表现呼吸困难，运动失调及轻瘫等症状，产后1周内死亡率明显增高（40%～80%）。
药物	复方花青素+牛磺酸+阿司匹林/干净水中饮用，连续用3-5天。
死亡率	断奶前仔猪死亡率高

图10-36　疫情报告单

10.4　系统应用

于2015年，本系统在河南省鹤壁市投入使用。鹤壁市畜牧局利用本系统对全市鸡、猪和奶牛等养殖场进行信息化管理。在日常管理应用中，利用手机终端采集样本和填报疫情等监测信息。利用监测分析模块汇总免疫效果检测和病原学检测结果，生成分析报告。在疑似疫情发生时，利用本系统分析疫病分布状态，研判疫病发生和流行规律，快速查询和定位疫点，划分疫区，统计各疫区内养殖场情况。在疫情发生后，利用本系统快速准确定位疫情位置，直观了解疫情分布特点，附近防控物资、运输路线等翔实情况，优化配置扑杀力量，提高扑杀效率，降低疫情造成的损失。

经过示范推广，本系统功能较好满足了防疫部门日常业务的需要，疫情出现时，可迅速获取相关信息，为应急决策提供支持。既能快速查询和检索特定区域疫病发生情况、免疫情况，为日常流行病学调查和疫情监测业务提供服务支撑，又能为制定畜禽疫情应急预案提供辅助决策。

10.5　小结

为提高禽畜疫病防控的准确性和科学性，依据防控知识、专家经验，采用移动互联网、地理信息系统、决策支持系统等技术，研制了主要禽畜疫病监测预警系统。本系统是基于互联网的疾病监测网络，实现监测点、监测单位和疫病预防控制机构对疫情监测数据的远程实时采集，实现信息处理的网络化、实时化，做到早发现、早控制。系统具有操作简单、使用方便、采集信息多样化、统计分析多样化等特点。

本系统获得计算机软件著作权登记证书（登记号：2015SR117195），并在河南省鹤壁市进行应用。本系统为畜禽疫情防控提供全过程的智能决策，优化了疫情防控力量的最优配置，提高了政府部门对主要疫情的监测和预警水平。

➤ 参考文献

白静，郭爱玲，2007. 猪重要疫病监测及流行动态分析[J]. 河南农业科学 (6) : 126-127.

陈秀辉，李居华，2021. 规模牛场疫病防控存在的问题与对策[J]. 中国动物保健，23 (7) : 32-33.

邓振民，柳平增，成子强，等，2015. 基于信息技术的家禽肿瘤性疾病预警研究[J]. 山东农业大学学报：自然科学版，46 (3) : 450-456.

邓振民，2013. 家禽肿瘤性疾病 WebGIS 预警系统设计与实现[D]. 泰安：山东农业大学.

冯晓，乔淑，李国强，等，2016. 基于支持向量机回归的猪肺疫发病率预测模型研究[J]. 河南农业科学，45 (1) : 138-142.

高照梅，2021. 常见猪病的治疗及用药方法探析[J]. 中国畜禽种业，17 (6) : 159-160.

姜宇，2011. 基于GIS的畜牧疫情预测模型的研究和实现[D]. 哈尔滨：东北农业大学.

解松林，2015. 动物疫病监测预警信息平台建设的思考[J]. 中国畜禽种业，11 (6) : 6-7.

李长友，2006. GIS&GPS 技术在我国高致病性禽流感防控工作中的应用研究[D]. 南京：南京农业大学.

廖明臻，2012. 高原畜禽主要疾病监测预警系统设计与实现[D]. 昆明：昆明理工大学.

陆昌华，王长江，胡肄农，等，2005. 中国畜禽重大疫病防治的数字化监控体系[J]. 江苏农业学报，21 (3) : 225-229.

栾培贤，肖建华，陈欣，等，2011. 基于灰色模型和ARMA模型的猪瘟月新发生次数预测比较[J]. 农业工程学报，27 (12) : 223-226.

田俊，陈春平，2021. 牛疫病的发生原因及综合防治[J]. 中国动物保健，23 (7) : 72, 75.

王雷雨，孙瑞志，曹振丽，2012. 畜禽健康养殖中环境监测及预警系统研究[J]. 农机化研究，34 (10) : 199-203.

王宁，2019. 基于Hadoop的猪病情预警系统的研究与设计[D]. 太谷：山西农业大学.

王小雷，吴志明，闫若潜，等，2012. 河南省动物疫病监测预警体系建设的现状及建议[J]. 动物医学进展，33 (9) : 113-115.

吴志明，张志凌，张健，等，2011. 河南省动物疫情监测预警体系的建立及应用[J]. 河南农业科学，40 (12) : 142-144, 148.

杨春华，2014. PRRSV 监测技术平台的建立及其在疫情预警系统中的初步应用[D]. 郑州：河南农业大学.

张大龙，2008. 济南市畜牧业生产及动物疫病监测系统的研究与建设[D]. 泰安：山东农业大学.

张智鹏，2019. 汉中市生猪主要疫病风险评估预警体系的建立[D]. 杨凌：西北农林科技大学.

赵巧丽，李国强，冯晓，等，2016. 基于GIS的畜禽疫病监测预警系统的构建与实现[J]. 河南农业科学，45 (3) : 157-160.